T0259964

Klassische Texte der Wissenschaft

Reihe herausgegeben von

Jürgen Jost, Max-Planck-Institut für Mathematik in den Naturwissenschaften, Leipzig, Deutschland

Armin Stock, Zentrum für Geschichte der Psychologie, Universität Würzburg, Würzburg, Deutschland

Gründungsherausgeber

Olaf Breidbach, Institut für Geschichte der Medizin, Universität Jena, Jena, Deutschland

Jürgen Jost, Max-Planck-Institut für Mathematik in den Naturwissenschaften, Leipzig, Deutschland

Die Reihe bietet zentrale Publikationen der Wissenschaftsentwicklung der Mathematik, Naturwissenschaften, Psychologie und Medizin in sorgfältig edierten, detailliert kommentierten und kompetent interpretierten Neuausgaben. In informativer und leicht lesbarer Form erschließen die von renommierten WissenschaftlerInnen stammenden Kommentare den historischen und wissenschaftlichen Hintergrund der Werke und schaffen so eine verlässliche Grundlage für Seminare an Universitäten, Fachhochschulen und Schulen wie auch zu einer ersten Orientierung für am Thema Interessierte.

Weitere Bände in der Reihe https://link.springer.com/bookseries/11468

Gisela Boeck · Alan J. Rocke

Lothar Meyer

Moderne Theorien und Wege zum
Periodensystem

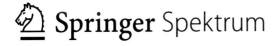

Gisela Boeck
Institut für Chemie, Universität Rostock
Rostock, Deutschland

Alan J. Rocke
Department of History
Case Western Reserve University
Cleveland, Ohio, USA

ISSN 2522-865X   ISSN 2522-8668   (electronic)
Klassische Texte der Wissenschaft
ISBN 978-3-662-63932-0   ISBN 978-3-662-63933-7   (eBook)
https://doi.org/10.1007/978-3-662-63933-7

Die Deutsche Nationalbibliothek verzeichnet diese Publikation in der Deutschen Nationalbibliografie; detaillierte bibliografische Daten sind im Internet über http://dnb.d-nb.de abrufbar.

Planung: Stefanie Wolf
Springer Spektrum ist ein Imprint der eingetragenen Gesellschaft Springer-Verlag GmbH, DE und ist ein Teil von Springer Nature.
Die Anschrift der Gesellschaft ist: Heidelberger Platz 3, 14197 Berlin, Germany

Vorwort

Das Periodensystem der Elemente wird gern mit dem „Rosetta Stone" der Natur verglichen, denn es stellt die kompakteste und aussagekräftigste Zusammenfassung des Wissens der Menschheit dar.[1] Zweifelsohne ist es das bekannteste Icon der Wissenschaft Chemie. Heute kann das Periodensystem durch die modernen Theorien über Kernteilchen und Elektronenkonfigurationen erklärt werden. Die Geschichte des Periodensystems begann jedoch zu einer Zeit, als die atomaren Strukturen noch gar nicht erkannt worden waren. Seit der Einführung der Atomtheorie in die Chemie durch John Dalton zu Beginn des 19. Jahrhunderts haben viele Gelehrte die sehr bald festgestellten Zusammenhänge zwischen dem Atomgewicht und den Eigenschaften der damals bekannten Elemente untersucht. Die Arbeiten basierten auf Methoden der klassischen Chemie. Sie erfolgten an einfachen Labortischen. Stoffe reagierten miteinander, es wurde destilliert und umkristallisiert. Sorgfältige physikalische Messungen begleiteten die Experimente. Hin und wieder zog man zur Charakterisierung der Stoffe sogar den Seh-, Geruchs- und Geschmackssinn heran. Es gab keine komplizierten Geräte, die einen direkten Blick in die Welt der Atome und Moleküle erlaubt hätten.

Nachdem um 1860 ein effektives und beständiges System der Atomgewichte entstanden war, konnten die Bemühungen zur Klärung der genannten Zusammenhänge und zu einer Klassifizierung der Elemente der anorganischen Chemie verstärkt werden. Das erste vollständige Periodensystem wurde von dem hervorragenden russischen Chemiker Dmitrij Ivanovič Mendeleev im Jahr 1869 veröffentlicht, diese noch unvollkommene Version überarbeitete er sehr bald. Doch Mendeleev war in seinen Bemühungen nicht allein. Diskussionen um den jeweiligen Anteil der einzelnen Wissenschaftler bei der Aufstellung des Periodensystems begannen sofort, sie dauern bis heute an. Mendeleevs

---

[1] R. M. Baum, „The Periodic Table of the Elements", *Chemical and Engineering News* 81 (8 September 2003), 27; H. Shapley, *Of Stars and Men: The Human Response to an Expanding Universe* (Boston: Beacon Press, 1958), 38–39; beides zitiert in E. Scerri, *The Periodic Table: A Very Short Introduction*, 2. Aufl. (Oxford University Press, 2019), xvii.

größter Konkurrent bei der Einführung und ersten Weiterentwicklung des Periodensystems der Elemente war der deutsche Chemiker Lothar Meyer.

In diesem Werk werden drei wichtige Beiträge von Meyer wiedergegeben. Bei
dem ersten handelt es sich um das Buch *Die modernen Theorien der Chemie und ihre
Bedeutung für die chemische Statik* (Breslau: Maruschke & Berendt, 1864), in dem
neben vielen anderen wichtigen Darlegungen Teile eines Periodensystems zu finden
sind. Dann folgt der Reprint der Arbeit „Die Natur der chemischen Elemente als
Function ihrer Atomgewichte" aus den *Annalen der Chemie und Pharmacie* Suppl.-
Bd. 7 (1870), 354–364, in der Meyer seine erste vollständige Version eines Periodensystems und in Form der Atomvolumenkurve eine überaus verständliche Visualisierung
der Periodizität vorlegte. Den Schluss bilden Abschnitte aus der 1872 erschienenen
zweiten Auflage des Werkes *Die modernen Theorien*, in denen es um das Periodensystem der Elemente geht (S. 289–312 und 338–351). Diese werden komplettiert durch
den erneuten Abdruck der Einleitung sowie des Schlusswortes zur zweiten Auflage (S.
VII–XVI und 359–364).

Die Edition wird vervollständigt durch einen ausführlichen einleitenden Kommentar
sowie durch ergänzende redaktionelle Anmerkungen in den Texten von Meyer. Zeitgleich erscheint eine englische Übersetzung der aufgeführten Texte mit einem englischen
Kommentar: Gisela Boeck und Alan Rocke, Hg., *Lothar Meyer: Modern Theories and
Pathways to Periodicity* (Cham: Birkhäuser, 2021).

Für diese Edition haben wir einige Konventionen eingeführt. Die Seitenangaben
der Originalarbeiten wurden beibehalten und – gesetzt in geschweifte Klammern – an
entsprechender Stelle in den Text eingefügt. Entsprechend wird im Kommentar und in
den Fußnoten diese Schreibweise für den Hinweis auf die Seitenangabe der jeweiligen
Textstellen genutzt. Meyers Fußnotenverweise sind für heutige Leser oft schwer nachvollziehbar. Deshalb wurden seine Literaturhinweise sorgfältig überprüft und stillschweigend nach modernen bibliographischen Standards und Konventionen ergänzt.
Zusätzliche redaktionelle Fußnoten sind in eckige Klammern gesetzt. Textstellen im
Sperrsatz (außer Personen- und Elementnamen) sowie Unterstreichungen in handschrift-
lichen Quellen wurden kursiv dargestellt. In dieser Edition wurde auf die Wiedergabe des
Inhaltsverzeichnisses in der ersten Auflage sowie die Liste der Berichtigungen verzichtet.
Die von Meyer aufgeführten Fehler wurden berücksichtigt, weitere offensichtliche ortho-
grafische und grammatikalische Fehler korrigiert. Der Sprachstil der Zeit sollte jedoch
erhalten bleiben. Russische Namen und Literaturverweise wurden nach DIN 1460 trans-
literiert.

Für die Angabe der Zeitschriften wurden folgende Abkürzungen benutzt:

Annalen der Chemie	=	*[J. Liebigs] Annalen der Chemie und Pharmacie*
Annalen der Physik	=	*[L. W. Gilberts] Annalen der Physik* (bis 1824) bzw. *[J. C. Poggendorffs] Annalen der Physik und Chemie* (nach 1824)
Annales de chimie	=	*Annales de chimie et de physique*
Comptes rendus	=	*Comptes rendus hebdomadaires des séances de l'Académie des Sciences de Paris*
Jahresbericht	=	*Jahres-Bericht über die Fortschritte der physischen Wissenschaften* (Tübingen: Laupp): jährliche Berichte, herausgegeben von Jacob Berzelius, 1821–1848
	oder	*Jahresbericht über die Fortschritte der Chemie* (Giessen: Ricker): jährliche Berichte, herausgegeben von Hermann Kopp, Heinrich Will und anderen, nach 1848.

Für wertvolle Ratschläge und Hilfe danken die Herausgeber Nathan Brooks, Pëtr Družinin, Gregory Girolami, Michael Gordin, Jürgen Jost, Vera Mainz, Guillermo Restrepo und Eric Scerri. Für die freundliche Unterstützung bei Archivbesuchen, bei der Beschaffung notwendiger Literatur, der Anfertigung von Scans und bei Publikationsgenehmigung von Abschnitten aus nicht publizierten Briefen danken wir dem Archiv des Deutschen Museum in München, der Royal Society of Chemistry in London, der Universitätsbibliothek der Technischen Universität Bergakademie Freiberg, dem Universitätsarchiv der Technischen Universität Chemnitz, der Universitätsbibliothek Tübingen sowie der Abteilung Sondersammlungen der Universitätsbibliothek Rostock. Schließlich danken wir Stephanie Wolf, Martina Mechler, Sarah Annette Goob und Sabrina Höcklin von den Verlagen Springer Nature bzw. Birkhäuser für die Begleitung in diesem Projekt sowie den Herausgebern der Reihe *Klassische Texte der Wissenschaft*, Jürgen Jost und Armin Stock, für die Möglichkeit, Arbeiten von Lothar Meyer neu herauszugeben.

Rostock, Deutschland Gisela Boeck
Cleveland, Ohio, USA Alan J. Rocke

© Science Photo Library

Inhaltsverzeichnis

1.1   Ein Spaziergang im Park – und seine Vorgeschichte

An einem Sommertag des Jahres 1862 zerbrach sich Lothar Meyer, der junge Chemiedozent an der Königlich Preußischen Universität zu Breslau (heute Wrocław, Polen), den Kopf über den verworrenen Zustand seiner Wissenschaft. Was könnte man tun, um die vielen Probleme zu beseitigen, fragte er sich. Um besser nachdenken zu können, machte er einen zweistündigen Spaziergang im Zwingergarten, dem öffentlichen Stadtpark, der sich – von seiner Unterkunft aus gesehen – auf der anderen Seite des Stadtgrabens befand. In seinen Mußestunden hatte er an einem Kommentar zum *Essai de statique chimique,* dem 1803 erschienenen und nun schon klassischen Werk von Claude-Louis Berthollet, gearbeitet. Darin hatte der bedeutende französische Chemiker eine Zukunft vorausgesehen, in der die mysteriösen Phänomene der „chemischen Affinität" auf das Wirken bekannter physikalischer Kräfte wie der Schwerkraft zurückgeführt werden könnten. Doch Meyer schaffte es nicht, sein Vorhaben in die Tat umzusetzen. Während er durch den Park schlenderte, entschloss er sich, seinem Projekt eine andere Richtung zu geben. Es müsste doch einen besseren Weg geben, um Erkenntnisse aus der Physik in die Chemie zu übertragen und so endlich Klarheit zu schaffen! In den folgenden Tagen und Wochen arbeitete er an einem wohl 10 000 Wörter umfassenden Text. Er hoffte, mit diesem seine Kollegen im In- und Ausland aus dem Sumpf führen zu können, in dem sie sich befanden.[1] Dieser erste Entwurf wurde mehrfach erweitert, verändert und schließlich

---

[1] Diese Ereignisse werden in dem Brief von Lothar Meyer an seinen Bruder Oskar Emil Meyer vom 4. Juli 1862 (siehe hierzu: A. Kistner, „Aus dem Briefwechsel des Physikers Oskar Emil Meyer und des Chemikers Lothar Meyer", *Archiv für die Geschichte der Naturwissenschaften und der Technik* 6 (1913), 207–215, hier 214) und in dem Brief von Meyer an seinen Freund August

© Der/die Autor(en), exklusiv lizenziert durch Springer-Verlag GmbH, DE, ein Teil von   1
Springer Nature 2022
G. Boeck und A. J. Rocke, *Lothar Meyer,* Klassische Texte der Wissenschaft,
https://doi.org/10.1007/978-3-662-63933-7_1

entstand daraus das Manuskript des Buchs *Die Modernen Theorien der Chemie und ihre Bedeutung für die chemische Statik*. Doch bevor wir diesen Ausgangspunkt genauer diskutieren, sollen einige Fakten zum historischen Hintergrund angeführt werden.[2]

In den frühen 1860er-Jahren war Meyer keineswegs der Einzige, der glaubte, dass die Wissenschaft Chemie in Unordnung sei. 1865 diskutierte August Wilhelm Hofmann, der deutsche Direktor des Londoner Royal College of Chemistry, detailliert die „gewaltige Umwälzung, welche die chemischen Anschauungen während der letzten Decennien erlitten" hätten.[3] Ein grundlegendes Ziel der Chemie bestand im 19. Jahrhundert – wie auch heute noch – in der eindeutigen Charakterisierung von Substanzen und in der Verfolgung von Reaktionen, die diese miteinander eingehen. Die Chemiker nutzen dafür Formeln und Reaktionsgleichungen, aus denen hervorgeht, wie viele Atome welchen Elements zusammentreten und die jeweiligen Moleküle bilden. Das große Problem damals bestand darin, dass es keine allgemein akzeptierte Theorie der relativen Atomgewichte der Elemente gab. Die Anhänger der jeweils unterschiedlichen Systeme nutzten entsprechend unterschiedliche Formeln. In den 60 Jahren, die seit der Aufstellung der Theorie der chemischen Atome und der Formeln durch John Dalton vergangen waren – seine ersten Eintragungen dazu finden sich in seinem Notizbuch im selben Jahr, in dem auch Berthollets Buch erschien –, konnte niemand sicher beurteilen, welches der rivalisierenden atomistischen Systeme das richtige sei. Die Kommunikation zwischen den Vertretern der Systeme erwies sich manchmal als schwierig und führte oft zu Missverständnissen.

In den 1840er-Jahren hatten die französischen Chemiker Charles Gerhardt und Auguste Laurent eine neue Vorgehensweise zur Bestimmung der Atomgewichte und Molekülformeln entwickelt, die um 1850 größere Aufmerksamkeit erregte. Ende 1856 waren sowohl Gerhardt als auch Laurent verstorben, doch ihre Ideen wurden von drei Chemikern weitergeführt: dem Engländer Alexander Williamson, dem Franzosen Adolphe Wurtz und dem Deutschen August Kekulé. Diese Männer begannen im Verein

---

Kekulé vom 11. Oktober 1862 beschrieben (Deutsches Museum, München – Archiv: NL Kekulé 228/509).

[2] Weitere Details zu den Ereignissen, die in diesem Abschnitt erwähnt werden, kann man in Standardwerken zur Geschichte der Chemie finden, wie z. B. J. R. Partington, *A History of Chemistry*, Bd. 4 (London: Macmillan, 1964); A. J. Rocke, *Chemical Atomism in the Nineteenth Century: From Dalton to Cannizzaro* (Columbus: Ohio State University Press, 1984, der Text steht vollständig unter https://digital.case.edu/islandora/object/ksl%3Ax633gj985 zur Verfügung); W. H. Brock, *Viewegs Geschichte der Chemie* (Braunschweig/Wiesbaden: Friedr. Vieweg & Sohn, 1997); J. Weyer, *Geschichte der Chemie, 19. und 20. Jahrhundert*, Bd. 2 (Heidelberg: Springer, 2018) und P. Ramberg (Hg.), *A Cultural History of Chemistry in the Nineteenth Century* (London: Bloomsbury, erscheint 2022).

[3] A. W. Hofmann, *Introduction to Modern Chemistry, Experimental and Theoretic* (London: Walton & Maberley, 1865), S. v–vii, 184, 232; *Einleitung in die moderne Chemie*, 2. Aufl. (Braunschweig: Friedr. Vieweg & Sohn, 1866), S. VIII.

mit einigen anderen, Theorien zur Valenz und Molekülstruktur aufzustellen. Diese Ideen sollten sich für die Zukunft der Wissenschaft als grundlegend erweisen, sie waren jedoch mit keinem der bisherigen Systeme kompatibel. Die älteren etablierten Chemiker in Europa ignorierten überwiegend die vorgeschlagenen Reformen und Theorien. Die meisten von ihnen bevorzugten stattdessen das System der Atomgewichte, das unter der Bezeichnung „Äquivalente" bekannt war. Das war nicht nur althergebrachter Gewohnheit, sondern auch der Tatsache geschuldet, dass es angeblich von willkürlichen Hypothesen frei wäre. In ihrer Frustration und Ungeduld organisierten Kekulé und Wurtz einen internationalen Kongress der Chemiker, von dem sie hofften, dass er dazu beitragen möge, dem neuen System allgemeine Anerkennung zu verschaffen. Diese Konferenz fand im September 1860 in Karlsruhe statt.

Der Karlsruher Kongress führte nicht zu dem von Kekulé und Wurtz erhofften Erfolg der sofortigen Übernahme der neuen Lehre, doch sie brachte einen bis dahin wenig bekannten Verbündeten auf die Bühne, nämlich den italienischen Chemiker Stanislao Cannizzaro, der im Meinungsstreit sehr überzeugende Argumente lieferte. Am Ende der Konferenz ließ er einen Freund Sonderdrucke der Abhandlung verteilen, die er zwei Jahre zuvor in einer außerhalb Italiens wenig bekannten Zeitschrift veröffentlicht hatte. In seinem Vortrag und in seiner Schrift verteidigte Cannizzaro nicht nur das Konzept von Gerhardt und Laurent, er wies auch auf etwas hin, was noch keiner der Reformer betont hatte: Das neue System war völlig konsistent mit den Hypothesen, die Cannizzaros Landsmann Amedeo Avogadro vor fast 50 Jahren aufgestellt hatte.

1811 hatte Avogadro vorgeschlagen, die beobachteten Regelmäßigkeiten bei der Vereinigung von Gasvolumina bei einer chemischen Reaktion ganz einfach damit zu erklären, dass gleiche Gasvolumina unabhängig von der Art des Gases immer die gleiche Anzahl von Molekülen enthalten würden – gleiche Reaktionsbedingungen vorausgesetzt. Die meisten seiner Zeitgenossen glaubten aus dem folgenden Grund nicht an die Richtigkeit dieser Annahme: Verfolgt man die Volumenänderung, stellt man fest, dass sich das Wasser durch eine chemische Reaktion aus den Gasen Wasserstoff und Sauerstoff bildet, wobei das Volumen Wasserstoff genau doppelt so groß ist wie das des Sauerstoffs. Aus Avogadros Hypothese folgt, dass doppelt so viele Wasserstoffatome wie Sauerstoffatome für die Bildung von Wasser gebraucht werden und die Formel des Wassermoleküls zwingend H_2O sein muss. Auch in Übereinstimmung mit dieser Hypothese sollte das Volumen des Reaktionsprodukts Wasserdampf genauso groß wie das Volumen des Sauerstoffgases sein, das zu Reaktionsbeginn vorlag. Doch das ist nicht der Fall – es wird nicht dasselbe, sondern das doppelte Volumen Wasserdampf gebildet. Wenn die Wassermoleküle aber das doppelte Volumen im Vergleich zum Sauerstoffgas einnehmen, widerspricht das der Hypothese von Avogadro. Er konnte diese Problematik jedoch mit einer zweiten Hypothese beseitigen: In dieser Reaktion spaltet sich jedes Sauerstoffatom in zwei auf, wodurch doppelt so viele Wassermoleküle als Produkt entstehen wie Sauerstoffatome als Reaktanten eingetreten sind.

Obwohl dies vollkommen logisch war, fanden die meisten Chemiker die Erklärung völlig unbefriedigend. Wer hat jemals von einem Atom – per definitionem das kleinstmögliche

Teilchen eines Elements – gehört, das in zwei Teile gespalten werden könne? Welche Art von chemischer Affinität sollte man sich im Sauerstoffgas vorstellen, die zwei identische Sauerstoffhälften zusammenhalten könne? Und wenn sie zusammengehalten werden, warum sollen sie sich dann überhaupt jemals trennen? Und wenn sie schon auseinanderfallen, warum dann aber in zwei Hälften und nicht in drei, vier oder irgendeine beliebige Anzahl von Teilen? Den Zeitgenossen erschien das alles als ein Gespinst von Vermutungen – und in gewissem Sinne war es das auch, denn es gab keinen direkten Beweis für diese Annahmen. Avogadros zwei miteinander verknüpfte Hypothesen wurden größtenteils ignoriert. Obwohl recht viele Chemiker die Regel „Gleiches Volumen – gleiche Teilchenanzahl" im Prinzip – und gewöhnlich nur implizit – akzeptierten, hat praktisch niemand diese in völlig konsistenter Weise angewandt.

Cannizzaros Argumente in den Jahren 1858 und 1860 stellten eine Art Revival für Avogadros Hypothesen und gleichzeitig eine sorgfältig begründete Legitimation für die von Gerhardt und Laurent vorgeschlagene Reform dar. Sie gingen über das hinaus, was die Franzosen selbst zu deren Begründung angeführt hatten. Cannizzaro zeigte, dass Avogadros Hypothesen ganz logisch das Atomgewichtssystem von Gerhardt und Laurent beinhalten, obwohl das aus anderen als den Avogadro'schen Gründen aufgestellt und verteidigt worden war – nämlich aus Gründen der Einfachheit und Konsistenz des resultierenden chemischen Systems. Cannizzaros Argumentation war teilweise auch sprachlicher Natur, er griff Punkte auf, die Laurent und andere schon früher vorgebracht hatten. Wenn man sich nämlich elementare Gase wie Sauerstoff nicht aus spaltbaren „Atomen", sondern aus „Molekülen" mit mehr als einem Elementaratom aufgebaut denkt, bereiteten die Schlussfolgerungen weniger Schwierigkeiten. Für Elemente, die Feststoffe und keine Gase sind, konnte man die alte Regel von Pierre Louis Dulong und Alexis-Thérèse Petit aus dem Jahr 1819 anwenden, die zeigte, wie das ungefähre Atomgewicht aus experimentell bestimmten Wärmekapazitäten hergeleitet werden könnte. Cannizzaro wandte diese Regel noch konsequenter und erfolgreicher als Gerhardt an. Schließlich wies er darauf hin, dass die Hypothese vom gleichen Volumen und der damit verbundenen gleichen Teilchenanzahl – wie kürzlich gezeigt – nicht nur möglich, sondern tatsächlich eine notwendige mathematische Konsequenz der neuen kinetischen Gastheorie sei, die Rudolf Clausius und James Clerk Maxwell semi-unabhängig voneinander in den Jahren 1857 – 1860 aufgestellt hatten. Dass sie diese Theorie aus rein mathematisch-physikalischen Gründen und in Unkenntnis ihrer Anwendungsmöglichkeit in der Chemie entwickelt hatten, lieferte einen überzeugenden Grund, um dem Ergebnis zu vertrauen.

1.2   Wer war Lothar (von) Meyer?

Meyer kam auf ungewöhnlichem Weg zur Chemie. Doch gerade dadurch wurde er besonders empfänglich für eine Kombination von physikalischem und chemischem Denken. Julius Lothar Meyer wurde am 19. August 1830 als Sohn eines Arztes in Varel im

Herzogtum Oldenburg geboren.[4] 1851 immatrikulierte sich Meyer als Student der Medizin an der Universität Zürich, wo er Vorlesungen bei dem bekannten Physiologen Carl Ludwig hörte und im chemischen Labor bei Carl Löwig arbeitete. Nach zwei Jahren wechselte er nach Würzburg, dort promovierte er im Februar 1854 zum *Dr. med.* Ludwigs Empfehlung folgend entschied sich Meyer nicht für das Praktizieren in der Medizin, sondern für die weitere Beschäftigung mit physiologischer Chemie. Um seine Kenntnisse in der Chemie, besonders in der Gasanalyse zu vertiefen, ging er im Frühjahr 1854 nach Heidelberg, um bei dem berühmten Robert Bunsen zu studieren. Bunsen hatte sich zwei Jahre zuvor von der Universität Breslau mit dem Versprechen eines beeindruckenden neuen Laborinstituts nach Heidelberg locken lassen. Dieses Laboratoriumsgebäude wurde kurz nach Meyers Ankunft eingeweiht. Meyer arbeitete bis zum Herbst 1856 bei Bunsen und fertigte eine zweite Dissertation an, die er seltsamerweise wieder an der Universität Würzburg einreichte und die auf seinen Heidelberger Forschungen über die Gase des Blutes basierte. Dann kam eine ungewöhnliche Wende in Meyers Ausbildung: Er entschloss sich, an der Universität Königsberg (heute Kaliningrad, Russland) bei Franz Neumann mathematische Physik zu studieren. Im Frühjahr 1858 wechselte Meyer erneut, diesmal ging er nach Breslau, wo sein ehemaliger Züricher Professor Löwig die Nachfolge Bunsens angetreten hatte und ein chemisches Institut leitete, das fast so neu wie das in Heidelberg, aber nicht annähernd so groß und gut ausgestattet war. Nach einem weiteren Semester reichte Meyer eine dritte Dissertation ein, diesmal zum *Dr. phil.*, in der die Wechselwirkung zwischen Kohlenmonoxid und Blut untersucht wurde. Anfang des folgenden Jahres habilitierte sich Meyer und wurde in Breslau Privatdozent. Diese Position sicherte ihm zwar kein Gehalt, autorisierte ihn aber, von den Studenten, die seine Kurse besuchten, Hörergeld zu verlangen.

Für die nächsten sieben Jahre war Meyer erster Assistent am chemischen Laboratorium des Breslauer Physiologischen Instituts, doch bot diese Stellung keine Aussicht auf ein weiteres berufliches Fortkommen. Glücklicherweise erlangte er mit seinen Publikationen, darunter der ersten Auflage des Werkes *Die modernen Theorien der Chemie,* so viel Aufmerksamkeit, dass er 1866 an die Königliche Forstakademie in Neustadt-Eberswalde bei Berlin berufen wurde. Wie in Breslau war auch diese Position alles andere als ideal. Er verfügte zwar über ein zweckmäßig eingerichtetes Labor, doch

---

[4]Zum Leben und Wirken von Lothar Meyer siehe: P. P. Bedson, „Lothar Meyer Memorial Lecture", *Journal of the Chemical Society* 69 (1896), 1403–1439; K. Seubert, „Lothar Meyer", *Berichte der Deutschen Chemischen Gesellschaft* 28 (1895), 1109–1146; O. Th. Benfey, „Lothar Meyer", *Dictionary of Scientific Biography* 9 (New York: Scribners, 1974), 347–353; O. Krätz, „Lothar Meyer", *Neue Deutsche Biographie* 17 (Berlin: Duncker & Humblot, 1994), 304–306; G. Schwanicke, *Aus dem Leben des Chemikers Julius Lothar Meyer* (Varel: Heimatverein Varel, 1995); H. Kluge und I. Kästner, *Ein Wegbereiter der physikalischen Chemie im 19. Jahrhundert, Julius Lothar Meyer (1830–1895)* (Aachen: Shaker-Verlag, 2014) sowie G. Boeck, „Julius Lothar (von) Meyer (1830–1895) and the Periodic System", *Substantia* 3 (2), Suppl.-Bd. 4 (2019), 13–25.

die hohe Belastung durch den Unterricht für die Forststudenten und die Tatsache, dass die angehenden Forstleute kein Interesse an chemischer Forschung hatten, hinderten ihn an der Bildung einer chemischen Forschungsgruppe. Allerdings bot ihm die Stelle genügend finanzielle Sicherheit, um Johanna Volkmann heiraten zu können, mit der er seit 1863 verlobt war. Aus der Ehe gingen vier Kinder hervor.

Meyers steigendes Ansehen führte 1868 zu einem Ruf an das Karlsruher Polytechnikum, wo er ordentlicher Professor und Direktor des chemischen Instituts wurde. Dort schloss er im Dezember 1869 die in dieser Ausgabe wieder abgedruckte, bahnbrechende Arbeit „Die Natur der chemischen Elemente als Function ihrer Atomgewichte" ab, auf die etwas mehr als zwei Jahre später die sehr stark erweiterte zweite Auflage des Buches *Die modernen Theorien der Chemie* folgte. 1876 erhielt er einen Ruf auf den Lehrstuhl für Chemie an der Universität Tübingen. Von diesem Zeitpunkt an genoss Meyer nicht nur das Gehalt und das Prestige einer bedeutenden Universitätsprofessur, er konnte seine Studenten nun auch zur Promotion führen (die deutschen Polytechnika waren noch nicht berechtigt, den Doktortitel zu verleihen). Er und seine Familie waren in Tübingen glücklich. Er hatte ein gutes Einkommen und günstige Arbeitsbedingungen, in der Forschung war er erfolgreich. Neben den verschiedenen Auflagen seiner *Modernen Theorien* veröffentlichte er eine beeindruckende Anzahl wichtiger Bücher und Artikel auf den Gebieten der organischen, anorganischen, analytischen, physikalischen und theoretischen Chemie wie auch zu Ausbildungsfragen.

Von Lothar Meyers hohem Renommee zeugen spätere Rufe auf Professuren an den Universitäten Leipzig und Breslau, die er jedoch beide ablehnte, sowie die vielen Ehrungen und Preise. Zu nennen sind u. a. die angesehene Davy-Medaille der Royal Society of London im Jahr 1882, das Ehrenritterkreuz des Ordens der Württembergischen Krone im Jahr 1892, das mit dem nicht erblichen Personaladel verbunden war, und die Wahl zum Rektor der Universität in den Jahren 1894/1895. Lothar Meyer war zeitlebens von periodischen Krankheitsschüben geplagt und starb am 11. April 1895 kurz nach seiner Amtszeit als Rektor an einem Schlaganfall.

1.3   Lothar Meyers Weg zu den *Modernen Theorien*[5]

Als junger Mann war Meyer bei Weitem nicht der Einzige, der sich entschloss, nach Heidelberg zu reisen, um Chemie bei Robert Bunsen zu studieren. Bunsen war nicht nur berühmt und hatte eine große persönliche Anziehungskraft, er stand auch dem besten Labor jener Zeit vor. Meyers Studienkollege aus Zürich, Hans Landolt, war dort, neue Freunde fand er in Leopold von Pebal, Friedrich Beilstein und Henry Roscoe,

---

[5] Die folgende Diskussion beinhaltet einige durch die Herausgeber überarbeitete Abschnitte des Beitrags von Rocke, „Lothar Meyer's Pathway to Periodicity", *Ambix* 66 (2019), 265–302.

die alle später bedeutende Wissenschaftler wurden. Und die Anwesenheit des jungen Dozenten Kekulé erwies sich als entscheidend für Meyers weitere wissenschaftliche Spezialisierung. Jahrzehnte später beschrieb Meyer die Situation in seinem Nachruf für Pebal wie folgt:

> Für die Chemiker war jene Zeit eine sehr erregte und darum auch sehr anregende. Gerhardt's … Typenlehre [gewann] täglich mehr Anhänger; freilich wurden die meisten derselben nur von dem unbestimmten Gefühle geleitet, dass in den Schablonen dieser Lehre ein tiefer Sinn stecke, den völlig zu enträthseln noch Keinem gelingen wollte. Kekulé kam in jener Zeit nach Heidelberg, um sich dort zu habilitiren, und wirkte unter uns eifrig als Apostel der Typenlehre. Noch sehr lebhaft erinnere ich mich der damals Stunden und Tage lang geführten Debatten, in denen er Schritt für Schritt Boden gewann … [sie] liessen uns nur nach lebhaftem Widerspruch in's neue Feldlager hinüberrücken.[6]

Als Meyer Heidelberg in Richtung Königsberg verließ, wurde er von Pebal begleitet. Sein jüngerer Bruder, der Physiker Oskar Emil Meyer, studierte zu dieser Zeit bereits bei Neumann. Anschließend ging Lothar Meyer nach Breslau und kam dort wiederum in eine anregende wissenschaftliche Gemeinschaft: Landolt verließ zwar gerade Breslau, um eine Professur in Bonn anzutreten, Beilstein kam 1859 und Oskar 1864. Letzterer wurde dort Professor für Physik. Obwohl es sich um eine kleine und relativ arme preußische Universität handelte, scheint Breslau in jenen Jahren ein attraktiver Ort für Chemie und Physik gewesen sein.

Im Juli 1860 forderte Roscoe Meyer brieflich auf, zur bevorstehenden Karlsruher Konferenz zu kommen. Meyer zögerte, denn es schien ihm so, als ob die Organisatoren ein „blödsinniges Kirchencouncil" veranstalten wollten, das keinen anderen Zweck verfolgte, als „einen unfehlbaren Formelpapst vorzuschlagen." Der gute Gerhardt, so schloss er, lebe nicht mehr, um zu sehen, wie seine „unschuldigen Typen" in „ein gefährliches Spielzeug für Kaffern" verwandelt würden. Schon der Ausdruck „Typen*theorie*" sei ein „Frevel an der Wissenschaft", denn eine bloße Schreibweise wie „Typen" könne unmöglich eine Theorie genannt werden.[7]

Die Wirkung der Konferenz auf Meyer war ungeachtet seiner Skepsis im Vorfeld enorm. Gegen Ende seines Lebens beschrieb er Cannizzaros Reden und den wissenschaftlichen Austausch als „zündend", „lebhaft" und „feurig". Wie andere Teilnehmer

---

[6]L. Meyer, „Leopold von Pebal", *Berichte der Deutschen Chemischen Gesellschaft* 20 (1887), 997–1015, hier 1000. Diese Darstellung von Kekulés Einfluss auf seine Kollegen bereits im Frühjahr und im Sommer 1856 wird übereinstimmend durch drei andere unabhängige Gelehrte bezeugt, nämlich Adolf Baeyer, Adolf Kussmaul und Reinhold Hoffmann. Entsprechende Zitate und Zusammenfassungen findet man in R. Anschütz, *August Kekulé: Leben und Wirken* (Berlin: Verlag Chemie, 1929), Bd. 1, S. 66–69 und in Rocke, *Image and Reality: Kekulé, Kopp, and the Scientific Imagination* (University of Chicago Press, 2010), S. 71–74.

[7]Meyer an Roscoe am 6. Juli 1860, Roscoe Collection, Royal Society of Chemistry.

auch erhielt Meyer zum Abschluss der Tagung einen Sonderdruck von Cannizzaros italienischem Aufsatz aus dem Jahr 1858. Er erinnerte sich, wie er ihn auf der Heimreise analysiert und in Breslau wiederholt gelesen hatte. „Ich … war erstaunt", schrieb er, „über die Klarheit, die das Schriftchen über die wichtigsten Streitpunkte verbreitete. Es fiel mir wie Schuppen von den Augen, die Zweifel schwanden, und das Gefühl ruhigster Sicherheit trat an ihre Stelle." Meyer war der Meinung, dass Cannizzaro derjenige war, der „die erste richtige, feste Grundlage" für die Theorie der Atomvalenz geschaffen hatte, auf der die Theorie der chemischen Struktur aufgebaut wurde. Er betonte dessen Einfluss auf seine eigenen späteren Beiträge zur Lösung des verworrenen Zustands der Wissenschaft. Diese Passagen erschienen 1891 in der von Meyer herausgegebenen deutschen Übersetzung von Cannizzaros italienischem Aufsatz.[8] Bedeutsam ist, dass Cannizzaro Dmitrij Mendeleev offenbar genauso beeinflusst hat, der ebenfalls auf dem Karlsruher Kongress anwesend war.

1.4 Das Buch entsteht

Einen Monat nach der Karlsruher Konferenz – Anfang Oktober – verfasste Meyer im Laufe von zehn Tagen einen 16 Seiten langen Brief an Kekulé, in dem er nicht nur Probleme diskutierte, die während der Konferenz aufgekommen waren, sondern auch inhaltliche Fragen des kürzlich erschienenen ersten Teils von Kekulés Lehrbuch der organischen Chemie. Der Antwortbrief von Kekulé war ebenso lang.[9] In seinem Lehrbuch erklärte Kekulé, wie Gerhardts neue Atomgewichte und dessen Ideen über „Typen" ihn und andere Reformer zu der von ihm so genannten Theorie der Atomigkeit geführt hatten – heute sprechen wir von Valenz. Er stellte dar, wie man die Valenztheorie, insbesondere die Vierwertigkeit des Kohlenstoffs und seine Fähigkeit zur Verknüpfung zu Ketten aus Kohlenstoffatomen nutzen konnte, um die atomaren Strukturen vieler einfacher organischer Moleküle zu erklären.[10] Aus dieser Korrespondenz geht deutlich hervor, dass Meyer Kekulés Buch sorgfältig durchgearbeitet haben muss und dass er von vielem, wenn auch nicht von allem, was Kekulé geschrieben hatte, überzeugt war. Meyer

---

[8] S. Cannizzaro, *Abriss eines Lehrganges der theoretischen Chemie*, L. Meyer, Hg. (Leipzig: Engelmann, 1891), 58–60 Anmerkungen.

[9] Meyer an Kekulé am 30. September–9. Oktober 1860; Kekulé an Meyer am 23. Oktober 1860; beide Briefe Deutsches Museum, München – Archiv: NL Kekulé 228. Der vollständige Brief von Kekulé ist in Anschütz, *Kekulé*, Bd. 1, S. 204–208 abgedruckt.

[10] Kekulé, *Lehrbuch der organischen Chemie oder der Chemie der Kohlenstoffverbindungen* (Erlangen: Enke). Die erste Lieferung wurde im Juni 1859 gedruckt, der erste, aus drei Lieferungen und 766 Seiten bestehende Band wurde im Herbst 1861 beendet. Der zweite Band wurde auch stückweise publiziert, die einzelnen Teile erschienen in drei Lieferungen in den Jahren 1863, 1864 und 1866.

war sich bewusst, dass Kekulé, an den er sich so lebhaft aufgrund ihres Zusammen-seins in Heidelberg vier Jahre zuvor erinnerte, der momentane europäische Führer der Reformbewegung in der Chemie war. Er verstand auch den Zusammenhang zwischen der Wiederentdeckung von Avogadro durch Cannizzaro und Kekulés Entwicklung von Gerhardts „Typen" zur Theorie von Valenz und Struktur.

Ganz am Ende seiner langen Antwort an Meyer schrieb Kekulé „entre nous", dass er in den nächsten Monaten ein kleines Buch „etwa unter dem Titel: Die Atomistische Moleculartheorie" schreiben wolle. Das beabsichtigte Buch würde die Valenz- und Strukturtheorie, insbesondere „die Aneinanderlagerung der Atome nach näher zu ent-wickelnden Symmetriegesetzen" behandeln. Es würde im Detail die Atomigkeiten (Valenzen) „*aller* einzelnen Elemente discutiren etc.", und fragt dann: „Was halten Sie von dem Plan?"[11]

Ein solches Buch erschien weder in den folgenden Monaten noch in den nächsten Jahren. Kekulé hatte immer mehr Pläne als Zeit, sie zu vollenden. Doch diese Brief-passage ging Meyer offensichtlich bei seinem Spaziergang im Zwingergarten im Sommer 1862 und beim Schreiben des oben erwähnten Aufsatzentwurfs durch den Kopf.[12] Er verspürte auch eine gewisse Frustration über die Arbeiten der Verfechter der neuesten Theorien, von denen viele Gerhardts „Typen" so strikt und unflexibel inter-pretierten, dass bereits kleinere Details in der Schreibweise zu erheblichen Auseinander-setzungen führten. Die 18 Monate, in denen Meyer bei Franz Neumann mathematische Physik studiert hatte, verliehen ihm die Fähigkeit, ungetrübt auf diese Dinge blicken zu können. Als er zum Studium und zur Praxis der Chemie zurückkehrte, wuchs sein Erstaunen über die ungesunde Besessenheit bezüglich rein formeller Dinge. Das war es, wie er sich später erinnerte, was ihn veranlasste, sich 1862 hinzusetzen und über diese Angelegenheiten zu schreiben, in der Hoffnung, sie dadurch zu klären.[13]

Meyer bat Pebal und Landolt, den Entwurf zu lesen; beide haben ihn ausdrücklich zur Publikation empfohlen. Dann fragte er Kekulé, ob er immer noch beabsichtige, jenes

---

[11] Anschütz, *Kekulé*, Bd. 1, S. 207–208.

[12] Die im Folgenden erwähnten Details sind dem Brief von Meyer an Hermann Kolbe vom 30. Januar 1881 (HS Nr. 3535) und an August Kekulé vom 11. Oktober 1862 (NL Kekulé 228/509) entnommen, die im Deutsches Museum München – Archiv verwahrt werden.

[13] Meyer an Kolbe am 30. Januar 1881: „Damals hatte sie [die Formel] bei allen Parteien die Bedeutung eines Evangeliums. Ich mit meiner Neumann'schen Königsberger Schulung habe das nie recht begriffen; natürlich, denn ich war nicht in der Sache groß geworden, sondern trat nach 1½ jähriger, nur der Physik und Mathematik gewidmeter Pause wieder von außen an sie heran. Meine Verwunderung über den Schablonenkultus wurde immer größer, und … da setzte ich mich 1862 hin und schrieb die Mod. Theorien in der Hoffnung etwas zur Klärung beitragen zu können. Erst zwei Jahre später habe ich gewagt, sie drucken zu lassen." Neumanns Arbeiten waren sowohl durch konventionelle Epistemologie als auch hypothetisch-deduktive Methodologie geprägt. Beides lässt sich deutlich in den Auffassungen seines Schülers Lothar Meyer erkennen.

Buch über „Die Atomistische Moleculartheorie" zu schreiben. Wenn nicht, so wolle er es tun, denn er sei überzeugt, dass eine solche Arbeit zum Wohle der Wissenschaft absolut notwendig sei. Tatsächlich war Meyers Aufsatzentwurf, den er eine „kursorische Skizze der modernen chemischen Statik" nannte, bereits eine Kurzfassung des geplanten Buchs.

Meyer erzählte Kekulé, dass er seinen Aufsatz mit der Erläuterung der physikalischen Gründe für die Notwendigkeit der Annahme gleicher Molekülzahlen in gleichen Volumina verschiedener Gase begonnen und „hinsichtlich der chemischen [Gründe für diese Annahme] aber auf Gerhardt, Laurent, Sie und in Betreff einiger Punkte auch auf Cannizzaro" verwiesen hätte. Die Absicht war nicht nur, die Chemiker-Kollegen zu überzeugen, sondern auch die Physiker auf diese Dinge aufmerksam zu machen, was eine „den Anschauungen der Physiker angemeßene Auseinandersetzung der neuen chemischen, insbesondere Ihrer Theorien und Betrachtungen" erfordern würde; denn, so fügte er hinzu, die Physiker würden Kekulés Lehrbuch oder seine Zeitschriftenartikel niemals lesen. Und selbst, wenn sie sie lesen, würden sie sie nicht verstehen. Auf diese Weise, dachte Meyer, könne er „unserer Sache (denn wir bilden doch die Fortschrittspartei, wir Jungen, den Alten gegenüber)" nützen, indem er hoffentlich „die Physiker auf unsere Seite" bringe.[14]

Diese Details der Korrespondenz zwischen Meyer und Kekulé lassen auf eine erhebliche gegenseitige Beeinflussung schließen. Es gibt indirekte Hinweise darauf, dass Kekulé einige wichtige Details seines Lehrbuchs im Ergebnis dieser Korrespondenz modifiziert haben könnte.[15] Was Meyer betrifft, so ist seine umfangreiche und fachmännisch ausgearbeitete Behandlung von Details der Valenz- und Strukturtheorie in seinem bereits in der ersten Hälfte der 1860er-Jahre fertiggestellten Werk selten erwähnt worden. Die chemische Strukturtheorie der organischen Chemie war ein ebenso wichtiges

---

[14] Meyer an Kekulé am 11. Oktober 1862: „So entstand eine flüchtige Skizze der modernen chemischen Statik … welche … hinsichtlich der chemischen [Gründe] aber auf Gerhardt, Laurent, Sie und in Betreff einiger Punkte auch auf Cannizzaro verweist." Er dachte, diese Skizze verlange „als nothwendige Ergänzung eine den Anschauungen der Physiker angemeßene Auseinandersetzung der neuen chemischen, insbesondere Ihrer Theorien und Betrachtungen … Daß eine solche Skizze wenig dankenswerthes für mich hat, ist ersichtlich; es könnte mich nur der Wunsch, unserer Sache (denn wir bilden doch die Fortschrittspartei, wir Jungen, den Alten gegenüber) zu nützen, zur Veröffentlichung bestimmen, namentlich weil ich hoffen könnte, die Physiker auf unsere Seite zu bringen."

[15] In ihrem Briefwechsel im Oktober 1860 hatte sich Meyer taktvoll mit Kekulés Argumentation zu physikalischen und chemischen Molekülen auseinandergesetzt. Kekulé vertrat die Auffassung (*Lehrbuch*, S. 96; Anschütz, *Kekulé*, S. 206–207), dass das „physikalische Gasmolekül" bei Dampfdichtebestimmungen nicht identisch mit dem „chemischen Molekül" ist, das in chemischen Reaktionen auftritt. In Karlsruhe hatte sich Cannizzaro jedoch für die Annahme einer Identität ausgesprochen. Meyer verteidigte diese Ansicht. In seinem Brief vom 23. Oktober 1860 vertrat Kekulé seine Position ausführlich, aber in der zweiten Lieferung seines Lehrbuchs (S. 233) konvertierte er zum Standpunkt von Cannizzaro und Meyer. Dort diskutierte er auch erstmals die kinetische Theorie von Clausius (S. 232, 274–275) und wies darauf hin, dass die Regel von den gleichen Volumina und gleichen Teilchenzahlen eine notwendige Folge dieser Theorie ist.

Thema in Meyers Buch *Die Modernen Theorien der Chemie* wie die Diskussion der Zusammenhänge zwischen den Atomgewichten der ca. 60 damals bekannten Elemente, auf die bisher praktisch die gesamte Aufmerksamkeit der Historiker gerichtet war.

Wir hatten oben angemerkt, dass Meyer, bevor er seinen Schwerpunkt verlagerte, zunächst mit der Erarbeitung eines Kommentars zu Bertollets klassischem Werk begonnen hatte. Offensichtlich hat er aus diesem die ungewöhnliche Formulierung „chemische Statik" entlehnt, die im Titel seines Buches verwendet wird. Meyer schätzte Berthollet sehr und sein Interesse an der Geschichte der Chemie war aufrichtig. Drei Jahre zuvor hatte er sich in seiner Habilitationsschrift mit den Arbeiten von Berthollet und dem bedeutenden schwedischen Chemiker Jacob Berzelius auseinandergesetzt. Im Vorwort zu den *Modernen Theorien* stellte er fest, dass die Einführung der Atomtheorie durch Dalton und Berzelius einerseits eine segensreiche Wirkung auf die Chemie gehabt, andererseits jedoch zu einer Aufspaltung in zwei getrennte Lager der Chemiker und Physiker geführt hätte. Eine Wiedervereinigung beider Gruppen und Disziplinen wäre zwar prinzipiell wünschenswert, doch diese würde wohl erst die Zukunft bringen. Obwohl Meyer nie explizit den Begriff „chemische Statik" erklärte, ist es sehr wahrscheinlich, dass er darunter die Wissenschaft von chemischen Atomen und Molekülen unter statischen Bedingungen verstand, d. h. die Untersuchung ihrer wesentlichen Identitäten, Eigenschaften und Strukturen. Dynamische Aspekte von Molekülen, z. B. bei chemischen Reaktionen, wurden noch nicht, zumindest nicht systematisch, verstanden. Meyer bezeichnete dieses Gebiet als „chemische Mechanik", das quasi eine Vereinigung von Chemie und Physik erlauben würde. Die häufige Nennung von Berthollets Namen auf den ersten und letzten Seiten von Meyers fertigem Buch erinnert an den Keimling, die ursprünglich geplante Auseinandersetzung mit Berthollets Auffassungen.

1.5 Die erste Auflage erscheint

Nachdem Meyer im Sommer 1862 die Richtung seines Projekts geändert hatte, überarbeitete und erweiterte er in den nächsten zwei Jahren immer wieder seine „kursorische Skizze" und legte schließlich ein Manuskript vor, das vier- oder fünfmal länger war. Aber immer noch handelte es sich um ein recht dünnes Buch von 147 Druckseiten. Am 13. Juni 1864 schloss er einen Vertrag mit dem kleinen Breslauer Verlag Maruschke & Berendt. Ende Juli lagen die gedruckten Exemplare vor.[16]

---

[16] Kistner, „Briefwechsel", 215. Im Jahr 1891 (*Abriss*, S. 59) wie auch in seinem Brief an Kolbe aus dem Jahr 1881 (siehe Fußnote 13) gab Meyer fälschlicherweise an, er habe das Buch bereits 1862 geschrieben, obwohl es erst 1864 veröffentlicht wurde. Meyers falsche Erinnerung hat einige Historiker in die Irre geführt. Die oben dargelegte Chronologie wird durch Meyers Bemerkung im ersten Satz seines Vorworts zur zweiten Auflage (datiert auf August 1872) bestätigt, in dem er angibt, die Arbeit an der ersten Auflage „vor zehn Jahren" begonnen zu haben (S. {VII}).

Abgesehen von der Tatsache, dass sich der Verlag im Ort befand, wissen wir nicht, warum sich Meyer für Paul Maruschke und Wilhelm Berendt entschieden hat. Deren Verlag war 1859 gegründet worden und hatte in den ersten Jahren Bücher aus vielfältigen Bereichen veröffentlicht, darunter Geschichte und Medizin. Lothar Meyers Schrift war ihr erstes ernstzunehmendes physicochemisches Werk; später sollte in diesem Verlag Oskar Meyers wichtige Monografie über die kinetische Gastheorie veröffentlicht werden. Wahrscheinlich war die Auflagenhöhe relativ klein. Im Rahmen einer kürzlich durchgeführten, weltweiten, gewissenhaften Recherche in den digitalen Bibliothekskatalogen konnten weniger als 40 Exemplare der ersten Auflage nachgewiesen werden. All dies deutet darauf hin, dass Meyers Leserschaft nicht so groß war, wie sie es hätte sein können und sollen. Meyer war noch jung, noch nicht einmal national, geschweige denn international bekannt, der – nur Privatdozent an einer preußischen Provinzuniversität – ein Werk in einem Verlag veröffentlicht hatte, der damals in der Welt der Wissenschaft völlig unbekannt war. Aber Meyer hatte einen bedeutenden Freundes- und Bekanntenkreis, der über die deutschen Staaten und das Ausland verstreut war. Und die inneren Werte des Buches halfen zweifellos beim Verkauf. Die erste Auflage war anscheinend relativ schnell ausverkauft. Meyer blieb Maruschke & Berendt auch später treu und veröffentlichte in ihrem Haus alle weiteren Auflagen, die nicht nur viel umfangreicher waren, sondern auch eine viel größere Auflagenhöhe als die erste hatten. Offensichtlich haben der Autor und der Verlag am Ende gut an dem Buch verdient.

Einer der wesentlichen Gründe, warum Pebal und Landolt die Veröffentlichung der „kursorischen Skizze" empfohlen hatten,[17] lag in jener Zeit am Fehlen einer allgemeinen Abhandlung, die mit den grundlegenden Strategien der Atomgewichtsbestimmung begann und den kompletten Weg bis zu den neuesten Theorien durchlief und die direkte Abhängigkeit der letzteren von den ersteren aufzeigte. Selbst Cannizzaro hatte dies nicht getan. Und obwohl Kekulé in Teilen seines in Arbeit befindlichen, stückweise veröffentlichten Buches ähnlich vorging, handelte es sich bei diesem um ein Lehrbuch der organischen Chemie, also ein völlig anderes Unterfangen mit einer gänzlich anderen Leserschaft. Meyers Buch lieferte wohl die erste ausführliche Behandlung der chemischen Reformen. Er trat für das System von Cannizzaro nicht nur deshalb ein, weil es einfacher und bequemer als die verfügbaren Alternativen war, sondern weil es – zusammen mit den neuen Ideen zur Wertigkeit – das einzig wahre und beständige System von Atomgewichten und Formeln darstellte. Andere bedeutsame Monografien, die auf Nutzung der Atomgewichtsreform und der Valenztheorie drangen, erschienen

---

[17] Meyer hatte in seinem Brief vom 11. Oktober 1862 davon berichtet. Vergleiche Fußnote 12, oben.

zeitgleich oder etwas später. Insbesondere sei hier auf die Werke von Hofmann und Wurtz hingewiesen.[18]

Meyers Betrachtungen stellten viel mehr als nur eine für das reformierte System der Chemie und die neuesten Theorien nutzbringende Abhandlung dar – so wichtig diese auch war. Hinsichtlich der Intention und der Struktur muss es zu jener Zeit als einzigartig gewertet werden. So blieb es auch in mindestens dreierlei Hinsicht. Erstens fiel das Buch durch seinen Beitrag zur Wissenschaftstheorie in Bezug auf den aktuellen Stand der Wissenschaft auf, insbesondere durch die sorgfältige Diskussion der begrifflichen Unterschiede von empirischen Beweisen, Hypothesen und Theorien. Meyer warnte wiederholt vor den Gefahren einer Unter- oder Überbewertung von Theorien. Bei seinen Zeitgenossen konnte er diese gegenläufigen Tendenzen häufig wahrnehmen. Schlussendlich ließ Meyer jedoch keinen Zweifel daran, dass er gut begründeten Theorien eine wichtige heuristische Rolle in der Wissenschaft zuordnete.

Obwohl Meyer zweitens sein Buch für Studenten verständlich verfassen wollte, richtete es sich in hohem Maß an seine Fachkollegen sowohl in der Chemie als auch in der Physik. Er war davon überzeugt, dass die im Buch beschriebenen und erklärten „modernen Theorien" die Zukunft der Chemie darstellen. Allerdings bedeuteten der lange ungeklärte Zustand dieser Disziplin und die relative Komplexität einiger dieser neuen Theorien, dass nur wenige Wissenschaftler außerhalb eines recht kleinen Kreises den neuesten Entwicklungen auf diesem Gebiet Beachtung schenkten. Die Physiker verstanden die moderne Chemie nicht oder interessierten sich nicht dafür, die Chemiker ignorierten die neuesten Fortschritte der modernen Physik. Meyer war überzeugt, dass ein gegenseitiges vollständiges Verständnis unerlässlich war. Schließlich kann die *eine* Natur nur durch eine einheitliche Wissenschaft beschrieben werden. Um die Aufmerksamkeit der Physiker zu gewinnen, bemühte er sich, seinen Text für sie angemessen zu formulieren, besonders dann, wenn er die neuesten chemischen Ideen, nämlich die Theorien der chemischen Valenz und Struktur, sowie die aktuellsten Erkenntnisse zu den Beziehungen zwischen den Atomgewichten der Elemente behandelte. Umgekehrt besprach Meyer für die „reinen" Chemiker viel Relevantes aus der physikalischen Chemie und Physik. Es finden sich umfangreiche Diskussionen nicht nur über Dampfdichten, spezifische Wärmen sowie Siede- und Schmelzpunktregelmäßigkeiten, sondern

---

[18]A. Wurtz, *Leçons de philosophie chimique* (Paris: Hachette, 1864); *Leçons élémentaires de chimie moderne* (Paris: Masson, 1866–1868); *Histoire des doctrines chimiques* (Paris: Hachette, 1869); *La théorie chimique* (Paris: Ballière, 1879); A. W. Hofmann, *Introduction to Modern Chemistry* (London: Walton and Maberley, 1865); *Einleitung in die moderne Chemie* (Braunschweig: Vieweg, 1866). Wurtz und Hofmann beschäftigten sich mit Atomgewichten, Volumenverhältnissen und der Valenztheorie; keiner von beiden beschäftigte sich substanziell mit Physik, wie es zu der Fragestellung gehört hätte.

auch über die damals neue kinetische Theorie der Gase und die frühe Entwicklung dessen, was wir heute Thermodynamik nennen, einschließlich der Energieerhaltung und einer frühen Form des Entropiekonzepts, der „Disgregation" von Clausius.

1.6   Die Periodizität der Elemente in der ersten Auflage

Schließlich gab es noch eine dritte bemerkenswerte Neuerung. In einem kurzen fünf-seitigen Abschnitt am Ende des Buchs (§ 91) diskutierte Meyer unmittelbar vor seinen abschließenden Überlegungen wichtige neue Gedanken zur Natur der Atome und den unerwarteten, aber aufschlussreichen Beziehungen zwischen den Atomgewichten der Elemente. Diese Passage hat später im Zusammenhang mit der Geschichte des Periodensystems höchste Bedeutung erlangt. Dabei wurde aber wenig beachtet, dass Meyers substanzieller Ansatz für das periodische Gesetz hier zumindest teilweise durch sein Interesse motiviert war, die vermutliche Komplexität des Atoms der Chemiker zu demonstrieren, und dass dieser Gedankengang durch die vorher im Buch diskutierten Fakten aus der *organischen* Chemie hervorgerufen worden war.

Es gibt eine „ausserordentlich grosse Wahrscheinlichkeit", dass Atome Substrukturen haben, schrieb Meyer (S. {135 − 136}). Als Grund führte er die Tatsache an, dass die Zunahme des Molekulargewichts in homologen Reihen durch eine aus mehreren Atomen zusammengesetzte Gruppe, nämlich CH_2 mit dem Atomgewicht 14, bekannt sei. Es erscheint somit wahrscheinlich, dass die fast konstante Zunahme des Atomgewichts bei bestimmten verwandten Elementen ebenfalls auf einer zusammengesetzten Einheit beruhe. Das würde bedeuten, dass auch Atome eine innere Komplexität aufweisen müssen. Diese Idee war nicht neu: Max Pettenkofer und Jean-Baptiste Dumas hatten sie 1850 bzw. 1851 unabhängig voneinander publiziert, später beanspruchten beide die Priorität. Meyer zitierte Pettenkofer und Dumas. Er deutete an, dass beide Chemiker durch Leopold Gmelins bekannten Kommentar zu merkwürdigen Regelmäßigkeiten in den Atomgewichten verwandter Elemente in den drei aufeinanderfolgenden Ausgaben seines geschätzten *Handbuchs der Chemie* in den Jahren 1826, 1843 und 1852 inspiriert worden waren. Gmelin wiederum hatte auf noch früher im 19. Jahrhundert publizierte Beobachtungen von Johann Wolfgang Döbereiner verwiesen.[19]

In der ersten Ausgabe der *Modernen Theorien* zitierte Meyer nur Gmelin, Pettenkofer und Dumas, er merkte aber an, dass „die eigenthümlichen regelmässigen Beziehungen, welche seit lange zwischen den Atomgewichten der verschiedenen Elemente auf-gefunden wurden", in der Tat vielfach auftreten. Die „verschiedenen Autoren … haben solche in der verschiedensten Weise dargestellt." Nachdem er ein umfassendes Periodensystem aufgestellt und sich drei Jahre lang mit Mendeleev auseinandergesetzt hatte,

---

[19]Vor einiger Zeit sind diese Fragen ausführlich diskutiert worden: E. Scerri, *The Periodic Table, its Story and its Significance* (Oxford University Press, 2007), S. 42–92.

konkretisierte Meyer in der zweiten Auflage von 1872 (S. {295}) die Angabe und zählte nicht weniger als zwölf Autoren auf, die in den 1850er- und 1860er-Jahren Studien zu numerischen Beziehungen zwischen den Atomgewichten der Elemente publiziert hatten. Durch den Zusatz „u. A." wies er darauf hin, dass diese Liste nicht vollständig wäre. Erstaunlicherweise nannte er Alexandre-Émile Béguyer de Chancourtois und Gustavus Hinrichs nicht explizit. Unter Einbeziehung dieser beiden Namen haben sich also neben Meyer und Mendeleev mindestens 14 Gelehrte mit dieser Problematik beschäftigt.

Es sei angemerkt, dass nur einige dieser 14 Autoren über so etwas wie eine periodische Wiederkehr von ähnlichen Eigenschaften bei Anordnung der Elemente nach steigendem Atomgewicht berichtet haben. Sie hatten ihre Beiträge größtenteils im Frühjahr 1864 auch noch gar nicht veröffentlicht, so konnte Meyer beim Verfassen der ersten Auflage nicht durch sie beeinflusst worden sein. Außerdem haben nur wenige der genannten Autoren die Atomgewichte nach Cannizzaro verwendet. Die Arbeiten von Chancourtois und Hinrichs sind Meyer wahrscheinlich unbekannt gewesen. Weder John Newlands noch William Odling, die neben Chancourtois am häufigsten als Vorgänger bei der Entdeckung des periodischen Gesetzes genannt werden, hatten zu diesem Zeitpunkt ihre Ideen zur Periodizität dargelegt.[20]

Kurz gesagt, beim Schreiben der ersten Auflage wurden Meyers Überlegungen zur Periodizität im Zusammenhang mit den Atomgewichten durch Vorarbeiten beeinflusst, diese können vermutlich im Wesentlichen auf zwei reduziert werden, nämlich auf die von Döbereiner und Gmelin festgestellten und von anderen aufgegriffenen Triadenbeziehungen sowie auf die von Pettenkofer und Dumas eingeführte Analogie von organischen und anorganischen Verbindungen. In § 91 der ersten Auflage und der dort angegebenen Fußnote fasste Meyer implizit beide Auffassungen zusammen. Das deutet darauf hin, dass diese Ansichten, die keinen Bezug zur Periodizität hatten, für seine Auffassung vom komplexen Aufbau der Atome relevant waren. Unmittelbar im Anschluss führte Meyer das ein, was wir im Nachhinein als unvollständiges Periodensystem charakterisieren können.

Aus der Perspektive des 21. Jahrhunderts betrachtet, hatte Meyer einen bedeutenden Vorteil gegenüber anderen, die sich potenziell mit Periodizität beschäftigten. Er nutzte die Atomgewichte nach Cannizzaro, während die meisten anderen zu jener Zeit, also um 1864, immer noch Äquivalentgewichte verwendeten. Ein weiterer Vorzug bestand darin, dass er unmittelbar nach der Entdeckung von vier wichtigen Elementen – nämlich Thallium, Indium, Cäsium und Rubidium – an seinem Werk schrieb. Diese vier vervollständigten den Block der Elemente, die wir heute als Hauptgruppenelemente bezeichnen – natürlich mit Ausnahme der radioaktiven Elemente und der Edelgase, die eine Generation später entdeckt wurden. Außerdem fehlten zwei noch nicht entdeckte Elemente in der Mitte des Hauptgruppen-Blocks: Germanium und Gallium.

---

[20] Scerri, S. 72–86; M. Gordin, „Paper Tools and Periodic Tables: Newlands and Mendeleev Draw Grids", *Ambix* 65 (2018), 30–51, hier 34.

Auf der Seite {137} findet sich eine Tabelle dieser 28 Hauptgruppenelemente, gefolgt von zwei kleineren Tabellen mit sechs bzw. 16 Elementen auf der nächsten Seite. Insgesamt wurden also 50 Elemente berücksichtigt. Von den etwa 60 zu dieser Zeit bekannten fehlten Wasserstoff, Bor, Aluminium, Indium, Chrom, Niob, Thorium, Uran und einige Seltene Erden. Wasserstoff war und ist einzigartig, nicht zuletzt, weil er die Bezugseinheit für das gesamte System der relativen Atomgewichte bildete. Vermutlich ließ Meyer andere Elemente aufgrund ihrer damals noch ungenau bestimmten Atomgewichte weg. Das gilt insbesondere für die vier bereits bekannten Elemente der heutigen Bor-Gruppe: B, Al, In und eingeschränkt für das Tl.[21] Wie bereits festgestellt, waren zwei Elemente dieser Gruppe erst vor Kurzem entdeckt worden, nämlich Thallium 1861 und Indium 1863.

Meyers Tabelle der 28 Elemente zeigt die Periodizität in einer deutlich sichtbaren Weise. Doch Meyer ließ die Tabelle für sich selbst sprechen; er schrieb kein einziges Wort über das periodische Auftreten ähnlicher Eigenschaften mit zunehmendem Atomgewicht, sondern verwies lediglich auf eine noch unbekannte „bestimmte Gesetzmässigkeit", die walten müsse. Seine Tabelle basierte auf zwei Grundsätzen: Erstens erfolgte die horizontale Anordnung nach zunehmendem Atomgewicht und zweitens wurde die horizontale Linie abgebrochen und in einer neuen Reihe wieder so begonnen, dass eine vertikale Anordnung von Elementfamilien mit ähnlichen Eigenschaften entstand. Diese beiden Richtlinien ergänzte er noch durch zwei subsidiäre Prinzipien. Erstens wurden die in einer Spalte – also vertikal – angeordneten Elemente vor allem durch ihre Wertigkeit charakterisiert. Das zeigt die Bezeichnung der Spalte. Beim Betrachten der Tabelle stellt man fest, dass sich der Zahlenwert der Wertigkeit gleichmäßig ändert: von 4 sinkt er auf 1, um dann wieder auf 2 zu steigen (die Dreiwertigkeit tritt nicht auf). Zweitens lenkte er die Aufmerksamkeit besonders auf die nahezu konstanten Unterschiede in den in den Spalten aufeinanderfolgenden Angaben der Atomgewichte: etwa 16, 16, 45, 45, 88. Diese Hervorhebung erklärt sich aus dem Argument von Pettenkofer und Dumas im Hinblick auf die Komplexität der Atome.

Es besteht kein Zweifel daran, dass Meyer tatsächlich die Absicht hatte, ein (unvollständiges) Periodensystem im vollen Sinne des Wortes aufzustellen.[22] Das leiten wir erstens aus der Tatsache ab, dass er bei Iod und Tellur von der Folge monoton steigender Atomgewichte abwich, also nicht Iod vor Tellur einordnete, wie es nach den Atomgewichten notwendig gewesen wäre (I = 126,8, Te = 128,3). Meyer positionierte Tellur vor dem leichteren Nachbarn und bewahrte dadurch die Periodizität der Wertigkeit und

---

[21] In der Tabelle mit 28 Elementen hatte Meyer dem Thallium einen möglichen Platz in der Gruppe der Alkalimetalle zugewiesen. Seine Zweifel am Atomgewicht des Thalliums brachte er durch das Fragezeichen und das Setzen von Klammern zum Ausdruck. In dem vollständigen Periodensystem von 1869/70 („Natur der chemischen Elemente", {356}) brachte er das Element auf seinen richtigen Platz in der Borgruppe.

[22] Scerri, *Periodic Table*, S. 96, hat beiden Aspekte diskutiert, die in diesem und im folgenden Absatz genannt werden.

der chemischen Eigenschaften auf Kosten des ansonsten maßgeblichen Kriteriums der monotonen Zunahme des Atomgewichts.

Zweitens hielt Meyer einen Platz in der Kohlenstoffgruppe frei, direkt unter Silicium und über Zinn. Er setzte dort einen Strich. Zweiundzwanzig Jahre später entdeckte Clemens Winkler das Element, das in diese Lücke passte. Er nannte es Germanium. In der ersten Ausgabe machte Meyer keinerlei Ausführungen zu dieser impliziten Vorhersage, genauso wie er nichts über seinen Tellur-Iod-Tausch schrieb. Wie schon festgestellt – er ließ seine Tabelle für sich selbst sprechen. Meyer tat jedoch mehr, als nur eine Lücke zu lassen. Die arithmetische Differenz zwischen den von Meyer genutzten Atomgewichten des Siliciums (28,5) und des Zinns (117,6) beträgt 89,1. Die Hälfte davon ist 44,55. Er schrieb also zweimal „$\frac{89,1}{2} = 44,55$", einmal über und einmal unter den Strich, der das fehlende Element darstellen sollte. Damit wollte Meyer dem Leser implizit mitteilen, dass er als Atomgewicht des zu entdeckenden Elements den gerundeten Mittelwert der Atomgewichte von Si und Sn, nämlich etwa 73,1 erwartete. Winkler bestimmte später das Atomgewicht von Germanium zu 72,3. Aber Meyer war vorsichtig, er machte nichts explizit, er notierte nicht einmal die Zahl 73,1. Die Leser mussten selbst rechnen, um mit dem von Meyer angedeuteten Weg aus einer impliziten eine explizite Vorhersage machen zu können.

Meyer hatte noch einen weiteren Grund, zweimal 44,55 anzugeben: Er wollte den mathematischen Zusammenhang zwischen dem vermutlich unbekannten Element und den anderen fünf Elementen in derselben Reihe der Tabelle fortsetzen: Alle waren von ihren jeweiligen „Familien"-Nachbarn oben und unten um etwa 45 Atomgewichtseinheiten getrennt. Er dachte also nicht nur an die Periodizität, sondern auch an die Numerologie von Döbereiner, Gmelin, Pettenkofer und Dumas.

In dieser Tabelle machte Meyer weitere implizite, wenn auch keine quantitativen Voraussagen. Er fügte vier leere Stellen an den Anfang seiner Tabelle und vier weitere am Ende hinzu und versah jede von ihnen mit Strichen. Das deutete die zukünftige Entdeckung von neuen Elementen an: vier, die leichter als Lithium, und vier, die schwerer als Wismut sind. An eine dieser Stellen, nämlich an das untere Ende der Alkalimetallspalte, setzte er das Symbol für Thallium, doch um die Unsicherheiten hinsichtlich dieses erst kürzlich entdeckten Elements zu betonen, setzte er das Symbol Tl in Klammern und ließ ein Fragezeichen folgen.[23] Die Striche auf der Seite der schweren Elemente können als implizite Vorhersage zukünftiger Elemente verstanden werden, die heute als Polonium, Astat, Radium – und auch Francium – bekannt sind, sofern man die Platzierung von Thallium vernachlässigt, das er fünf Jahre später ohnehin in die Bor-Gruppe einordnete. Die Berücksichtigung dieser vier schweren „fehlenden" Elemente und des zukünftigen Elements Germanium in der Kohlenstoffgruppe hätten eine vollständige Darstellung des Teils vom Periodensystem ergeben, den wir heute als Block der Hauptgruppenelemente bezeichnen – wie oben bereits festgestellt, abzüglich des

---

[23] Meyer setzte auch Beryllium und dessen Atomgewicht in Klammern, um die Unsicherheit in der Angabe zum Ausdruck zu bringen.

Wasserstoffs, der Bor-Gruppe und der Edelgase.[24] Die empirischen Unsicherheiten, die ihn hatten zögern lassen, die Elemente der Bor-Gruppe in seine Tabelle aufzunehmen, würden bald ausgeräumt sein.

1.7 Ein unvollendeter Versuch zur Aufstellung eines vollständigen Periodensystems

In der ersten Auflage der *Modernen Theorien* hatten alle drei Tabellen mit 28, 6 und 16 Elementen die gleiche Struktur, sie hätten zu einer einzigen 13-spaltigen Anordnung mit 50 Elementen zusammengefügt werden können. Diese hätte eine größere Kontinuität als die drei separaten Übersichten gezeigt. Allerdings wäre damit das Phänomen der Periodizität deutlich schwerer zu erkennen gewesen als in der Tabelle mit den 28 Elementen. Das beruht auf der Unvollständigkeit der Daten jener Tage sowie den wenig bekannten Eigenschaften der Elemente, die nicht zu den heute so genannten Hauptgruppenelementen gehören. In der zweiten Auflage und erneut 1880[25] konstatierte Meyer, dass er 1864 tatsächlich versucht habe, eine solche Gesamttabelle aller 50 Elemente aufzustellen, aber er sei nicht in der Lage gewesen, eine praktikable Lösung zu finden. Grund waren die falschen Werte für die Atomgewichte des Vanadiums, Niobs, Molybdäns und Tantals, sie wurden erst 1865 und 1867 korrigiert.

Um 1868 hatte Meyer in der Tat ein vollständiges Periodensystem aufgestellt, aber nur als Entwurf. Er hat es nie veröffentlicht. Als er die Forstakademie verließ, um den Lehrstuhl am Karlsruher Polytechnikum einzunehmen, übergab er das handschriftliche Dokument aus unbekannten Gründen seinem Nachfolger Adolf Remelé mit dem Hinweis, er beabsichtige, es bald zu veröffentlichen.[26] Viele Jahre später schrieb Remelé

---

[24] Im Prinzip hätte Meyer die Spalten mit den Alkali- und den Erdalkalimetallen links vor die Tabelle schreiben können. Dann würden Li, Be, C, N, O und F die erste Periode bilden. Dadurch wäre eine im Vergleich zu der 6×6-Anordnung übersichtlichere 6×5-Tabelle entstanden. Die Wertigkeit hätte mit Eins und nicht mit Vier begonnen und anstelle der acht leeren Plätze hätte es nur drei gegeben. Doch der Vorteil der von ihm genutzten Anordnung bestand darin, dass die Atomgewichtsdifferenzen der untereinander stehenden Elemente in den Reihen annähernd einheitlich waren, nämlich 16, 16, 45, 45 und 88. In der 6×5-Anordnung wären diese zwischen den Elementen der zweiten und den darunter stehenden der dritten Reihe nicht annähernd konstant gewesen, sondern von 16 auf 45 gesprungen.

[25] Zweite Auflage, S. {297–298}; Meyer, „Zur Geschichte der periodischen Atomistik", *Berichte* 13 (1880), 259–265, hier 259.

[26] Details dieses Austauschs sind in Boeck, „Julius Lothar (von) Meyer", 18 beschrieben und dokumentiert.

auf die Rückseite dieses Blattes: „Von Lothar Meyer selbst mir im Juli 1868 in Ebers-
walde übergeben." Remelé erwähnte auch, dass er Gelegenheit hatte, das Dokument dem
Autor im Mai 1893 persönlich zu zeigen. Nachdem Meyer so an dessen Existenz erinnert
worden war, äußerte er ihm gegenüber sein Bedauern, dass er diese Zusammenstellung
nicht vor Mendeleevs erster Publikation veröffentlicht habe. Zwei Jahre später – nach
Meyers Tod – lieh Remelé das Dokument Meyers wichtigstem Biografen Karl Seubert
aus, der sofort eine Abschrift in der von ihm herausgegebenen Sammlung der Arbeiten
von Meyer und Mendeleev veröffentlichte.[27]

Meyers Tabellenentwurf von 1868 fasste mit einigen Änderungen die drei Übersichten aus der ersten Ausgabe zusammen. Wir sehen nun 52 Elemente: Chrom und
Aluminium sind dazugekommen. Die 13 Spalten von 1864 sind auf 16 angewachsen.
Chrom und Nickel stehen jeweils allein in einer Spalte, eine weitere Spalte wurde
merkwürdigerweise komplett leer gelassen. Die 1864er Tabelle mit den 28 Hauptgruppenelementen erscheint unverändert in den Spalten 8 bis 13. Meyer machte sich
offenbar Sorgen wegen der richtigen Platzierung des Aluminiums, denn der Entwurf
zeigt seine Unsicherheit, ob es nun zur Eisen- oder zur Kobaltgruppe gehöre. Außerdem
sehen wir Leerstellen für vier leichte und drei oder vier schwere zukünftige Elemente.
Nun erscheinen an diesen Leerstellen keine Striche mehr, nur die mit dem Strich für das
noch zu entdeckende Element Germanium wurde beibehalten.

Dieser Entwurf ist ein sehr merkwürdiges Dokument, es bleibt von Geheimnissen
umwoben. Kein Historiker war bislang in der Lage zu erklären, warum Meyer bestimmte
Entscheidungen bei der Erstellung der Details der Tabelle getroffen hat. Das gilt insbesondere für die Platzierungen der heutigen Übergangselemente, von denen einige
im Vergleich zu ihren Positionen im Jahr 1864 verschoben wurden. Neuere historische
Arbeiten haben jedoch auf einige verblüffende Kontinuitäten bei Meyers Perioden-
systemen aus den Jahren 1864, 1868 und 1869/1870 hingewiesen.[28]

---

[27] Seubert (Hg.), *Das natürliche System der chemischen Elemente: Abhandlungen von Lothar
Meyer und D. Mendelejeff* (Leipzig: Engelmann, 1895), S. 6–8. Leider ist unbekannt, wo sich das
Originaldokument heute befindet und ob es überhaupt noch existiert. Dass der Entwurf eine Über-
arbeitung der Tabellen aus dem Jahr 1864 darstellen sollte, suggeriert der Fakt, dass der Entwurf
mit „§ 91" überschrieben ist. Das ist die relevante Nummer des Paragrafen der ersten Auflage.
Möglicherweise wurde Meyer durch die immer noch bestehenden Unsicherheiten der Daten oder
durch Sorge um andere Mängel im Tabellenentwurf von der Veröffentlichung abgehalten. In jedem
Fall dauerte es vier weitere Jahre, bis er die Überarbeitungen für die zweite Auflage abschloss.

[28] F. Rex, „Chemie, Geschichte und Chemiegeschichte: Reflexionen anläßlich des Fachgruppen-
jubiläums", *Mitteilungen der Fachgruppe Geschichte der Chemie der Gesellschaft Deutscher
Chemiker* 2 (1989), 3–13, besonders 10–13; Rex, „Zur Erinnerungen an Felix Hoppe-Seyler,
Lothar Meyer und Walter Hückel", *Bausteine zur Tübinger Universitätsgeschichte* 8 (1997), 103–
130, besonders 113–114, 123–130; Rocke, „Lothar Meyer's Pathway", 287–289.

1.8 Mendeleevs erstes Periodensystem

Lothar Meyer muss bestürzt gewesen sein, als im Frühsommer 1869 mit der Post das Manuskript von Mendeleev mit seinem Periodensystem der 63 Elemente eintraf. Sein Freund Beilstein, der zu dieser Zeit in St. Petersburg war, hatte es an Meyer in Karlsruhe geschickt, der ihm bei der redaktionellen Bearbeitung der *Zeitschrift für Chemie*[29] zur Seite stand. Meyer schickte den kurzen Aufsatz pflichtbewusst an den Drucker, er erschien in der Juli-Nummer der Zeitschrift.[30] Meyer wird seine Anstrengungen verdoppelt haben, um seine eigene Übersicht so schnell wie möglich zu vervollständigen und zu perfektionieren.

In welchem Maße könnte Mendeleev frühere Arbeiten zu den Regelmäßigkeiten der Atomgewichte gekannt haben und durch sie beeinflusst worden sein? Es ist merkwürdig, dass diese Frage so selten untersucht worden ist, obwohl sie mit einem so bedeutenden Meilenstein wie dem ersten veröffentlichten vollständigen Periodensystem zusammenhängt. In der ersten, in Russisch veröffentlichten Arbeit wies Mendeleev auf entsprechende frühere Arbeiten von Jean-Baptiste Dumas, Max Pettenkofer, Ernst Lenssen, Peter Kremers und William Odling hin.[31] In seinen ersten Äußerungen zu Fragen der Priorität (1871) ergänzte er die Namen von John Gladstone, Josiah Cooke „und anderen". Er stellte fest, dass die Schriften von Odling zu Elementsystemen, von denen er einige vor 1869 gelesen hatte, nicht als eine Erkenntnis des Periodengesetzes interpretiert werden könnten. Zwanzig Jahre später warf Mendeleev diese Frage erneut auf. Er erwähnte dieselben Vorläufer, deren Arbeiten er in der Zeit gelesen hätte, als er sein Periodensystem aufstellte. Vorsichtshalber fügte er hinzu, dass er vor 1870 die Arbeiten von Chancourtois oder Newlands nicht gekannt hätte.[32]

---

[29] Mendeleev, „Ueber die Beziehungen der Eigenschaften zu den Atomgewichten der Elemente", *Zeitschrift für Chemie* 12 (1869), 405–406; Gordin, „The Table and the Word", in *Scientific Babel: How Science Was Done Before and After Global English* (University of Chicago Press, 2015), S. 51–77, hier 56.

[30] P. Družinin hat kürzlich eine genaue Chronologie der Veröffentlichungen von Mendeleev im Jahr 1869 publiziert: *Zagadka ‚Tablicy Mendeleeva': Istorija publikacii okrytija D. I. Mendeleevym periodičeskogo zakona* (Moskva: Novoe Literaturnoe Obozrenije, 2019); „The First Publication of Mendeleev's Periodic System of Elements: A New Chronology", *Historical Studies in the Natural Sciences* 50 (2020), 129–182.

[31] Mendeleevs erste Arbeit zum Periodensystem erschien unter dem Titel „Sootnošenie svoistv s atomnym vesom elementov", *Žurnal Russkogo Chimičeskogo Obščestva* 1 (1869), 60–77. Die Vorläufer werden in den Fußnoten auf den Seiten 65 und 76 genannt. Am 18. März 1869 (greg.) waren die Erkenntnisse vorgetragen worden, etwa zwei Monate später erschien die Publikation.

[32] Mendeleevs erster explizit öffentlicher Kommentar zur Frage der Priorität erschien in „Zur Frage über das System der Elemente", *Berichte der Deutschen Chemischen Gesellschaft*, 4 (1871), 348–352. Spätere Äußerungen findet man in seinen *Grundlagen der Chemie* (St. Petersburg: Ricker, 1891), 683–684 Fußnote, 690 Fußnote.

Und was ist mit der Lektüre von Lothar Meyers Arbeit? 1871 behauptete Mendeleev, „dass Hr. Meyer 1864 sich von denjenigen Beziehungen der Elemente zu einander, die ich hervorhebe, keine Rechenschaft gegeben hat; er hat nämlich einfach Gruppen analoger Elemente zusammengestellt." Zwanzig Jahre später schaute er viel großzügiger auf Meyers Tabellen von 1864 und charakterisierte die der Hauptgruppenelemente als „die Anfänge des periodischen Gesetzes". Es ist vielleicht von Bedeutung, dass Mendeleev nie bestritten hat, Meyers erste Ausgabe der *Modernen Theorien* vor der Aufstellung seines Periodensystems gelesen zu haben, vor allem wenn man bedenkt, wie sorgfältig er andere Konkurrenten nennt, deren Arbeiten er gelesen hat oder auch nicht. Interessant ist die von Igor Dmitriev vorgenommene Analyse der „Geburt" von Mendeleevs erstem Periodensystem, die auf einer sorgfältigen Prüfung erhaltener Manuskripte beruht. Darin stellte er fest, dass eine von Mendeleevs frühen Manuskriptentwürfen (ca. Januar 1869), den Dmitriev als „Variante D2b" bezeichnete, „verblüffend" an Meyers Tabelle von 1864 erinnert.[33] In einer Fußnote zu dieser Passage verwies Dmitriev ohne weiteren Kommentar auf die russische Übersetzung von Meyers *Modernen Theorien*,[34] die 1866 erschien. Mendeleev und seine Chemikerkollegen in St. Petersburg steckten in den 1860er-Jahren viel Energie in die Vorbereitung, die Veröffentlichung und das Studium von ins Russische übersetzten Lehrbüchern und Monografien von westeuropäischen Chemikern.[35] Die erste Auflage von Meyers Buch stand Mendeleev also schon zwei bis drei Jahre früher, bevor er sein System aufstellte, in russischer Sprache und am Ort zur Verfügung.

Wenn man all dies berücksichtigt, erscheint es wahrscheinlich, dass Mendeleev Meyers *Moderne Theorien* gelesen hatte, bevor er 1869 seine Tabelle aufstellte. Meyer war sicherlich überzeugt, dass er dies getan hatte.[36] Doch sollte das tatsächlich der

---

[33] I. S. Dmitriev, „Naučnoe otkrytie in statu nascendi: Periodičeskij zakon D. I. Mendeleeva", *Voprosy istorii estestvoznanija i techniki* 1 (2001), 31–82, hier 56–58; „Scientific Discovery in Statu Nascendi: The Case of Dmitrii Mendeleev's Periodic Law", *Historical Studies in the Physical and Biological Sciences* 34 (2004), 233–275, hier 262–264.

[34] L. Meier, *Novějšija teorii chimii i ich značenie dlja chimičeskoj statiki*, übersetzt von P. Afonas'in (St. Petersburg: Tipografija Kukol'-Jasnopol'skago, 1866). Der Übersetzer ist unbekannt, es könnte eventuell Pëtr Alekseevič Afanas'ev sein, der im selben Jahr das St. Petersburger Technologische Institut abschloss, in dem die Übersetzung des Buches erschien.

[35] Wir haben eine Liste von mindestens 16 russischen Übersetzungen westeuropäischer Abhandlungen zur Chemie zusammengestellt, die zwischen 1860 und 1867 erschienen sind, darunter neben Meyers auch Werke von Gerhardt, Strecker, Kekulé, Wurtz, Odling und Hofmann. Vergleiche dazu auch Gordin, „Translating Textbooks: Russian, German, and the Language of Chemistry", Isis 103 (2012), 88–98, hier 91 und Gordin „The Table and the Word", S. 79–103.

[36] Das schrieb Meyer am 13. November 1886 an Clemens Winkler (Winkler Nachlass, Universitätsbibliothek der Technischen Universität Bergakademie Freiberg). Er bedauerte es in dem Schreiben überdies, dass Kopp – der Herausgeber der *Annalen der Chemie* – so resistent spekulativen Arbeiten gegenüber gewesen wäre. Er fügte hinzu, dass er sein eigenes vollständiges Periodensystem schon 1868 in der *Zeitschrift für Chemie* hätte veröffentlichen sollen und müssen.

Wahrheit entsprechen und Mendeleevs unveröffentlichter Entwurf „Variante D2b" im Wesentlichen eine Reproduktion von Meyers Tabelle der Hauptgruppen darstellen, hat Mendeleev diese Variante verworfen und seiner eigenen unvollkommenen, aber 1869 veröffentlichten Tabelle den Vorzug gegeben, wie Dmitriev weiter zeigt. Vielleicht hatte Meyer einen ersten Denkanstoß gegeben, danach scheint Mendeleev einen weitgehend unabhängigen Weg in Richtung des periodischen Gesetzes verfolgt zu haben.

Abgesehen von der Tatsache, dass Meyer 1864 die Elemente auf drei Tabellen aufgeteilt hatte, lassen sich die Unterschiede zwischen Mendeleevs erstem Periodensystem und Meyers Tabellen in drei Kategorien zusammenfassen, nämlich Format, kognitive Werte und substanzieller Inhalt. Meyers Tabellen waren der Reihenfolge des Textlesens nachempfunden, also von links nach rechts und dann von oben nach unten. Mendeleev wählte stattdessen eine um 90° gedrehte Anordnung – von oben nach unten und dann von links nach rechts. Meyer stellte Präzision und Genauigkeit als kognitive Werte in den Vordergrund, weshalb er Atomgewichte von höchstmöglicher Präzision angab und sich dafür entschied, einige unsicher bestimmte Elemente wegzulassen. Im Gegensatz dazu legte Mendeleev auf Vollständigkeit Wert, indem er alle möglichen bekannten Elemente in sein System aufnahm, einschließlich derer, die noch mit beträchtlicher Unsicherheit behaftet waren. Er gab sich mit ungefähren Atomgewichten zufrieden.[37]

Es gibt auch viele inhaltliche Unterschiede zwischen den ersten Systemen von Mendeleev und Meyer. Mendeleevs Anordnung hat dann 19 Spalten, also 19 Gruppen ähnlicher Elemente, wenn man es um 90 Grad im Uhrzeigersinn dreht, um eine Analogie zu Meyers Darstellung zu erreichen. Wie Meyer hat auch Mendeleev Te und I bezüglich der Abfolge der Atomgewichte zum Erhalt der Periodizität vertauscht. Allerdings verstößt Mendeleevs Tabelle gegen das Prinzip der monotonen Zunahme der Atomgewichte, denn in ihr sind die Elemente in drei separaten monotonen Reihen – jedoch mit großen numerischen Überschneidungen – angeordnet. Wie Meyer ließ auch Mendeleev unterhalb von Silicium eine mit einem Fragezeichen versehene Lücke an der Stelle, an der später Germanium Platz finden würde – eine implizite Vorhersage. Im Gegensatz zu Meyer bezog Mendeleev auch Elemente der Bor-Familie in sein System ein: Bor selbst, dann Aluminium, dann eine weitere Leerstelle mit Fragezeichen, an der das zukünftige Element Gallium schließlich Platz finden würde. Er hatte noch zwei weitere Lücken in seinem System mit Fragezeichen versehen, eine für ein noch unbekanntes Element unterhalb von Titan und Zirkonium und eine für ein solches nach Calcium – diese Stellen werden später Hafnium und Scandium einnehmen.

---

[37] In Meyers Tabelle der Hauptgruppen sind alle Atomgewichte wenigstens mit einer Kommastelle, acht von ihnen mit zwei Kommastellen angegeben. In Mendeleevs Übersicht hat das Atomgewicht von 13 Elementen eine Kommastelle, bei den anderen 50 wurden nur ganze Zahlen angegeben. Mendeleev stellte Fragezeichen vor die Elementsymbole von Er, Y und In sowie nach den Atomgewichten von Te, Th, Au und Bi. Siehe dazu K. Pulkkinen, „Values in the Development of Early Periodic Tables", *Ambix* 67 (2020), 174–198.

Allerdings waren und sind einige der Entscheidungen von Mendeleev bei der Bildung von Elementfamilien schwer zu verstehen – nicht nur damals, sondern auch heute. Zum Beispiel ordnete er Uran und Gold in die Bor-Familie ein, obwohl bekannt war, dass sie in ihren Eigenschaften weder Bor noch Aluminium ähneln. Die fünf bekannten Erdalkalimetalle, damals und heute eine natürliche Familie, wurden in zwei separate Gruppen aufgeteilt: Beryllium und Magnesium wurden mit Zink und Cadmium vereint sowie Calcium, Strontium und Barium mit Blei. Der Rest der Hauptgruppenelemente in Mendeleevs Tabelle ist wie in Meyers Tabelle von 1864 angeordnet. Wie schon Lothar Meyers unveröffentlichter Tabellenentwurf von 1868 ist auch Mendeleevs erste veröffentlichte Tabelle von 1869 voll von historischen Rätseln. Beide Chemiker bahnten sich allmählich und intelligent ihren Weg durch den Dschungel unsicherer und sich verändernder Daten, beide wussten, dass sie es mit unvollständigen Elementsätzen zu tun hatten. Es war ein herausforderndes Spiel – fast so wie ein Puzzle, bei dem eine unbekannte Anzahl von Teilen fehlte, viele nicht sauber ausgeschnitten worden waren und die Vorlage für das fertige Bild nicht mitgeliefert worden war.

Schließlich wies Mendeleev recht kurz auf Folgerungen aus seiner Tabelle hin. Das hatte Meyer überhaupt nicht getan hatte. Mendeleev betonte ausdrücklich das Phänomen der Periodizität. Er erklärte explizit, dass die Wertigkeit das Hauptkriterium für die Familienähnlichkeit sei und dass diese neue Übersicht durchaus die Vorhersage neuer Elemente und ihrer Eigenschaften ermöglichen könnte, „z. B. Analoge von Si und Al mit Atomgewichten von 65–75."[38] Diese zukünftigen Elemente waren Gallium und Germanium mit den aktuellen Atomgewichten 69,7 und 72,6.

1.9   Die Natur der chemischen Elemente

Etwa sechs Monate, nachdem das Manuskript von Mendeleevs Aufsatz über Meyers Schreibtisch gegangen war, beendete er die Überarbeitung und Vervollständigung seines Periodensystems. Im Dezember 1869 schickte Meyer die Arbeit an die führende Zeitschrift für Chemie, an die *Annalen der Chemie und Pharmacie,* sie erschien im Supplementband im März 1870.[39] Später erinnerte er sich, dass der Herausgeber der *Annalen,* Hermann Kopp, der bei spekulativen Arbeiten, die keine neuen empirischen Daten boten, immer vorsichtig war und nur „ausnahmsweise" der Veröffentlichung der

---

[38] Mendeleev, „Ueber die Beziehung", 405.

[39] Meyer, „Natur der chemischen Elemente", Reprint siehe Kapitel 3. Dass diese Arbeit gegen Ende März 1870 in den Händen der Leser war, geht aus einem kurzen PS zu Meyers Brief vom 27. März 1870 an den Schwager seiner Frau Adolf Ferdinand Weinhold hervor: „Meinen kleinen Atomschwindel werden Sie erhalten haben." (NL Weinhold 3001, Universitätsarchiv der Technischen Universität Chemnitz, von Fotokopien der Universitätsbibliothek Tübingen, im Folgenden als „Weinhold Nachlass" zitiert).

Publikation zugestimmt und dementsprechend Meyer angewiesen hatte, sich so kurz wie möglich zu fassen.[40] Die dadurch notwendige sehr prägnante Darstellung durch Meyer sollte unglückliche Folgen haben.

Meyer begann den Aufsatz mit der Vermutung, dass Atome nicht absolut unzerlegbar seien. Er zitierte dazu Argumente von Pettenkofer und Dumas. Diese Diskussion über eine mögliche subatomare Struktur führte – ähnlich wie 1864 – direkt zur Behandlung der Regelmäßigkeiten in den Atomgewichten der Elemente und dem Abdruck seines Periodensystems mit fast allen bekannten Elementen. Er zitierte Mendeleevs kurze Abhandlung über das Periodensystem und tauschte Spalten und Zeilen seiner Tabellen von 1864 so, dass sie in Übereinstimmung mit der von Mendeleev gebracht wurden. Diese neu fertiggestellte Tabelle sei „im Wesentlichen identisch" mit der des Russen, äußerte er – eine Formulierung, die er später bedauern sollte.

Die Tabelle enthält 55 Elemente (Meyer gab fälschlicherweise 56 an). Sie setzt sich aus neun Spalten (sie entsprechen den heutigen Perioden) und 16 Reihen (sie entsprechen den heutigen Gruppen) zusammen. Sie ist nach den gleichen Prinzipien wie zuvor aufgebaut: Anordnung der Elemente in nahezu gleichmäßiger Reihenfolge nach Atomgewichten, Wertigkeit als Ordnungsprinzip für die Gruppen von Elementfamilien, nahezu konstante Atomgewichtsunterschiede zwischen den Perioden. Gelegentlich gibt es Änderungen in der Anordnung der Elemente, die die Reihenfolge der Atomgewichte verletzen, doch Meyer erachtete die Aufrechterhaltung der Periodizität als notwendig: Er wiederholte seinen Tellur-Iod-Tausch von 1864 und dieses Mal schlug er auch die Reihenfolge $Os < Ir < Pt < Au$ anstelle von $Au < Pt = Ir < Os$ vor, wie es eigentlich die damals bekannten Atomgewichte erfordert hätten.

Zum ersten Mal nahm Meyer Bor, Indium und Niob in die Tabelle auf. Hinsichtlich der Platzierung des Aluminiums gab es keine Unklarheit mehr. In früheren Tabellen hatte Meyer Probleme gehabt, B, Al, In und Tl einzuordnen, doch neue Daten – gemeinsam mit einer neuen heuristischen Technik, die weiter unten beschrieben wird – halfen ihm, diese Schwierigkeiten zu überwinden. Gleichermaßen ermöglichten ihm aktuelle Korrekturen der Atomgewichte von Mo, V, Nb und Ta, diese zufriedenstellend zu platzieren. Einige immer noch problematische, zu den Seltenen Erden gehörende Elemente berücksichtigte Meyer ebenso wenig wie Thorium und Uran, da er hinsichtlich deren Chemie und damit deren richtiger Positionierung noch unsicher war. Wasserstoff fehlt ebenfalls.

---

[40] Meyer, „Zur Geschichte", 263; er wiederholte diese Geschichte in dem bereits oben zitierten Brief an Winkler. Die Ironie dabei ist, dass Kopp selbst vor einiger Zeit einen Artikel in seinen *Annalen* veröffentlicht hatte, in dem er über die innere Komplexität der Atome der Chemiker spekuliert hatte. 1864 hatte Meyer diese Idee in seiner ersten Auflage diskutiert und unter anderem die Arbeit von Kopp zitiert (S. {51–52}). Auch in diesem Artikel von 1869/1870 ist die Komplexität der Atome Thema. So erscheint uns das Vorgehen von Kopp widersprüchlich. Er hätte sich aber mit dem Hinweis gerechtfertigt, dass seine Arbeit im Gegensatz zu der von Meyer viele neue empirische Daten enthalten habe, die ihm die Berechtigung zum Spekulieren gegeben hätten.

Mit heutigen Augen gesehen fällt es schwer, Meyers Tabelle zu verstehen, und das nicht nur wegen der 90°-Drehung im Vergleich zu unseren zeitgemäßen Periodentafeln. Vernachlässigen wir einmal in der Langform unseres modernen Periodensystems die Lanthanoide und alle Elemente nach Wismut, von denen damals nur sehr wenige bekannt waren – diese hatte Meyer glücklicherweise weggelassen –, so unterbrechen die Übergangsmetallperioden die Folge der Hauptgruppenelemente dreimal: Zehn Übergangsmetalle setzen Ca optisch von Ga ab, zehn trennen Sr von In und zehn trennen Ba von Tl. Diese 30 Übergangsmetalle, von denen in den 1860er-Jahren bis auf vier alle bekannt waren, bilden also zehn Triaden – zehn Familien mit drei Übergangsmetallen. Es ist nicht verwunderlich, dass weder Mendeleev noch Meyer ein so seltsam asymmetrisches Schema wie das heutige Periodensystem aufgestellt haben. Stattdessen ordneten beide ihre Elemente verständlicherweise so an, dass sie ununterbrochene Reihen und Spalten bildeten.

Aber es gibt ein Problem mit Meyers kompakterem, fast rechteckigem System in Kurzform: Bei dieser Anordnung unterbrechen die Übergangsmetalle immer wieder die Abfolge der zu den *Hauptgruppen* gehörigen Elementfamilien und nicht die *Perioden*. Meyer hat sich einen cleveren Weg ausgedacht, damit die Triaden der Übergangsmetalle die Hauptgruppen eben nicht optisch unterbrechen. Er ließ den Drucker die Triaden typografisch so versetzen, dass das Auge ohne Unterbrechung den natürlichen Familien von z. B. fünf Alkalimetallen und vier Halogenen wie auch den jeweiligen Triaden der Übergangsmetalle folgen konnte. Das erklärt die 16 Reihen der Tabelle. In sieben der Reihen (Nr. 2, 4, 6, 8, 10, 14, 16)[41] stehen Metalle, die chemisch mit den benachbarten Elementen der jeweils vorhergehenden Reihe (Nr. 1, 3, 5, 7, 9, 13, 15) – z. B. durch Isomorphismen einiger ihrer Verbindungen – verbunden sind.

Nehmen wir die Stickstoffgruppe als Beispiel. Das Auge könnte der Reihe 5 folgen – es wäre die Hauptgruppe der chemisch verwandten Elemente N, P, As, Sb, Bi oder auch der Reihe 6 mit der Übergangsmetall-Triade V, Nb und Ta. Beide Reihen zusammen würden eine Kombination aus den verwandten Haupt- und Nebengruppenelementen ergeben, nämlich: N, P, V, As, Nb, Sb, Ta und Bi. Meyer unterschied später zwischen den „Haupt-" und „Nebenreihen". Neben den $7 + 7 = 14$ Reihen, die doppelte Periodizität[42] aufweisen, handelt es sich bei den Reihen 11 und 12 um zwei weitere Übergangsmetall-Triaden, die jedoch nicht mit Hauptgruppenelementen verknüpft sind. Insgesamt ergeben sich also 16 Reihen. Die neun *Spalten* ergeben sich ebenfalls aus der beschriebenen Anordnungsstrategie: Die Spalten I, II, III, V, VII und IX stellen die Perioden mit Haupt-

---

[41] Die Reihe 2 wurde hier bei der Angabe von sieben Reihen mitgezählt, auch wenn sie nur Striche enthält. Meyer nahm – wie sich später korrekterweise zeigte – an, dass diese drei zukünftigen Elemente ähnliche Beziehungen zu den Elementen der Reihe 1 wie im Falle der anderen Reihen haben werden. Diese „leeren" Stellen entsprechen den genauso leeren im Entwurf aus dem Jahr 1868 (Spalte 16) und in seiner Tabelle aus dem Jahr 1872 (zweite Auflage, S. {301}, Spalte 1).

[42] Meyer, „Zur Geschichte", 263; Mendeleev spricht von „paaren" und „unpaaren" Reihen.

gruppenelementen dar, während die Spalten IV, VI und VIII die drei Perioden der Übergangsmetalle sind.

Meyers Tabelle wies neun statt der heutigen zehn Triaden auf, was einer kurzen Erläuterung der Unterschiede bedarf. Zwei damals bekannte, aber unsicher charakterisierte Übergangsmetalle, die Seltenen Erden Yttrium und Lanthan, hat er hier nicht aufgenommen. Außerdem waren vier weitere Übergangsmetalle des heutigen Periodensystems noch nicht entdeckt, nämlich Scandium, Hafnium, Rhenium und Technetium. Überdies waren die Atomgewichte von Cobalt und Nickel lange Zeit immer wieder als identisch bestimmt worden. Das führte dazu, dass sowohl Meyer als auch Mendeleev beide Elemente provisorisch an dieselbe Stelle setzten. Bei den Übergangsmetallen hätte es also in Meyers Tabelle im Vergleich zu der modernen Anordnung sieben Elementplätze weniger geben müssen. Vier von diesen Plätzen waren faktisch doch präsent, da Meyer bei den Übergangsmetallen vier *leere* Stellen belassen und diese mit einem Strich versehen hatte. Dass die drei anderen Plätze nicht in dem System als Lücke mit Strich auftauchen, hängt damit zusammen, dass Meyer von neun und nicht zehn Triaden ausging.

Insgesamt enthält die Tabelle neben den aufgeführten Elementen elf mit Strichen versehene Lücken. Meyer schrieb, dass diese vermutlich irgendwann durch die acht oder neun bekannten, jedoch nicht in sein System aufgenommenen Elemente und/oder durch noch zu entdeckende Elemente gefüllt werden würden. Sieben dieser elf Felder mit einem Strich gehörten zu dem Bereich der Hauptgruppenelemente. Vier stellen unbekannte Endglieder der Li-, Be-, O- und F-Familie dar, eines das unbekannte Anfangsglied der F-Gruppe. In die jeweils freien Plätze in der Mitte der B- und C-Familien werden später die damals noch unbekannten Elemente Gallium und Germanium hineinpassen. Wir hatten festgestellt, dass die beiden Voraussagen bereits in Mendeleevs System aufgetaucht waren. Meyer hat möglicherweise den Hinweis auf das zukünftige Gallium von seinem russischen Rivalen übernommen – wir erinnern daran, dass Meyer bereits 1864 implizit das zukünftige Germanium vorhergesagt hatte. Neben dem Gallium vervollständigte Meyer die Bor-Gruppe sinnvoller (aus Sicht des Jahres 1869) als Mendeleev, nämlich mit Indium und Thallium statt Uran und Gold, wie Mendeleev es tat.

Aus Meyers sechs Hauptgruppen von 1864 waren durch die Bor-Gruppe nun sieben geworden. Diese neue Elementfamilie verlieh der Tabelle einen ansprechenderen Gesamteindruck, denn sie bildete quasi die neue dreiwertige Brücke zwischen den Familien des zweiwertigen Berylliums und des vierwertigen Kohlenstoffs. Zählt man die mit Strichen versehenen Lücken mit, so hatte Meyer eine vollständige Behandlung dessen vorgelegt, was wir heute Hauptgruppenelemente nennen – abzüglich der Edelgase, die zum größten Teil erst nach Meyers Tod entdeckt wurden.

Die in diesem Periodensystem zu erkennenden Kontinuitäten im Zusammenhang mit seinen beiden früheren Versuchen lassen vermuten, dass Meyer trotzdem einen weitgehend unabhängigen, von seinen eigenen Überlegungen und Datenanalysen geprägten Weg verfolgte, obwohl er von anderen, die sich für das gleiche Thema interessierten, gelesen und gelernt hat. Details seines Systems verbesserte er schrittweise in Abhängigkeit von neuen experimentellen Daten zu den Atomgewichten und Eigenschaften der bekannten Elemente. Wir können daraus schließen, dass verschiedene Faktoren Meyers Entscheidungen über die Anordnung der bekannten Elemente und der Lücken für zukünftige (oder absichtlich weggelassene) Elemente beeinflussten. Sicherlich hat Meyer in jedem Fall die periodischen Muster studiert, die durch die sich wiederholenden chemischen und physikalischen Ähnlichkeiten der Elemente gebildet werden. Er muss über die Lücken in den Reihen zunehmender Atomgewichte und die fast konstanten Differenzen zwischen den Perioden nachgedacht haben. Bei der Aufstellung dieser letzten Tabelle hatte er den Vorteil, dass er seine einstmaligen Bemühungen mit Mendeleevs erster Tabelle vergleichen und möglicherweise von ihr lernen konnte. Natürlich hatte Mendeleev den gleichen Vorteil, nachdem Meyers Artikel im März 1870 erschienen war. Schließlich half Meyer eine heuristische Technik bei der Entwicklung seines periodischen Systems, die sich wahrscheinlich als entscheidend erwies. Sie wird im folgenden Abschnitt behandelt.

1.10　Mendeleev und Meyer, 1869–1871

Wenn wir für einen Moment von unserem Ziel absehen, die Ereignisse von 1869 ausschließlich im Kontext jenes Jahres verstehen zu wollen, erscheint es uns aufschlussreich, diese beiden frühesten vollständigen Periodensysteme zu untersuchen, nachdem wir beide Systeme an das gängigste moderne Format des Periodensystems angepasst haben, um einen direkten Vergleich besser zu ermöglichen. Wir tauschen daher in beiden Schemata Spalten und Reihen, ändern den Umbruch in den Reihen so, dass die Familie der Alkalimetalle ganz links zu stehen kommt. Außerdem platzieren wir die Zeilen 2, 4, 6, 8, 10, 11, 12, 14 und 16 der Tabelle von Meyer zwischen die Gruppe der Erdalkalimetalle und die Bor-Gruppe, wodurch wir Meyers System von der Kurzform in eine Langform überführen, ohne jedoch die Reihenfolge zu ändern, damit der monotone Anstieg der Atomgewichte durchweg erhalten bleibt.

Abgesehen von diesen Formatänderungen behalten wir strikt alle Aspekte der Elementreihenfolge und der Zusammenhänge bei, wie sie in den ursprünglichen Schemata vertreten waren. Anstelle der Leerstellen mit Strichen (Meyer) oder der Fragezeichen (Mendeleev), die zu erwartende neue Elemente anzeigen sollten, fügen wir – rot markiert – die Symbole der später entdeckten Elemente ein. Fragezeichen nach Elementsymbolen in den Originalen werden ebenfalls beibehalten. Der Übersichtlichkeit halber lassen wir die Angaben zu den Atomgewichten weg.

Mendeleevs erstes System, das im Februar/März 1869 fertiggestellt und im darauffolgenden Frühjahr und Sommer verschiedentlich veröffentlicht wurde, sieht dann wie folgt aus:

												H						
Li													Be	B	C	N	O	F
Na													Mg	Al	Si	P	S	Cl
K	Ca	Sc	Er?	Yt?	In?	Ti	V	Cr	Mn	Fe	Ni/Co	Cu	Zn	Ga	Ge	As	Se	Br
Rb	Sr	Ce	La	Di	Th	Zr	Nb	Mo	Rh	Ru	Pd	Ag	Cd	Ur	Sn	Sb	Te?	I
Cs	Ba					Hf	Ta	W	Pt	Ir	Os	Hg		Au		Bi		
Tl	Pb																	

Abb. 1.1 Mendeleevs erstes, aber umformatiertes Periodensystem (März 1869)

Hingegen stellt sich Meyers erstes vollständiges und publiziertes System so dar:

															H
Li	Be?										B	C	N	O	F
Na	Mg										Al	Si	P	S	Cl
K	Ca	Sc	Ti	V	Cr	Mn	Fe	Co/Ni	Cu	Zn	Ga	Ge	As	Se	Br
Rb	Sr	Y	Zr	Nb	Mo	Ru	Rh	Pd	Ag	Cd	In?	Sn	Sb	Te?	I
Cs	Ba	La	Hf	Ta	W	Os?	Ir	Pt	Au	Hg	Tl	Pb	Bi	Po	At
Fr	Ra														

Abb. 1.2 Meyers erstes vollständiges, aber umformatiertes Periodensystem (Dezember 1869)

Die erstaunlich große Ähnlichkeit zwischen dem in Abb. 1.2 dargestellten und dem heutigen periodischen System wirft die Frage auf: Wie hat Meyer eine so deutliche Verbesserung gegenüber Mendeleevs erstem System und gegenüber seinen eigenen früheren Bemühungen von 1864 und 1868 erreichen können? Folgende Faktoren könnten dabei eine Rolle gespielt haben. Meyer hatte den Vorteil, dass er sieben Jahre lang immer wieder an dem Problem gearbeitet hat, während Mendeleev relativ neu auf dieses Gebiet gestoßen war. Wie festgestellt, könnte Meyer auch von Mendeleevs System aus dem Jahr 1869 sowie von Arbeiten anderer „Periodisierer" der 1860er-Jahre profitiert haben. Er bezog ganz eindeutig die neuesten Daten von 1869 ein. Aber der bei Weitem wichtigste Faktor war wahrscheinlich, dass Meyer ein heuristisches Werkzeug eingeführt und in dieser Arbeit diskutiert hat: seine Atomvolumen-Kurve.

Alle früheren „Periodisierer" nutzten bei der Aufstellung der Perioden familiäre Ähnlichkeiten in den Eigenschaften der Elemente. Meyer war hingegen der Erste, der die Aufmerksamkeit auf die rätselhafte extreme Variation der Eigenschaften *innerhalb* jeder Periode lenkte, z. B. beim Übergang von Bor zu Kohlenstoff, Stickstoff, Sauerstoff und Fluor. Er fragte sich: Kann ich mich nicht auf eine messbare physikalische Eigenschaft wie das Atomgewicht konzentrieren – anstelle chemischer Größen wie der Wertigkeit, wie es alle anderen getan hatten? Er wählte das *relative Atomvolumen*, nämlich die Atomgewichte der Elemente dividiert durch ihre jeweiligen Dichten im festen Zustand (bezogen auf die Dichte von Wasser = 1).

Das resultierende Liniendiagramm der Atomvolumina als Funktion der Atomgewichte[43] (hier in Abbildung 3.1 im Wiederabdruck der Arbeit aus dem Jahr 1869/1870
dargestellt) enthält insgesamt 57 Datenpunkte, denn Meyer fügte zu den 55 Elementen
seiner Tabelle noch Wasserstoff und Uran hinzu. Natürlich konnten nicht alle Elemente
im festen Zustand untersucht werden, nicht alle Dichten bekannter fester Elemente
waren bislang genau bestimmt worden. So mussten Teile seiner Kurve geschätzt
werden. Um diese Unsicherheit anzuzeigen, verwendete er durchgezogene Linien, um
seine Datenpunkte zu verbinden, wenn sie durch tatsächliche Messungen bestimmt
worden waren, und gepunktete Linien, wenn die Datenpunkte Schätzungen oder Extra-
polationen widerspiegelten. Die Allotropie von Elementen bereitete eine weitere
Schwierigkeit: für Kohlenstoff gab Meyer zwei Punkte auf der vertikalen Achse an, eine
für Diamant, eine für Graphit. Trotz offensichtlicher Schwachstellen zeigte Meyers Dia-
gramm, wie reibungslos die Elemente in jeder Periode verknüpft sind. Damit beseitigte
Meyer das Problem des Zusammenhangs der Elemente in der Periode. Die regelmäßige
Zu- und Abnahme einer bestimmten *physikalischen* Eigenschaft entspricht genau der
regelmäßigen periodischen Wiederkehr ähnlicher *chemischer* Eigenschaften in den
Elementfamilien bei Anordnung nach dem Atomgewicht. Diese wichtige Innovation
beruht auf Meyers gründlicher Ausbildung in Physik und physikalischer Chemie.

Der Kurvenverlauf weist fünf Maxima in sechs Segmenten auf. An den Maxima
stehen jeweils die entsprechenden Alkalimetalle. Meyer stellte fest, dass Elemente, die
sich an entsprechenden Punkten in den steigenden und fallenden Abschnitten befinden,
im Allgemeinen ähnliche chemische und physikalische Eigenschaften besitzen.
Meyers Analyse seiner Grafik bezieht sich zum Großteil auf Regelmäßigkeiten in den
physikalischen Eigenschaften: Dichte, Schmelzpunkt, Flüchtigkeit, spezifische Wärme,
Elektronegativität, Verformbarkeit versus Sprödigkeit sowie metallischer versus nicht-
metallischer Charakter. Aber der vielleicht wichtigste Aspekt des Diagramms ist, so
Meyer, dass es heuristisch genutzt werden kann, um die korrekten Atomgewichte von
nicht ausreichend untersuchten Elementen zu bestimmen. Zum Beispiel deutet der
Kurvenverlauf darauf hin, dass die Atomgewichte von Te, Pt, Os und Ir wahrscheinlich noch nicht mit ausreichender Genauigkeit bestimmt worden waren, denn der Graph
der Atomvolumina verstärkte seinen Verdacht, dass die scheinbaren Umkehrungen der
Atomgewichtsreihenfolge experimentelle Artefakte waren, die schließlich korrigiert
werden würden. Das zeigt, wie Meyers Liniendiagramm und sein Periodensystem
gemeinsam heuristisch genutzt werden konnten. Mit Hilfe des Diagramms war Meyer
in der Lage, eine bestimmte Reihenfolge der Elemente und deren Platzierung in seinem
Periodensystem festzulegen, die den Test der Zeit bestehen würden.

Meyer beschrieb einen noch eindrucksvolleren heuristischen Einsatz seiner Atomvolumenkurve bei der Bestimmung des Atomgewichts und der richtigen Platzierung

---

[43] Reproduziert als „Tafel III." Diese ausklappbare Tafel wurde auf der letzten Seite des
Supplementbands VII der *Annalen der Chemie* eingefügt, in der der Artikel erschien ist.

des neuen Elements Indium in seiner Tabelle. Zu dieser Zeit war die Stöchiometrie von Indium bekannt, aber nicht seine chemischen Eigenschaften. Einige nahmen an, es sei ein zweiwertiges Element. Aus dieser Stöchiometrie ergäbe sich sein Atomgewicht zu 75,6. Allerdings zeigte Meyers grafische Darstellung, dass mit diesem Atomgewicht das atomare Volumen von Indium weit außerhalb des Diagramms angeordnet werden müsste. Das Problem konnte mit der Annahme einer Dreiwertigkeit des Indiums gelöst werden. Dann würde die Stöchiometrie eine Erhöhung des angenommenen Atomgewichts um 50 % auf 113,4 erfordern. Genau an dieser Stelle mit dem zugehörigen relativen Atomvolumen trug Meyer das Element in seine grafischen Darstellung ein und fügte ein Fragezeichen hinter dem Elementsymbol hinzu. Diese neue vorläufige Zuordnung für Indium lag genau auf der Kurvenlinie – *und* in der neuen dreiwertigen Bor-Gruppe seiner Tabelle. Bald darauf gaben ihm neue Experimente von keinem Geringeren als Bunsen zu den chemischen Eigenschaften von Indium recht. Meyer wandte eine ähnliche Logik auf die damals unsicheren Atomgewichte von Uran und Cer an, doch zögerlicher und mit geringerem Erfolg.[44]

In den Jahren 1869, 1870 und 1871 arbeiteten Mendeleev und Meyer oft unabhängig und unwissentlich auf parallelen Pfaden. Am 4. September 1869 (greg.) hielt Mendeleev vor dem Kongress der Russischen Naturforscher und Ärzte in Moskau einen Vortrag über Atomvolumina, in dem er praktisch dieselben periodischen Phänomene beschrieb wie in Meyers bahnbrechender Arbeit. Das war etwa drei Monate vor dem in Meyers Arbeit festgehaltenen Datum. Allerdings dauerte die Veröffentlichung der Kongressbeiträge sehr lange, infolgedessen erschien Meyers Artikel zuerst. Mendeleev trug in die Druckfahne seiner Veröffentlichung (April oder Mai 1870) als Korrekturnotiz den Hinweis auf Meyers entsprechende Arbeit ein, verwies aber höflich auf sein früheres Vortragsdatum.[45] Mendeleev nutzte hier wie Meyer die Atomvolumina und veröffentlichte ein unvollständiges Periodensystem mit 49 Elementen und 9 freien Plätzen.[46] Dieser

---

[44] „Natur der chemischen Elemente", {362–364}. Er vermutete auf Grundlage seines Diagramms, dass das Atomgewicht von Uran nicht – wie andere angenommen hatten – 60 oder 120 war, „wohl aber" 180. Das würde bedeuten, dass die beiden bekannten Oxide die Formeln U_2O_3 und UO_2 haben müssten. Heute wissen wir, dass das Atomgewicht tatsächlich ein Drittel höher bei 238 liegt (die Oxide sind UO_2 und U_3O_8). Das hätte einen Datenpunkt geliefert, der noch besser in das Liniendiagramm gepasst hätte. All diese Probleme beruhten auf der für die damalige Zeit sehr schwierigen Experimentalchemie.

[45] Mendeleev, „Ob atomnom ob'eme prostych tel", in *Trudy vtorogo s'ezda Russkich Estestvoispytatelej v Moskve 20–30 Avgusta 1869* (1870), Chemische Sektion, 62–71, Reprint in Mendeleev, *Sočinenija*, Bd. 2 (Leningrad: Khimteoret, 1934), S. 20–29. Für die Übersetzung des Artikels ins Englische einschließlich aller Literaturnachweise und einer exzellenten detaillierten Diskussion siehe G. S. Girolami und V. V. Mainz, „Mendeleev, Meyer, and Atomic Volumes", *Bulletin for the History of Chemistry* 44:2 (2019), 100–115.

[46] Siehe dazu Girolami und Mainz, 103. Die Anordnung wurde in Reihen und Spalten wie in Meyers Tabelle von 1864 vorgenommen. Im Vergleich zu Mendeleevs erster Tabelle fehlen H, Y, In, La, Ce, Di, Er, Au, Hg, Tl, Pb, Bi, Th und U.

neue Entwurf des Periodensystems weist gegenüber dem ersten vom Frühjahr erhebliche Überarbeitungen auf und hat einige auffällige Ähnlichkeiten zu Meyers Tabelle vom Dezember 1869. So sehen wir hier eine Tabelle in Kurzform, die etwas sehr Ähnliches wie die Meyer'sche „doppelte Periodizität" zwischen den Hauptgruppen und den Übergangsmetallen zeigt. Nun sind auch die Erdalkalimetalle richtig in einer einzigen Familie vereint.

In späteren Prioritätsstreitigkeiten[47] betonte Meyer, dass seine Arbeit von 1869/1870 in drei wichtigen Punkten zur Entwicklung des periodischen Systems beigetragen hätte, die über das von Mendeleev Erreichte hinausgegangen wären. Er hätte ein (fast) vollständiges System geschaffen, das im Gegensatz zu Mendeleevs erstem System mit drei separaten und sich überlappenden monotonen Reihen (fast) eine einzige gleichmäßig ansteigende Reihe von Atomgewichten aufwies. Er hätte auf das vermeintlich neue Phänomen der „doppelten Periodizität" hingewiesen und, was vielleicht am wichtigsten war, seine Atomvolumenkurve eingeführt und ihren außerordentlichen heuristischen Wert demonstriert. Diese drei Innovationen hätten es ihm ermöglicht, ein Periodensystem der Elemente zu schaffen, das eine entschiedene Verbesserung gegenüber allen bisherigen Bemühungen darstellte. Er hatte jedoch nicht gewusst, dass er und Mendeleev unabhängig voneinander und gleichzeitig Ideen zu Atomvolumina und zur „doppelten Periodizität" entwickelt hatten und damit tatsächlich auf parallelen Wegen unterwegs gewesen sind.

Was die Atomvolumina anbelangt, so arbeiteten beide Männer im Wesentlichen mit demselben Datensatz. Allerdings präsentierte Mendeleev sämtliche Daten verbal, während Meyer seine Werte eindrucksvoll grafisch darstellte, nämlich als seine Atomvolumenkurve. Dass dieses „paper tool", also eine visuelle Darstellung, signifikante heuristische Vorteile gegenüber bloßen Worten und Zahlen bot, wird – unter anderem – durch Meyers erfolgreiche Ableitung des vermutlichen Atomgewichts von Indium und seiner entsprechenden Platzierung im Periodensystem deutlich.[48] Mendeleev übersah das, er nahm Indium als zweiwertig an. Die Bor-Familie in seiner Tabelle vom September 1869 bestand nur aus Bor und Aluminium, gefolgt von fünf leeren Plätzen. Er revidierte das Atomgewicht von Indium erst Ende 1870 und erkannte damit ausdrücklich Meyers Vorrang in diesem Punkt an.[49]

Der Nutzen von Meyers Atomvolumenkurve wurde noch einmal sechzehn Jahre später deutlich, als Clemens Winkler das Element entdeckte, das Meyer und Mendeleev

---

[47] Meyer, „Zur Geschichte".

[48] Zu „paper tool" siehe U. Klein, *Experiments, Models, Paper tools: Cultures of Organic Chemistry in the Nineteenth Century* (Stanford University Press, 2003).

[49] Mendeleev, „Über die Stellung des Ceriums im System der Elemente", *Bulletin de l'Académie Impériale des Sciences de St.-Petersbourg* 16 (1871), 45–51, hier 46, Fußnote (vorgetragen am 24. November 1870, jul.). In seinem Beitrag vom September 1869 hatte Mendeleev es als möglich angesehen, dass das Indium zur Bor-Familie gehören könnte (siehe Girolami und Mainz, 104 und 112). Seine Idee zu dieser Zeit war, dass es das fehlende Element mit dem Atomgewicht von etwa 70 (das zukünftige Gallium) sein könnte. Der Vorschlag ist merkwürdig, denn wenn Indium ein Atomgewicht um 70 hätte, wäre es notwendigerweise zweiwertig, im Gegensatz zu den meist dreiwertigen Elementen Bor und Aluminium.

schon lange vorhergesehen hatten. Mendeleev hatte 1871 erwartet, dass sich das damals noch unbekannte Analogon von Kohlenstoff und Silicium als schwer schmelzbar erweisen würde. Das vorhergesagte (und tatsächliche) Atomgewicht platzierte es jedoch an einer Position auf Meyers Kurve, die im Gegenteil erwarten ließ, dass es leicht schmelzbar und sogar flüchtig wäre. Als die Entdeckung des Germaniums veröffentlicht wurde, schrieb Meyer zufrieden an Winkler und wies darauf hin, dass Mendeleev einen Fehler gemacht hätte, denn er habe Meyers Liniendiagramm nicht genutzt. Er fügte hinzu, dass er vor langer Zeit ein Fragezeichen an den Rand der Seite in seinem Exemplar der *Annalen* gesetzt hätte, die Mendeleevs falsche Vorhersage enthielt. „M. hat ja mit seinen kühnen Voraussagen sich ein großes Verdienst erworben", schrieb Meyer an Winkler, „aber es wird seiner u seiner Freunde Selbstüberschätzung nicht schaden, wenn ihm in höflicher Form sein Irrthum, gegen den er sich sehr wohl hätte schützen können, vorgehalten wird. Ich würde mich freuen, wenn Sie dies bei nächster Gelegenheit ausführen wollten."[50] Winkler tat Meyer diesen Gefallen wenige Monate später mit seinem ersten ausführlichen Artikel über Germanium. Er rügte „den verdienstvollen Schöpfer des Periodensystems" milde, weil er das neue Element zunächst zwischen Cadmium und Quecksilber im Periodensystem vermutet hatte. Er wies nicht nur darauf hin, dass Meyer Germanium sofort und richtig als das nächste Mitglied der Kohlenstofffamilie nach Silicium identifiziert hatte, sondern auch darauf, dass die Lage des Elements auf Meyers Kurve seine wahren Eigenschaften zumindest annähernd vorhersagte.[51]

Die Ironie der Geschichte ist, dass Mendeleev im Gegensatz zu Meyer mit seinen kühnen und weitgehend korrekten Vorhersagen der Eigenschaften von noch zu entdeckenden Elementen zu Recht Berühmtheit erlangt hatte – wie Meyer selbst erkannte. Von Anfang an hatte Mendeleev explizit betont, dass sein Periodensystem als Leitfaden für die Suche nach neuen Elementen dienen könnte.[52] Ende 1870 war er weitaus mehr davon überzeugt, dass seine Entdeckung der Periodizität der Elemente ein

---

[50] Meyer an Winkler am 27. Februar 1886, Winkler Nachlass. Mendeleevs Voraussage ist zu finden in „Die periodische Gesetzmässigkeit der chemischen Elemente", *Annalen der Chemie*, Suppl. Bd. 8 (1871), 133–229, hier 201.

[51] Winkler, „Mittheilungen über das Germanium", *Journal für praktische Chemie* 142 (1886), 177–229, hier 182–183 und 199. Zu weiteren Details der Reaktionen von Winkler und Mendeleev auf die Entdeckung des Germaniums siehe G. Boeck, „The Periodic System and its Influence on Research and Education in Germany between 1870 and 1910", in M. Kaji, H. Kragh und G. Palló (Hg.), *Early Responses to the Periodic System* (Oxford University Press, 2015), S. 47–71, hier 56.

[52] Siehe Fußnote 38, oben. Es gibt viel Literatur über die Einstellung von Mendeleev und Meyer zu Hypothesen, Theorien und zum Voraussagen. Siehe dazu beispielsweise Gordin, „The Textbook Case of a Priority Dispute: D. I. Mendeleev, Lothar Meyer, and the Periodic System" in M. Biagioli und J. Riskin (Hg.), *Nature Engaged: Science in Practice from the Renaissance to the Present* (New York: Palgrave, 2012), 59–82; Scerri, *Periodic Table*, Kapitel 4 und 5 sowie Scerri, „The Periodic Table and the Turn to Practice", *Studies in the History and Philosophy of Science* 79 (2020), 87–93.

echtes Naturgesetz sei sowie Vorhersagekraft habe, und beharrte auf dieser Ansicht noch nachdrücklicher. Er verfasste eine monografische Abhandlung über ein revidiertes Periodensystem, zuerst auf Russisch, dann ließ er sie ins Deutsche übersetzen. Er schickte sie im August 1871 an die *Annalen,* sie wurde im November veröffentlicht.[53] Zu seinem Glück war im Februar desselben Jahres die Redaktion der *Annalen* von dem hypothesenscheuen Kopp auf Emil Erlenmeyer und Jacob Volhard übergegangen, die offenbar nicht zögerten, diese lange Arbeit mit viel spekulativem Inhalt zu veröffentlichen.

Mendeleevs Periodensystem des Jahres 1871 enthielt 63 Elemente, hatte zwei neue Reihen und mehr als 30 Lücken. Die Tabelle wurde in Kurzform dargestellt, der beide Rivalen unabhängig voneinander 1869 den Weg bereitet hatten. Sie enthielt die von Mendeleev sogenannten „paaren" und „unpaaren" Perioden. Abb. 1.3 zeigt das System ohne Angabe der Atomgewichte und ohne Beschriftung von Spalten und Reihen:

Abb. 1.3 Mendeleevs Periodensystem aus dem Jahr 1871

H							
Li	Be	B	C	N	O	F	
Na	Mg	Al	Si	P	S	Cl	
K	Ca	—	Ti	V	Cr	Mn	Fe, Co, Ni, Cu
(Cu)	Zn	—	—	As	Se	Br	
Rb	Sr	Y?	Zr	Nb	Mo	—	Ru, Rh, Pd, Ag
(Ag)	Cd	In	Sn	Sb	Te	I	
Cs	Ba	Di?	Ce?	—	—	—	— — —
(_)	—						
—	—	Er?	La?	Ta	W	—	Os, Ir, Pt, Au
(Au)	Hg	Tl	Pb	Bi	—	—	
—	—	—	Th	—	U	—	— — —

In dieser zu Recht berühmten Abhandlung diskutierte Mendeleev sehr ausführlich nicht nur das System als Ganzes, sondern machte auch seine wichtigsten detaillierten Vorhersagen über die Eigenschaften der noch zu entdeckenden Elemente sowie über die Eigenschaften ihrer zu erwartenden Verbindungen. Er sagte unter anderem drei bis dahin unbekannte Elemente voraus, die er vorläufig Eka-Bor, Eka-Aluminium und Eka-Silicium nannte. Sie sollten schließlich den neuen Elementen Scandium, Gallium und Germanium entsprechen. Sein späterer Ruhm wurde durch die beeindruckende Genauigkeit der meisten dieser Vorhersagen gekrönt. Dieser Artikel festigte die vermeintliche Schlüsselrolle von Mendeleev als Schöpfer des periodischen Systems der Elemente.

---

[53] Mendeleev, „Estestvennaja sistema elementov", *Žurnal Russkogo Chimičeskogo Obščestva* 3 (1871), 25–56 (Tafel mit 58 Elementen), „Periodische Gesetzmässigkeit" (die Tafel mit 63 Elementen befindet sich auf S. 151). Zu Details der Entwicklung des Systems von Mendeleev im Zeitraum 1870/1871 siehe Girolami und Mainz; Gordin, *A Well-Ordered Thing: Dmitrii Mendeleev and the Shadow of the Periodic Table,* überarbeitete Auflage (Princeton University Press, 2019), S. 27–35 und N. Brooks, „Developing the Periodic Law: Mendeleev's Work during 1869–1871", *Foundations of Chemistry* 4 (2002), 127–147.

1.11   Die zweite Auflage

Nach der Veröffentlichung der bahnbrechenden Arbeit über das Periodensystem der Elemente 1869/70 wandte sich Lothar Meyer einer Aufgabe zu, die bereits seit sechs Jahren in der Luft lag, nämlich der Vorbereitung einer zweiten Auflage seiner *Modernen Theorien*, die nun angesichts des Wettstreits mit Mendeleev noch dringlicher wurde. In einem Brief an Adolf Ferdinand Weinhold drückte er seine Frustration darüber aus, dass er dieses Projekt immer noch nicht zu Ende bringen konnte, weil er bei seinen umfangreichen Lehrverpflichtungen nicht ausreichend unterstützt werde. Er beendete die neue Auflage schließlich im Laufe des Frühjahrs und Sommers 1872. Im Vorwort, das auf August jenes Jahres datiert ist, schreibt Lothar Meyer, dass er die erhebliche Erweiterung und Überarbeitung der Originalausgabe zu Ostern des Jahres abgeschlossen, die in den Wochen der Korrekturarbeiten und des Drucks in letzter Minute noch notwendig erscheinenden Ergänzungen jedoch vorgenommen hätte. Die erste Auflage sei schnell vergriffen gewesen und von allen dankbar aufgenommen worden, es gebe eine anhaltende Nachfrage nach dem Buch. So hat ihn der Verlag gedrängt, das Werk zu überarbeiten, damit eine neue Auflage erscheinen könne. Erst jetzt habe Meyer den Mut gehabt, sein erweitertes Buch seinem verehrten Mentor Bunsen zu widmen. Die Auflagenhöhe des wieder im Verlag Maruschke & Berendt veröffentlichten Werks war deutlich größer, es verkaufte sich schnell – die Hälfte der 1200 Bücher war bereits nach 14 Monate über die Ladentische gegangen.[54] Wie auf der Titelseite angekündigt, war das Werk in der Tat „sehr vermehrt", mehr als doppelt so umfangreich wie die erste Auflage. Und wie er zu Recht anmerkte, hatte sich die Wissenschaft Chemie in den vorangegangenen acht Jahren enorm weiterentwickelt, was die Berücksichtigung von neuem Wissen rechtfertigte. Es gab – zumindest im deutschsprachigen Raum – keinen Zweifel mehr an der Richtigkeit der Reformen von Cannizzaro oder an den korrekten Atomgewichten von Kohlenstoff und Sauerstoff. Die Theorien der atomaren Wertigkeit (des „chemischen Werths") und der molekularen Struktur (der „Verkettungstheorie") hatten sich rasant entwickelt.
   Obwohl die zweite Auflage wesentlich erweitert wurde, entsprach deren Gliederung weitestgehend der ersten. Wiederholt wurde auf die richtige Rolle von Theorien in der Wissenschaft aufmerksam gemacht: ihr regelmäßiger Einsatz und die Akzeptanz als heuristischer Leitfaden, aber niemals als Anbetung einer unanfechtbaren Wahrheit. Immer wenn es sich als notwendig erweise, sollten die Theorien modifiziert oder ersetzt werden. Die mehr oder weniger dreiteilige Anordnung des Stoffes wurde beibehalten: Zuerst wurden die Methoden zur Bestimmung der richtigen relativen Atomgewichte behandelt, dann die neuesten Vorstellungen zu den Konzepten der Atomvalenz und der molekularen Struktur erläutert sowie schließlich Gedanken über die innere Natur der Atome und der Beziehungen zwischen den Atomgewichten der Elemente und ihren chemischen und physikalischen Eigenschaften entwickelt.

---

[54]Meyer an Weinhold am 21. Januar 1870, am 10. Mai 1870, am 26. Februar 1872, am 22. März 1872, am 14. April 1872 und am 9. November 1873, Weinhold Nachlass.

Der Inhalt des ersten Abschnitts wurde unter Meyers Leserschaft nicht mehr groß diskutiert. Im Gegensatz dazu stieß der zweite Teil des Buches auf lebhaftes Interesse, da verschiedene Aspekte der Valenz- und Strukturtheorie in den 1860er- und 1870er-Jahren heftig umstritten waren.[55] Obwohl wir uns hier hauptsächlich mit dem letzten Abschnitt des Buches – der Entwicklung von Meyers Periodensystem der Elemente – befassen, richten wir unsere Aufmerksamkeit doch zunächst auf seine maßgebliche Beteiligung an den organisch-chemischen Auseinandersetzungen über die chemische Struktur, denn in seinem Denken gab es wahrscheinlich enge Verbindungen zwischen diesen Theorien und der Natur der chemischen Atome selbst.

In der ersten Ausgabe der *Modernen Theorien* hatte Meyer die damals neue Theorie der chemischen Struktur sehr durchdacht diskutiert und eine neuartige, korrekte kombinatorische Behandlung der Atomverknüpfungen unter Annahme konstanter Wertigkeit eingeführt (S. {78–97} und S. {133–35}). Für die Aufstellung dieser Theorie zollte er nicht nur Kekulé, sondern auch dem schottischen Chemiker Archibald Scott Couper Anerkennung, dessen Arbeiten zu diesem Thema unabhängig von und kurz nach der von Kekulé erschienen waren. Meyer erwähnte keinen der anderen bedeutenden Gelehrten, die früh Beiträge zur Strukturtheorie geleistet hatten, wie z. B. den hervorragenden russischen Chemiker Aleksandr Michailovič Butlerov.

Im Jahr 1868 spitzte sich diese Frage zu. In einer langen, selbstbewusst formulierten Fußnote verwies Butlerov unter anderem auf Meyers Argument, dass der Grund für die um Zwei geringere Anzahl von Wasserstoffatomen beim Olefin im Vergleich zum gesättigten Kohlenwasserstoff darin liegt, dass zwei seiner Kohlenstoffatome jeweils eine freie, unbesetzte Valenz besitzen – im Gegensatz zu der Möglichkeit einer Kohlenstoff-Kohlenstoff-Doppelbindung. Butlerov verwies darauf, dass er diese und andere Fragen in seiner bedeutenden Arbeit von 1861 geklärt habe, in der er den nun populären Begriff „chemische Struktur" eingeführt hatte.[56] Meyer wandte mit einiger Schärfe ein, dass die Theorie – unter welchem Namen auch immer – zu diesem Zeitpunkt bereits gut etabliert und die Kombinatorik bei Anwendung der atomaren Wertigkeit auf mögliche molekulare Strukturen unkompliziert war. Butlerov verneinte das, denn 1861 hätte es noch Ungereimtheiten und Verwirrungen in der Theorie gegeben. Er hätte eine wichtige Rolle bei deren Beseitigung und der Erweiterung der neuen Ideen gespielt. Er wolle das klarstellen, weil er eine ständige Missachtung seiner Arbeit unter den deutschen Chemikern wahrgenommen hätte.[57]

---

[55] Diese Auseinandersetzungen sind sehr gut analysiert in C. Russell, *The History of Valency* (Leicester University Press, 1971).

[56] Meyer, „Ueber einige Zersetzungen des Chloräthyls", *Annalen der Chemie* 139 (1866), 282–298, hier 286; Butlerov, *Annalen der Chemie*, 144 (1867), 9–10 Fußnote. Butlerovs frühere Arbeit war „Einiges über die chemische Structur der Körper", *Zeitschrift für Chemie und Pharmacie,* 4 (1861), 549–560.

[57] Meyer, „Zur Abwehr", *Annalen der Chemie* 145 (1868), 124–127; Butlerov, „Eine Antwort", *Annalen der Chemie*, 146 (1868), 260–263.

Dieser Vorfall mag in einer durch nationalistische Rivalitäten und politische Differenzen ohnehin zugespitzten Situation der Beziehungen zwischen den deutschen und russischen Wissenschaftlern dazu beigetragen haben, eine Mauer zwischen Meyer und der Gemeinschaft der russischen Chemiker zu errichten. Damit war vielleicht der Boden für Ressentiments und für eine schwierige Verständigung im Hinblick auf die rivalisierenden Periodensysteme bereitet.[58] Meyer tat nichts, um die Situation durch seine zweite Auflage zu verbessern. Sie enthält eine stark erweiterte – und ebenso scharfsinnige – Behandlung der Strukturtheorie. Er stützte sich bei dieser Ausgabe wie bei der ersten stark auf die Arbeit von Kekulé.[59] Zweimal tritt der Name von Butlerov im Werk auf, davon einmal im Zusammenhang mit der Prägung des Begriffs „Struktur" durch den Russen. Doch sei dieses Wort nichts anderes als ein exaktes Synonym des früheren Begriffs „Konstitution". Besser sei die Beschreibung der Theorie ohnehin durch den Begriff „Atomverkettung". Doch in keinem Fall verdiene die Frage so lebhafter Polemik um die Priorität.[60] Auch andere Zeitgenossen, die in der Frühgeschichte der Strukturtheorie eine wichtige Rolle gespielt haben, erwähnte Meyer nicht: Namen wie Emil Erlenmeyer oder Alexander Crum Brown, der schottische Chemiker, tauchen nicht auf. Und der prominente erzkonservative (und kampflustige) Leipziger Chemiker Hermann Kolbe, der seine wissenschaftlichen Gegner in seiner eigenen Zeitschrift routinemäßig und brutal aufspießte, wurde nur einmal erwähnt.[61]

Dieser Hintergrund erklärt ein wenig die vorsichtigen Formulierungen in Meyers Vorwort zur zweiten Auflage (S. {XII–XIV}). Er wies darauf hin, dass die Theorien der

---

[58] Zu Beziehungen zwischen deutschen und russischen Chemikern siehe Gordin, „The Table and the Word", 61–73, 87–103 und E. Roussanova, „Aspekte der deutsch-russischen Wissenschaftsbeziehungen in der Chemie in der zweiten Hälfte des 19. Jahrhunderts in Briefen des Chemikers Friedrich Konrad Beilstein", in I. Kästner und R. Pfrepper (Hg.), *Deutsche im Zarenreich und Russen in Deutschland: Naturforscher, Gelehrte, Ärzte und Wissenschaftler im 18. und 19. Jahrhundert* (Aachen: Universität Leipzig, 2005), S. 227–272.

[59] Meyer schrieb an Kolbe am 30. Januar 1881 (vgl. Fußnote 13): „Ich möchte auch glauben, daß Ihre abfällige Beurtheilung des Kekulé'schen Benzolringes etwas weit über das Ziel hinaus schießt. Daß viele junge Leute, den für mehr halten, als er ist, gebe ich gern zu, u. das wird auch Kekulé zugeben. Aber warum soll man eine so bequeme Schablone nicht benutzen? Seit 1864 habe ich mich bemüht, die Bedeutung der Hypothesen, Theorien u. Formeln auf das richtige Maaß zurückzuführen und sowohl deren Überschätzung als ihre Verachtung zu verhindern. Daß ich dabei, trotz alles Strebens nach objektiver Unparteilichkeit, [mich] äußerlich mehr auf die Seite Kekulé's stellte, ist nach vorstehender Darstellung wohl fast selbstverständlich." Das ist ein sehr gutes Beispiel für Meyers Konventionalismus, der vermutlich auf seiner Ausbildung bei Neumann beruht. Vgl. dazu Fußnote 13.

[60] Zweite Auflage, S. {148}.

[61] Meyer stellte zwar in seinem Brief an Kolbe vom 30. Januar 1881 fest, dass er in der zweiten Auflage „wiederholt auch Beispiele aus Ihren [Kolbe's] Arbeiten genommen" habe, doch einen expliziten Hinweis auf Kolbe gibt es nur ein einziges Mal und in einem eher ungünstigen Zusammenhang (S. {193} und die Fußnote auf dieser Seite).

Typen, der Wertigkeit und der Struktur nicht auf einen Schlag entstanden sind, sondern die „langsam gereifte Frucht" von Untersuchungen und Überlegungen vieler Chemiker waren. Einige wurden stillschweigend, privat oder in mündlichen Gesprächen entwickelt, von denen keine Aufzeichnungen erhalten sind. In Anbetracht dieser Verhältnisse wäre das Schreiben einer korrekten Geschichte über die Entstehung der Strukturtheorie eine „ganz ausserordentlich schwierige Aufgabe." Aus diesem Grund lehnte er es klugerweise ab, auch nur den Versuch zu unternehmen, eine solche definitive Geschichte zu verfassen. Deshalb ließ er bewusst („aus Zurückhaltung") viele Details und Namen von bedeutenden Gelehrten weg, die Beiträge zum aktuellen Stand der Wissenschaft erbracht haben. Daraus sollten weder mangelndes Verständnis noch Unterschätzung abgeleitet werden. Eine ähnliche Strategie zur Entschärfung von Kritik im Voraus zeigt sich in der Diskussion um die Bedeutung des Wortes „modern" im Titel. Er benutzte das Wort einfach im Sinne von „neu" oder „jetzig", ohne damit andeuten zu wollen, dass die von ihm beschriebenen chemischen Theorien eine Revolution für die Wissenschaft als Ganzes darstellten wie das, was Lavoisier am Ende des vorigen Jahrhunderts erreicht hatte. Mit ziemlicher Sicherheit war diese Passage an Kolbe gerichtet, der Kekulé und andere wiederholt öffentlich für – seiner Ansicht nach – selbstverherrlichende und unwissenschaftliche Sucht nach Neuem gescholten hatte.[62] Meyer wollte nicht zur Zielscheibe einer von Kolbes Tiraden werden.

Meyer räumte im Vorwort weiterhin ein, dass in den letzten beiden Abschnitten der neuen Ausgabe einige Feststellungen zu aktuellen Debatten über konstante oder variable Wertigkeit und das überarbeitete Periodensystem Fragen aufwerfen, die bestimmten Aussagen früherer Abschnitte widersprechen. Zu diesen von ihm selbst zugegebenen und von uns in den nächsten beiden Abschnitten zu besprechenden Ungereimtheiten merkte er an, dass er sie zu verschiedenen, ziemlich auseinanderliegenden Zeiten über Jahre hinweg geschrieben habe und perfekte Konsistenz unter solchen Umständen nicht erwartet werden könne. Er bekräftigte, dass die „Theorie der Atomverkettung" zwar sicherlich in verschiedener Hinsicht zukünftig sowohl Einschränkungen als auch Erweiterungen erleben dürfte. Sie hätte sich dennoch bereits bewährt und dürfe nicht zu schnell durch neue Hypothesen oder durch Scheintheorien ersetzt werden, die nichts anderes als Zusammenfassungen von Beobachtungen seien. Diese Überzeugung bezog sich auf sein übergreifendes Thema der lebenswichtigen Bedeutung von Theorien für den Fortschritt der Wissenschaft, wobei er auch ihren fehlbaren Charakter anerkannte.

---

[62] Z. B. Kolbe, „Moden der modernen Chemie", *Journal für praktische Chemie* 112 (1871), 241–271. Meyer reagierte in dem Brief an Kolbe vom 13. Oktober 1871 auf diesen Artikel mit einer detaillierten Verteidigung des Worts „modern" und einer wortreichen und ausdrucksvollen Bekräftigung der segensreichen Macht von Theorien in der Wissenschaft (HS 3531, Deutsches Museum München – Archiv). Für weitere Detail siehe Rocke, *The Quiet Revolution: Hermann Kolbe and the Science of Organic Chemistry* (University of California Press, 1993), S. 373 und passim.

1.12   Meyers aktualisiertes Periodensystem der Elemente

Das letzte Kapitel der zweiten Auflage beginnt mit einer Zusammenfassung dessen, was
zu dieser Zeit über die physikalische Realität und die Natur der Atome bekannt war bzw.
vermutet wurde. Darin eingeschlossen ist auch die Hypothese von Prout, der gegenüber
Meyer nun weniger skeptisch war als noch 1870. Er war sich noch sicherer, dass die
Atome nicht unteilbar sind, wie es eigentlich die Etymologie des Wortes nahelegte. Die
„ausserordentlich grosse Wahrscheinlichkeit" einer Substruktur der Atome erkläre sich
zum einen aus der geringen Wahrscheinlichkeit für die Existenz von mehr als 60 verschiedenen Urmaterien, zum anderen durch die nun bekannte Analogie zu homologen
Reihen organischer Verbindungen (S. {292–95}).

Diese Überlegungen führten zu der Diskussion über die Entwicklung seines Periodensystems der Elemente hin. Meyer erinnerte seine Leser an seine Behandlung dieses
Themas in der ersten Auflage. Er druckte erneut seine Tabelle der 28 Hauptgruppenelemente ab, nahm jedoch zwei kleine Aktualisierungen vor: Er überarbeitete entsprechend der in den letzten acht Jahren veröffentlichten präziseren Bestimmungen die
Angaben zu jedem der Atomgewichte und strich Thallium aus der Tabelle, sodass diese
insgesamt nur 27 Elemente enthielt. Dazu merkte er an, dass er es 1864 als schwerstes
Element in die Familie der Alkalimetalle eingruppiert hatte, doch durch das Einschließen
des Symbols Tl in Klammern und das nachfolgende Fragezeichen wäre die Vorläufig-
keit der Platzierung erkennbar gewesen. Die beiden 1864 dann folgenden kleineren
Teiltabellen konnten damals nicht mit der Tabelle der 28 Elemente vereinigt werden,
da die Atomgewichte von V, Nb und Ta große Fehler aufwiesen, die erst 1867 und 1868
beseitigt wurden. Nach deren Korrektur wurde es möglich, eine einzige Tabelle aller
Elemente aufzustellen. Mendeleev wäre der Erste gewesen, der ein solches vollständiges
Periodensystem veröffentlichte. Meyer fügte hinzu, dass Mendeleev „entschiedener,
als solches bis dahin geschehen war," festgestellt hätte, dass eine solche nach Atomgewichten geordnete Tabelle Perioden aufweise, die im Hinblick auf die immer wieder-
kehrenden gemeinsamen chemischen und physikalischen Eigenschaften analog sind.

Ohne explizit zu sagen, welches Ziel er verfolgte,[63] diskutierte Meyer dann in
§ 158 sein Periodensystem von 1864, wie es mit den korrekten Gewichten dieser drei

---

[63] Das Folgende ist unsere Interpretation des Inhalts der nächsten drei Seiten von Meyers Text. Es
wird aus diesem nicht klar, was Meyer eigentlich beabsichtigt hatte. Unsere Auslegung scheint der
einzige Weg zu sein, um die deutlichen Unterschiede zwischen dem in Abbildung 4 dargestellten
Periodensystem und seinem revidierten System zu verstehen, das unmittelbar folgt (S. {301} und
in umformatierter Darstellung in Abbildung 5) und im verbleibenden Kapitel diskutiert wird. Auch
Meyers Kritik an Mendeleevs Veröffentlichung aus dem Jahr 1869 auf Seite {300} macht nur Sinn,
wenn er die Absicht gehabt hätte, jedes ihrer *frühen* Periodensysteme zu vergleichen. Letztlich
hatte Mendeleev zu diesem Zeitpunkt bereits ein stark überarbeitetes System veröffentlicht, das
viele der von Meyer benannten Mängel entschärfte. Man könnte die Passage so verstehen, als ob
Meyer hier implizit sowohl seine zeitgleiche und unabhängige Aufstellung des Periodensystems
der Elemente als auch die Überlegenheit seiner Version nachweisen wollte.

Übergangsmetalle ausgesehen hätte. Auf Seite {299} druckte er eine Tabelle ab, die die in seiner Hauptgruppentabelle von 1864 fehlenden Elemente enthielt – einschließlich der korrigierten Triadenfamilie von V, Nb und Ta. Er schrieb dazu, dass man sich diese zweite Tabelle an die linke Seite der auf Seite {297} abgebildeten Tabelle der Hauptgruppenelemente von 1864 angefügt vorstellen solle. Er gab diese Kombination beider Tabellen mit fast allen bekannten Elementen nicht im Buch wieder. Wenn man aber seiner Anweisung genau folgt, entsteht eine Tabelle in Langform mit 54 Elementen und 27 mit einem Strich versehenen Lücken. Wenn man der Übersichtlichkeit halber die Atomgewichte weglässt, sieht sie wie in Abb. 1.4 dargestellt aus. Die erste Reihe enthält Meyers Angaben zu den Wertigkeiten in den Gruppen (Tabellenspalten):

4	5?	6?	4?	4?	4?	1,2,3	2	3	4	3	2	1	1	2
								–	–	–	–	Li	Be	
									–	–	–	–	Li	Be
–	–	–	–	–	–	–	–	B	C	N	O	F	Na	Mg
–	–	–	–	–	–	–	–	Al	Si	P	S	Cl	K	Ca
Ti	V	Cr	Fe	Co	Ni	Cu	Zn	–	–	As	Se	Br	Rb	Sr
Zr	Nb	Mo	Ru	Rh	Pd	Ag	Cd	In	Sn	Sb	Te	I	Cs	Ba
–	Ta	W	Os	Ir	Pt	Au	Hg	Tl	Pb	Bi	–	–	–	–

Abb. 1.4 Meyers Periodensystem entsprechend den Erläuterungen auf den Seiten {297–299} der zweiten Auflage

Deutliche Unterschiede zu seinen Ansichten von 1864 treten zutage: die Positionen einiger Übergangsmetalle wurden geändert und die Bor-Familie einbezogen, die zum ersten Mal in Meyers Tabelle von 1869/1870 abgebildet worden war und die als Gruppe der dreiwertigen Elemente nun die Brücke zwischen der zweiwertigen Übergangsmetall-Triade von Zn, Cd und Hg und der vierwertigen Kohlenstoff-Familie bildet. Hinsichtlich der Wertigkeiten der anderen Übergangsmetall-Triaden zeigt die Tabelle Meyers Unsicherheit, wie sie schon 1864 zum Ausdruck kam. Die Fußnote am Symbol für Eisen weist darauf hin, dass Meyer es für möglich hielt, dass das in der Tabelle fehlende Mangan doch an die Stelle des Eisens gehören könnte. Meyer gab indes keine alternative Platzierung für Eisen an. Auch dies entspricht seinen Ansichten aus dem Jahr 1864, als er Eisen und Mangan an die gleiche Position gesetzt hatte.

Meyer brachte dann zum Ausdruck, dass Mendeleevs Zusammenstellung (von 1869[64], in Abb. 1.1 in umformatierter Weise dargestellt) „von der hier gegebenen nicht unerheblich" abweiche, also Meyers System von 1864, das durch die später erfolgten

---

[64] In diesem Satz hat Meyer das konkrete System von Mendeleev nicht erwähnt, auf das er sich hier bezog. Aber aus dem Kontext erschließt sich, dass es nur das erste von 1869 sein kann. Das ist ein weiterer Beweis dafür, dass das nicht genannte Ziel dieser Passage nichts anderes als der Vergleich von Meyers System aus dem Jahr 1864 (einschließlich der Korrekturen für V, Nb und Ta) und des Systems von Mendeleev aus dem Jahr 1869 war, wobei für den Moment das neueste System von 1871 ignoriert wurde.

Bestimmungen der Atomgewichte von V, Nb und Ta sowie durch die Einbeziehung der Bor-Gruppe modifiziert worden ist. Er fuhr fort, das erste Periodensystem des Russen einer umfassenden Kritik zu unterziehen: Mendeleev hätte Gold und Uran ungünstig in derselben Familie mit Bor und Aluminium platziert, Thallium hätte er zu den Alkalimetallen gestellt sowie mehrere Seltenerdmetalle in sein System aufgenommen, deren Atomgewichte und chemische Eigenschaften viel zu wenig bekannt waren, um als Grundlage für eine Klassifizierung zu dienen. So verdeckte Mendeleevs Tabelle von 1869 letztlich „das derselben zu Grunde gelegte richtige Princip in nicht unerheblichem Grade." Meyer wies daraufhin, dass diese Fehler „so bald als möglich" ausgeräumt werden mussten. Er versäumte es aber seltsamerweise, explizit darauf hinzuweisen, dass Mendeleev dies in einigen Fällen mit seinem überarbeiteten Periodensystem von 1871 bereits getan hatte, das Meyer bestimmt kannte. Dadurch entsteht ein falscher Eindruck, diese Stelle zeigt aber nochmals, dass die Auflage Passagen enthält, die vor 1872 verfasst wurden.

Daran anschließend schlug Meyer ein für diese Ausgabe neues System der Elemente vor, wobei er es nicht versäumte, die Leser an das sehr ähnliche aus seinem Aufsatz in den *Annalen* von vor zwei Jahren zu erinnern. Doch nun sind Perioden und Elementfamilien wieder so ausgerichtet wie in der ersten Auflage. In der Tabelle auf Seite {301} sind die Elemente wie üblich nach monoton steigendem Atomgewicht angeordnet, doch die Darstellung erweckt den Eindruck, als ob sie auf einer Spirallinie liegen würden. Die 16 leeren Felder über den Triaden in dem gerade beschriebenen System (Abb. 1.4) werden überflüssig, schrieb er, wenn man alle bis auf drei dieser Triaden als „verwandte Nebenlinien" jener Hauptgruppenelemente betrachtet, die durch Isomorphismen ihrer Verbindungen als verwandt angesehen werden könnten. Auf diese Weise erläuterte Meyer die Struktur seiner neuen Anordnung in Kurzform, die von ihm und Mendeleev unabhängig voneinander bereits im Laufe der Jahre 1869 und 1870 eingeführt worden war. Abgesehen von dem modifizierten Format ist die wichtigste Neuerung in den Triaden der Übergangsmetalle zu sehen. Während Meyers kombinierte Tabelle (Abb. 1.4) acht Triaden, die Tabelle aus dem Aufsatz in den *Annalen* (Abb. 1.2) neun Triaden aufweist, sehen wir nun insgesamt zehn. Sieben davon betrachtet Meyer als „Nebenlinien" der jeweiligen Hauptgruppe, drei haben keine Parallele in der Hauptgruppe.

Um die Unterschiede zwischen den beiden von Meyer nacheinander dargestellten Systemen besser erkennen zu können, zeigen wir in Abb. 1.5 die Tabelle von Seite {301}, jedoch in Langform und ohne Angabe der Atomgewichte.

					H										Li	Be
										B	C	N	O	F	Na	Mg
										Al	Si	P	S	Cl	K	Ca
?	Ti	V	Cr	Mn	Fe	Co	Ni	Cu	Zn	?	?	As	Se	Br	Rb	Sr
?	Zr	Nb	Mo	?	Ru	Rh	Pd	Ag	Cd	In	Sn	Sb	Te	I	Cs	Ba
?	?	Ta	W	?	Os	Ir	Pt	Au	Hg	Tl	Pb	Bi				

Abb. 1.5 Umformatierte Endfassung von Meyers Periodensystem aus dem Jahr 1872

Die vier Striche am Anfang und am Ende der Tabelle sind verschwunden, ebenso die 16 Striche über den Übergangsmetallen, die – wie oben festgestellt – in der neuen Kurzform überflüssig wurden. Wasserstoff ist über der Nickelgruppe platziert worden.

Die wichtigste Änderung beim Übergang von Abb. 1.4 zu 1.5 ist die Einbeziehung zweier zusätzlicher Triaden von Übergangsmetallen. Die eine besteht ausschließlich aus noch unbekannten Elementen. Diese leere Triade ist bereits in Meyers in den *Annalen* veröffentlichter Tabelle von 1869/1870 (dargestellt in veränderter Form in Abb. 1.2) an der gleichen Stelle zu finden. Die zweite, völlig neue Triade beginnt mit Mn, das in Abb. 1.4 fehlte. Sie wird durch zwei noch unbekannte Elemente vervollständigt. Diese gewagte Schaffung beider zusätzlichen Triaden von Übergangsmetallen, von denen schließlich fünf der sechs Elemente unbekannt waren, könnte durch die angenommenen Valenzen gerechtfertigt sein: Im Tabellenkopf der in Abb. 1.4 dargestellten Tabelle gibt es zwei Lücken, eine bei dem Sprung von der Wertigkeit 2 (ganz rechte Spalte) unmittelbar zur Wertigkeit 4 (ganz linke Spalte) sowie bei der Abnahme der Wertigkeit „6?" direkt auf „4?". Diese zwei neuen Triaden beseitigen diese Sprünge und führen zu einem ununterbrochenen Gang der Wertigkeiten im Tabellenkopf. Vermutlich leitete Meyer diese Änderungen auch aus der genauen Untersuchung seiner Atomvolumenkurve, deren ausführliche Diskussion der Tabelle unmittelbar folgt, und den beobachteten Regelmäßigkeiten hinsichtlich der arithmetischen Differenzen zwischen den Perioden ab.

Um die Anschaulichkeit zu erhöhen, wird im Folgenden die Tabelle von Seite {301} nochmals wiedergegeben, nun aber mit einem so veränderten Umbruch, dass die Entsprechung zur gängigsten modernen Form des Periodensystems sofort sichtbar wird (Abb. 1.6). Außerdem werden die Symbole der Elemente in Rot eingefügt, die später gefunden wurden und die mit einem Fragezeichen versehenen Lücken füllten. Das ist also Meyers Periodensystem von 1872 mit 56 Elementen in modernem Format:

											H					
Li	Be											B	C	N	O	F
Na	Mg											Al	Si	P	S	Cl
K	Ca	Sc	Ti	V	Cr	Mn	Fe	Co	Ni	Cu	Zn	Ga	Ge	As	Se	Br
Rb	Sr	Y	Zr	Nb	Mo	Tc	Ru	Rh	Pd	Ag	Cd	In	Sn	Sb	Te	I
Cs	Ba	La	Hf	Ta	W	Re	Os	Ir	Pt	Au	Hg	Tl	Pb	Bi		

Abb. 1.6 Umformatierte Endfassung von Meyers Periodensystem aus dem Jahr 1872, adaptiert auf die heutige Fassung

Diese Tabelle ist nahezu identisch mit dem zwei Jahre zuvor veröffentlichten System, das in dieser Form in Abschn. 10 wiedergegeben wurde (Abb. 1.2), das der Leser bequem zum Vergleich heranziehen kann. Der einzig signifikante Unterschied besteht neben der Aufnahme von Wasserstoff darin, dass nun Co und Ni nicht mehr den gleichen Platz einnehmen, sondern jeweils an der Spitze einer Übergangsmetall-Triade stehen. Das Ergebnis ist eine zusätzliche Triade, es gibt also insgesamt zehn. Ru, Rh, Os und Ir werden jeweils um einen Platz nach rechts verschoben, um zwei neue Leerstellen für die unbekannten

Elemente unter Mn zu schaffen. Abgesehen von den fehlenden Edelgasen und Seltenen
Erden ist es identisch mit dem modernen Periodensystem für alle Elemente von Lithium
bis Wismut.

Einige Seiten später (S. {305}) stellte Meyer noch eine andere Version seines
Periodensystem dar. Die in diesem Kapitel (§ 160) behandelte, leicht überarbeitete sowie
auf einer ausklappbaren Seite dargestellte Atomvolumenkurve (siehe Abb. 4.1) veranlasste ihn, nun die fünf Hauptgruppenelemente, die Maxima auf der Kurve einnehmen,
zusammen mit ihren zugehörigen Übergangselementen in der ersten Gruppe links zu
platzieren. Die ersten beiden Perioden weisen dann nach rechts hin abnehmende Atomvolumina auf, die gegen Ende jeder Periode wieder ansteigen – ein visuell auffälliger
Aspekt der Kurve. Abgesehen von dem geänderten Umbruchpunkt ist diese Tabelle
identisch mit der auf Seite {301} dargestellten.

Hinsichtlich der fehlenden Elemente in dem Periodensystem von Meyer ist zu
sagen, dass Yttrium und Lanthan zwar bereits bekannt, aber doch ungenau untersucht worden waren. Das gilt auch für mehrere andere der damals bekannten Seltenen
Erden. So zögerte Meyer, sie in sein System aufzunehmen – Bedenken, die Mendeleev
nicht teilte. Meyer lehnte es auch ab, Thorium oder Uran zu berücksichtigen. Die rot
markierten Elemente wurden wie folgt entdeckt: Gallium 1875 von Paul-Émile Lecoq de
Boisbaudran, Scandium 1879 von Lars Fredrik Nilson, Germanium 1886 von Clemens
Winkler, Hafnium 1923 von George de Hevesy und Dirk Coster, Rhenium 1925 von Ida
und Walter Noddack sowie Otto Berg und schließlich Technetium 1937 von Carlo Perrier
und Emilio Segrè.

1.13 Periodizität als heuristisches Mittel

Auf den Seiten {338–342} der zweiten Auflage diskutierte Meyer die Nutzung seines
Periodensystems zu heuristischen Zwecken. Er führte vier unterschiedliche Varianten an.
Erstens könnten einige umstrittene Atomgewichte zumindest vorläufig auf Grundlage des
„Gesetzes der Differenzen" – wie Meyer es formulierte – festgelegt werden. Als Beispiel nannte er die drei einigermaßen zuverlässigen Bestimmungen des Atomgewichts
von Antimon: 120, 122 und 129. Unter diesen sollte bis zur endgültigen Klärung durch
das Experiment 122 das wahrscheinlichste Atomgewicht sein, denn es war 47 Einheiten schwerer als des Arsens, das nächst leichtere Element der Stickstoff-Familie.
Die Differenz von 47 kehrte „auch in anderen Gruppen an der entsprechenden Stelle"
wieder. Ähnlich argumentierte Meyer bei der Wahl der jeweils bevorzugten Werte für die
umstrittenen Atomgewichte von Cäsium und Wismut.

Ein komplementärer Gedankengang erlaube es, wie Meyer herausstellte, bei
ungenauen Atomgewichtswerten auf Grundlage der Periodizität den Platz der Elemente
im System richtig zu bestimmen. So könnte man auf diesem Weg bei widersprüch-
lichen, jedoch seriösen Atomgewichtsbestimmungen genau einem den Vorzug geben.

Manchmal könnte die Heuristik sogar dazu verwendet werden, eigentlich bereits akzeptierte Atomgewichte wieder auszuschließen. Molybdän hätte höchstwahrscheinlich das Atomgewicht 96, schrieb er, obwohl einige andere Bestimmungen nahelegten, dass es vier Einheiten niedriger sein könnte. Doch nur unter Annahme des höheren Gewichts würde Mo in die richtige Gruppe der Tabelle kommen. Sogar der bewusste Tausch in der Reihenfolge der Atomgewichte wäre ein vernünftiger Schritt, um die Periodizität zu wahren, wie z. B. in den Fällen Te und I oder Os, Ir und Pt. Zukünftige Bestimmungen könnten durchaus zeigen, dass einige dieser Gewichte mit Fehlern behaftet sein könnten.

Meyers dritte Variante für ein heuristisches Herangehen kann am Beispiel des Indiums erklärt werden, das bereits in seiner Arbeit von 1869/1870 beschrieben wurde (siehe Abschn. 10). Im Falle des Indiums war zwar die Stöchiometrie klar, doch nicht die Wertigkeit. Das Periodensystem diktierte die vermutliche Wertigkeit, also den Platz für Indium in der Tabelle durch Herleitung aus der in der Atomvolumenkurve deutlich sichtbaren Periodizität. Meyer argumentierte im Fall von Beryllium und Uran ähnlich, obwohl bei Letzterem noch einige Unsicherheiten bei den Daten beseitigt werden müssten.

Der Rest des Textes, der zu seinem „Schlusswort zur zweiten Auflage" überleitet, stellt eine sorgfältige, kritische Auseinandersetzung mit Mendeleevs Systemen von 1869 und 1871 dar. Er widmete darin einem vierten, noch entschlosseneren heuristischen Vorgehen besondere Aufmerksamkeit, der Vorhersage von noch unentdeckten Elementen, ihren Eigenschaften sowie den Eigenschaften ihrer Verbindungen. Sein Standpunkt hierzu (S. {344}) war ausgesprochen ambivalent. In der Tat wird es erlaubt sein, meinte er, „unsere Kräfte dadurch zu erproben", so dass Erfolg bzw. Misserfolg dieser Vorhersagen über den Wert der Theorien entscheiden können. Doch im Vergleich mit Physik oder Astronomie sind die der Chemie zur Verfügung stehenden „Hülfsmittel" für Voraussagen „noch sehr viel schwächer und unzuverlässiger".

In Meyers endgültiger Tabelle von 1872 gab es acht leere Stellen mit Fragezeichen (S. {301}) oder Strichen (S. {305}), die hier in veränderter Form durch die Abb. 1.5 und 1.6 dargestellt sind. In der Tabelle auf Seite {301} gab er für jedes dieser acht fehlenden Elemente eine voraussichtliche Atommasse an. Dass die Elemente, die diese Lücken einmal einnehmen werden – falls sie denn entdeckt werden sollten – die Eigenschaften und das Atomgewicht haben werden, wie es mit dem jeweiligen Platz im System übereinstimmt, „dürfen wir annehmen," schrieb Meyer. Obwohl er immer wieder auf die Unsicherheiten hinwies und diese durch Verwendung des Konjunktivs zusätzlich unterstrich, sind Meyers Schätzungen für die Werte der Atomgewichte der fehlenden Elemente, des zukünftigen Germaniums, Galliums, Scandiums, Hafniums, Technetiums und Rheniums sowie des bereits bekannten Elements Yttrium erstaunlich präzise, nur für das bereits entdeckte Lanthan ist die Angabe sehr ungenau. Er deutete zwar basierend auf der Periodizität Ähnlichkeiten in den Eigenschaften zu den Elementen der jeweiligen Gruppe an, er sagte diese jedoch nicht wie Mendeleev explizit vorher. Rund ein halbes Dutzend bereits bekannter Elemente hat Meyer nicht in sein System aufgenommen. Einige von ihnen könnten, so schrieb er, Lücken in seiner Tabelle füllen. Es könnte sich aber auch herausstellen, dass sie auf noch unbekannte Weise in das System eingehen.

Auf den Seiten {344–346} übte Meyer scharfe Kritik an den Voraussagen von Mendeleev. „Durch einige kleine Aenderungen" von Meyers Tabelle auf Seite {301}, schreibt er, sei Mendeleev zu seinem neuesten System der Elemente gelangt, das im November 1871 veröffentlicht wurde (Abb. 1.3). Doch hier scheint Meyer eine unmögliche Behauptung aufzustellen, nämlich, dass Mendeleev von der im August 1872 veröffentlichten Tabelle profitiert habe, um sein System vom November 1871 aufzustellen. Möglicherweise wollte Meyer damit andeuten, Mendeleev habe von einer Prüfung des Systems der Elemente in Meyers Publikation von 1869/1870 und nicht von der auf Seite {301} abgebildeten Version Gebrauch gemacht. Das würde aber bedeuten, dass er beide Versionen als identisch betrachtete – es wäre somit egal, auf welche Variante er sich bezöge. Doch die Unterschiede zwischen beiden Darstellungen sind mehr als nur geringfügig.

Unabhängig davon, ob sich nun Mendeleev Meyers Arbeit zunutze gemacht hat oder nicht, ist es offensichtlich, dass sich das System der Elemente des Russen aus dem Jahr 1871 in vielerlei Hinsicht von Meyers unterscheidet. Meyer diskutierte offen dessen Mängel. Er stellte Widersprüche in Mendeleevs Charakterisierung der Perioden fest und behauptete implizit, dass Mendeleevs starre Form der Perioden willkürlicher als seine spiralförmige Anordnung wäre. Schließlich zeigte er, dass die grafische Darstellung der Atomvolumenkurve besser geeignet ist, sich für den richtigen Platz der Elemente im System zu entscheiden. Er diskutierte das Wesen der in Kurzform dargestellten Tabelle mit ihrer sogenannten „doppelten Periodizität", ein Begriff, den sowohl Meyer als auch Mendeleev übernommen hatten. Außerdem wies er auf Ungereimtheiten in Mendeleevs Beschreibung der später sogenannten „paaren" und „unpaaren" Reihen hin. Meyer nannte die „unpaaren" Reihen mit Übergangsmetallen „verwandte Nebenlinien". Dann änderte Meyer seine Terminologie leicht. Er konzentrierte sich auf die Gruppen und nicht auf die Perioden und nannte die Familien von Elementen, die die stärksten Ähnlichkeiten untereinander aufwiesen, „Hauptgruppen". In der Tabelle in Kurzform wurden diese durch die Übergangsmetall-Triaden unterbrochen, die er nun „Nebengruppen" nannte. Im Verlauf der Diskussion sind auch andere Unstimmigkeiten mit früheren Aussagen in der zweiten Auflage festzustellen[65] – das ist ein weiterer Beleg dafür, dass diese Ausgabe, wie Meyer selbst in seinem Vorwort einräumte, abschnittsweise über mehrere Jahre hinweg geschrieben und nicht zufriedenstellend endredigiert wurde.

Hinsichtlich der von Mendeleev im Jahr 1871 gemachten Voraussagen zu den Eigenschaften von „Eka-Bor" und „Eka-Aluminium", den fehlenden Gliedern der erweiterten Bor-Gruppe (den zukünftigen Elemente Scandium und Gallium), war Meyer skeptisch. Er meinte, dass es „sehr gewagt" sei, diese Schlüsse zu ziehen. Sie könnten sich durchaus am Ende als wahr erweisen, doch sie könnten genauso gut scheitern. Jedenfalls sollte

---

[65] Siehe S. {347}, S. {349} und die Fußnote der Herausgeber auf S. {349} in dieser Edition sowie den Kommentar in Abschn. 12.

nicht die Formulierung „mit aller Bestimmtheit" gebraucht werden, wie es Mendeleev letztlich in einem Fall getan hatte. Meyer wies darauf hin, dass selbst in seinem System der Elemente, das er offensichtlich für viel besser als das von Mendeleev hielt, merkwürdige und theoretisch nicht motivierte Aspekte zu finden seien. „Wem würde es eingefallen sein, Bor und Thallium, Sauerstoff und Chrom, oder Fluor und Mangan zu denselben Familien zu rechnen?" (§ 185.) Er zweifelte nicht daran, dass sich das System der Elemente eines Tages als grundlegend für die Zukunft der Wissenschaft erweisen würde. Doch dieses neue Kapitel in der Geschichte der Chemie befände sich noch in den Anfängen, vieles wäre unter Berücksichtigung der Notwendigkeit neuer Untersuchungen und Daten zu entwickeln und zu verbessern.

In *eine* Voraussage hatte Lothar Meyer jedoch volles Vertrauen, nämlich, dass die anorganische Chemie, wie sie durch das Periodensystem der Elemente repräsentiert würde, schließlich den Vergleich „mit dem so vorzüglich durchgearbeiteten Systeme der organischen Chemie nicht mehr wird zu scheuen brauchen," womit er die Theorien zur Valenz und Struktur meinte.

1.14 Fazit

Zu Beginn des Schlussworts der zweiten Auflage führte Meyer diesen Gedanken fort: Die Theorien der Valenz und der chemischen Struktur hätten sich „glänzend entwickelt und reiche Früchte getragen." Der Erfolg dieser Ideen sei so außerordentlich gewesen, dass er in den seit der ersten Auflage vergangenen acht Jahren den Respekt der Chemiker vor Hypothesen und Theorien im Allgemeinen erheblich gesteigert habe. Obwohl das „durchaus berechtigt" sei und „einen Fortschritt" darstellte, läge darin eine Gefahr: „die leichtfertige Aufstellung, Ueberschätzung und Dogmatisirung der hypothetischen Annahmen." Meyer sah mit Sorge, dass gerade jüngere Kollegen, für die diese modernen Theorien die einzigen waren, die sie je gelernt hatten, dem Fehler verfielen, die Strukturtheorie als unfehlbaren Leitfaden zu betrachten. Er zeigte an prägnanten Beispielen aus der Geschichte der Chemie, dass seine Warnung auf Erfahrung beruhe, denn keine Theorie – weder die phlogistische noch die antiphlogistische, nicht die Theorie des elektrochemischen Dualismus, weder die Substitutions- noch die Typentheorie und nicht einmal die Strukturtheorie – hat jemals auf unbestimmte Zeit ohne wesentliche Änderungen überlebt oder wird dies jemals tun. Die einzige Ausnahme sei die Atomtheorie, die für Meyer die einzig beständige in der Chemie darstellte.

Das war das Thema des Schlussworts zur zweiten Auflage: Theorien sind für den Fortschritt der Wissenschaft lebenswichtig, aber man muss sich immer vor Augen halten, dass sie auch von Natur aus fehlbar und letztlich unbeständig sind. Diese Lektion erteilte er in beiden Auflagen immer wieder. Meyers ultimatives Modell für Theorie in der Chemie war hier wie in der ersten Auflage die von der Mechanik und der mathematischen Physik im Allgemeinen repräsentierte Idealvorstellung, nämlich die Möglichkeit, Phänomene durch Anwendung einiger weniger allgemeiner Prinzipien unter Verwendung deduktiver mathematischer Techniken abzuleiten. Meyer bekannte, dass die Chemie noch weit von diesem Ideal der Physik entfernt wäre, doch er sah eine ferne Zeit voraus, in der dies auch für die Chemie Realität werden könnte.

Es ist bemerkenswert, dass die einzigen Beispiele für „moderne Theorien" in diesem Schlusswort die der Valenz und der Struktur sind. Meyer hat das Periodensystem der Elemente nicht erwähnt. Nahm er an, dass damit noch zu viele Unsicherheiten verbunden wären?[66] Es sei uns erlaubt, diese Studie über Lothar Meyers Frühwerk zum Periodensystem der Elemente mit einem eigenen Fazit zu schließen.

Meyers Arbeiten erfolgten teilweise unabhängig, teilweise überlappten sie mit Veröffentlichungen anderer, die zum Periodensystem der Elemente beitrugen, dabei vor allem mit denen Mendeleevs. Die Ausführungen in der ersten Auflage der *Modernen Theorien,* der nicht publizierte Entwurf eines Systems der Elemente aus dem Jahr 1868 und andere Fakten zeigen deutlich, dass Meyer schon lange die Absicht hatte, sein Periodensystem zu vervollkommnen, bevor Mendeleev seine erste Arbeit veröffentlichte. Mendeleev hat nie bestritten, dass er Meyers (meist implizite) Behandlung der Periodizität in der ersten Ausgabe gelesen hatte. Wir halten es für wahrscheinlich, dass Mendeleev diese Passagen vor Februar 1869 kannte. Sicherlich nahm das Meyer sogar an.[67] Meyer glaubte auch, dass Mendeleev von seinen Darlegungen in dem Artikel von 1869/1870 profitiert hätte, dieser Zugewinn floss in die überarbeitete Version ein, die Mendeleev 1871 publiziert hatte.[68] Natürlich hat auch Meyer von Mendeleevs Arbeiten von 1869 und 1871 nutznießen können, bevor er jeweils danach seine publizierte. Meyer bedauerte später, dass er sich in seinem Beitrag in den *Annalen* von 1869/1870 so kurz fassen musste, was impliziert, dass er mehr hätte schreiben können. Mendeleev hatte unter den neuen Herausgebern der *Annalen* dann 1871 diese Einschränkungen nicht mehr.[69] Meyer beanspruchte die Priorität für einige bedeutende Neuerungen in der Frühgeschichte des Periodensystems der Elemente (siehe Abschn. 10). Vor allem war Meyer davon überzeugt – und dieser Einschätzung folgen wir –, dass seine Arbeiten zur Systematik der Elemente aus den Jahren 1864, 1869/1870 und 1872 allen vorhergehenden Publikationen überlegen waren.

Dennoch war Meyer immer darauf bedacht zuzugeben, dass Mendeleev als Erster ein vollständiges Periodensystem der Elemente veröffentlicht hatte. Er würdigte Mendeleevs erfolgreiche Voraussagen, auch wenn er manchmal auf die gescheiterten hinwies.

---

[66] Genauso erwähnte Meyer das Periodensystem der Elemente in seiner Rektoratsrede vom Februar 1895 nicht: *Über naturwissenschaftliche Weltanschauung* (Tübingen: Armbruster & Rieke, 1895).

[67] Vergleiche Abschn. 8 und Fußnote 36, oben.

[68] Zweite Auflage, S. {345} und „Geschichte", 263.

[69] Meyer, „Zur Geschichte", 263, 265.

Bisweilen deutete er an, dass sein russischer Kontrahent zu kühn, d. h. unvorsichtig gewesen sei; manchmal schien es so, als mache er sich selbst Vorwürfe wegen seines mangelnden Muts: „Ich gestehe bereitwillig zu", schrieb er 1880, „… dass mir [in den Jahren 1869/1870] die Kühnheit zu so weitgehenden Vermuthungen fehlte, wie sie Hr. Mendelejeff mit Zuversicht aussprach."[70]

Wie wir gesehen haben, hatte Meyer in seinem Aufsatz in den *Annalen* geschrieben, dass sein Periodensystem „im Wesentlichen identisch" mit dem von Mendeleev sei. Diese Einschätzung hätte sorgfältiger formuliert werden können. Es ist wahrscheinlich, dass sie einige Historiker verleitet hat, Meyers Leistungen zu unterschätzen. Im Jahr 1880 beteuerte Meyer, dass er mit diesem Satz lediglich gemeint habe, dass seine und Mendeleevs Tabellen insofern gleich seien, als beide alle Elemente nach Atomgewichten und Periodizität chemischer Eigenschaften ordneten. Meyer schrieb dazu: „Dies war vielleicht etwas zuviel Höflichkeit; aber jedenfalls besser, als hätte ich mir zuviel Verdienst zugeschrieben." Er schloss mit der Bemerkung: „Es ist nicht leicht, gegen jemanden, der einem die eigenen Lieblingsgedanken unerwartet durchkreuzt, völlig objektiv gerecht zu bleiben. Auch ich hätte, als ich 1869 Hrn. Mendelejeff's erste Abhandlung fand, ihm gern zugerufen: *Noli turbare circulos meos.*"[71] Mendeleev hätte es nicht gutgeheißen, dass sein Rivale ihm damit die Rolle des unwissenden römischen Soldaten zuwies, der Archimedes (also Meyer) beim Denken und beim Zeichnen geometrischer Figuren im Sand gestört hatte. Als Archimedes protestierte, wurde er erschlagen.

Trotz Irritationen und Verstimmungen auf beiden Seiten wurde beiden Männern gleichzeitig eine schöne Ehrung zuteil: 1882 erhielten Mendeleev und Meyer gemeinsam von der Royal Society of London die prestigeträchtige Davy-Medaille für die Entwicklung des Periodensystems der Elemente,[72] was einen gebührenden Abschluss ihres fruchtbaren Wettstreits darstellte.

Der plötzliche Tod von Lothar Meyer im April 1895 setzte der Bearbeitung der sechsten Auflage seines Lebenswerks *Die modernen Theorien der Chemie und ihre Bedeutung für die chemische Statik* ein Ende. Das wichtige erste Drittel („Atome und ihre Eigenschaften") des unvollendeten Werkes wurde posthum von seinem Bruder Oskar im Folgejahr herausgegeben.[73] Als Meyer diesem wichtigen Kapitel seinen letzten Schliff gab, wurde von Lord Rayleigh und William Ramsay eine folgenschwere Nachricht bekannt

---

[70] Meyer, „Zur Geschichte", 265.

[71] Meyer, „Zur Geschichte", 263, 265.

[72] W. Spottiswode, „President's Address", *Proceedings of the Royal Society of London* 34 (1882), 329. Meyer erfuhr später von einem ungenannten Informanden, dass sich Mendeleev „sehr geärgert" habe, dass er den Preis teilen musste. Siehe dazu Meyers Brief an Winkler vom 13. November 1886 (siehe Fußnote 36, oben).

[73] L. Meyer, *Die modernen Theorien der Chemie*, Sechste Auflage, Erstes Buch, hg. von O. Meyer, (Breslau: Maruschke und Berendt, 1896), 171 Seiten.

gegeben: die Entdeckung des Argons, des ersten der Edelgase. Sowohl Mendeleev als auch Meyer rangen darum, einen Platz für dieses neue Element in ihren Systemen zu finden.[74]

Abgesehen von dieser wichtigen, aber rätselhaften Neuigkeit hatten sich viele von Meyers Ansichten nicht dramatisch verändert. Das System der Elemente würde sicherlich eines Tages „die Grundlage einer künftigen vergleichenden Affinitäts-Lehre" darstellen. Doch „wir sind noch nicht so weit, dass wir diese Lehre deductiv aus einem oder wenigen allgemeinen Grundsätzen herleiten könnten." Aus diesem Grund müssen wir zunächst „die natürliche Neigung des Geistes, zu generalisiren", zurückhalten und uns ausschließlich auf gegenwärtige und zukünftige experimentelle Arbeiten verlassen, um diese wichtigen Fragen zu erhellen, schrieb Meyer. Wenige Tage oder Wochen vor seinem Tod schloss Meyer diesen Teil seiner sechsten Auflage mit genau denselben Worten, wie er sie bei den abschließenden Betrachtungen über das System in der zweiten Auflage benutzt hatte. Doch einen Satz fügte er hinzu, der in den früheren Auflagen nicht erschienen war. Es sei nicht verwunderlich, schrieb er, dass alle bisherigen Bemühungen, „das periodische oder natürliche System naturphilosophisch zu einer Entwickelungsgeschichte der Elemente zu verarbeiten, bis jetzt keinen nennenswerthen Fortschritt unseres Wissens bewirkt haben. Dazu waren alle derartigen Betrachtungen noch zu hypothetisch."[75] So sehr er den schönen und lebenswichtigen „modernen Theorien" seiner Zeit zugetan war, blieb Lothar Meyer doch bis zum Schluss seiner festen Überzeugung treu, dass die gewissenhafte Unterscheidung zwischen Hypothese und Wahrheit unabdingbar sei.

---

[74] Lord Rayleigh und W. Ramsay, „Argon, a New Constituent of the Atmosphere", *Proceedings of the Royal Society of London* 57 (31. Januar 1895), 265–287. Meyer zweifelte an der Richtigkeit der von Rayleigh und Ramsay vorgenommenen Bestimmung des Atomgewichts von Argon, „denn für ein Element mit dem Atomgewichte = 40 ist im System kein Platz." (6. Auflage, S. 166). Seine Bedenken sind nachvollziehbar, denn das aktuelle Atomgewicht 39,95 für Argon war (und ist) anomal für ein Periodensystem, das auf der Zunahme der Atomgewichte basiert: Sein Atomgewicht ist kaum kleiner als das von Calcium, das zwei Plätze weiter im Periodensystem zu finden ist, und noch seltsamer ist es, dass es fast eine Atomgewichtseinheit schwerer als das unmittelbar folgende Element ist, nämlich Kalium.

[75] Sechste Auflage, S. 170–171, für die identischen Formulierungen siehe zweite Auflage, S. {350–351}.

Lothar Meyer, *Moderne Theorien der Chemie,* vollständiger Text der ersten Auflage (1864)

2

Die

modernen Theorien

der Chemie

und

ihre Bedeutung für die chemische Statik

von
Lothar Meyer,
Dr. phil. et med. u. Priv. doc. in Breslau.

Breslau, 1864.

Verlag von Maruschke & Berendt.

{**1**} Es sind sechzig Jahre verflossen, seit Claude Louis Berthollet sein classisches Werk *Versuch einer chemischen Statik*[1] der wissenschaftlichen Welt übergab. Er versuchte in demselben, die Mannigfaltigkeit der chemischen Erscheinungen auf bestimmte unveränderliche Grundeigenschaften der Materie zurückzuführen in derselben Art, wie die

---

[1] C. L. Berthollet, *Essai de statique chimique* (Paris, 1803).

© Der/die Autor(en), exklusiv lizenziert durch Springer-Verlag GmbH, DE, ein Teil von
Springer Nature 2022
G. Boeck und A. J. Rocke, *Lothar Meyer,* Klassische Texte der Wissenschaft,
https://doi.org/10.1007/978-3-662-63933-7_2

Astronomie die Himmelserscheinungen zurückgeführt hat auf ein einheitliches Princip, auf das der allgemeinen Gravitation.

Berthollet ging dabei aus von der Ansicht, dass die wechselseitige Anziehung der Materie, welche unter dem Namen der Verwandschaft oder Affinität seit den Jugendjahren der chemischen Wissenschaft als die Ursache der chemischen Erscheinungen angesehen wird, höchst wahrscheinlich eine Aeusserung derselben Grundeigenschaft der Materie sei, aus welcher auch jene allgemeine Gravitation entspringe. Nur darum erschienen, meinte er, die Wirkungen der Affinität so ausserordentlich viel verwickelter als die der Gravitation, weil bei sehr geringen Entfernungen der auf einander wirkenden Körper, ausser ihrer Masse und Entfernung, auch die Gestalt ihrer kleinsten Theile, ihrer Molekeln, deren Abstände von einander und die besonderen Zustände, in denen sie sich befinden, von Einfluss seien. Dieser Einfluss besonderer und uns meist unbekannter Umstände, fügte Berthollet hinzu, bewirke, dass wir nicht im Stande seien, die chemischen gleich den astronomischen Erscheinungen aus einem einzigen allgemeinen Principe im Voraus abzuleiten. Es seien bis dahin nur sehr einzelne {2} Wirkungen der Affinität aus der Mannigfaltigkeit der Erscheinungen so auszusondern, dass sie der scharfen Methode der Rechnung unterworfen werden könnten. Darum seien die Chemiker gezwungen, die Erscheinungen Schritt für Schritt mit der Beobachtung zu verfolgen; aber es sei zu erwarten, dass je allgemeiner die Grundsätze würden, zu denen die chemische Beobachtung leite, diese Grundsätze stets mehr und mehr Aehnlichkeit gewinnen würden mit den Grundprincipien der Mechanik. Aber nur die Beobachtung allein dürfe zu dieser Stufe der Vollkommenheit führen, die man schon jetzt als das Ziel bezeichnen könne.

Wenn es die Aufgabe aller Naturwissenschaft ist, den ursächlichen Zusammenhang der Dinge so zu erforschen, dass wir für jeden möglichen Fall die eintretenden Erscheinungen aus den gegebenen Bedingungen im Voraus bestimmen können, so ist das von Berthollet gesteckte Ziel auch für die Chemie sicherlich der Gipfelpunkt, auf welchen in letzter Linie alles Streben gerichtet sein muss. Es bleibt dieses Ziel unverrückt dasselbe, auch wenn die Annahme Berthollet's, dass Affinität und Gravitation derselben Ursache entsprängen, nicht gerechtfertigt sein sollte. Wollen wir die chemischen Erscheinungen nicht als Wirkungen des blinden Zufalls betrachten, so müssen wir zugestehen, dass auch sie den allgemeinen Grundsätzen der Mechanik, den Gesetzen des Gleichgewichts und der Bewegung, unterworfen sind, und dass „die Curve, welche ein einziges Atom beschreibt, ebenso fest bestimmt ist, wie die Bahn eines Planeten, dass zwischen beiden kein anderer Unterschied besteht, als der, welchen unsere Unwissenheit hineinträgt."[2]

Das höchste und letzte Ziel aller chemischen Forschung muss daher die Entwickelung der chemischen Statik und Mechanik sein, die Lehre vom Gleichgewicht der chemischen Kräfte und der Bewegung der Materie unter ihrem Einflusse. Sind wir im Besitze der allgemeinen Principien {3} dieser Lehre, so lassen sich die chemischen Erscheinungen für

---

[2] P.-S. Laplace *Essai philosophique sur les probabilités*, 3. Aufl. (Paris, 1816), S. 6.

jeden einzelnen Fall aus den gegebenen Bedingungen im Voraus bestimmen und voraussagen. Damit würde das Ziel erreicht sein, das Berthollet der Wissenschaft steckte.

Zur Erreichung desselben ist es aber nothwendig, zuerst die umgekehrte Aufgabe zu lösen, in der Mannigfaltigkeit der einzelnen Erscheinungen diejenigen Grössen zu entdecken und zu messen, welche unter allen Umständen unverändert bleiben, und die Gesetze zu finden, welche die Abhängigkeit der Erscheinungen von diesen Constanten und den variabelen äusseren Bedingungen ausdrücken. Daher die Forderung Berthollet's, die Erscheinungen Schritt für Schritt zu verfolgen; denn bevor nicht eine grosse und zweckmässig ausgewählte Zahl derselben empirisch und logisch analysirt worden, ist an die Aufstellung einer allgemeinen Theorie nicht zu denken. Nach der gründlichen Erforschung der Erscheinungen aber und der Bedingungen, unter denen sie eintreten, ist es in der Regel die leichtere Aufgabe, von den gewonnenen allgemeinen Gesichtspunkten aus rückwärts, sei es mit oder ohne Hülfe der Mathematik, die einzelnen Erscheinungen vorauszusagen.

Werfen wir nun einen Blick auf die Entwickelung der Chemie seit der Zeit Berthollet's, so zeigt sich allerdings, dass ein sehr umfangreiches Material seither der Untersuchung unterworfen und eine ausserordentlich grosse Menge von Thatsachen erforscht wurde; wir können aber nicht verkennen, dass nur ein geringer Theil derselben so allseitig und vollständig zergliedert wurde, dass der Einfluss jeder einzelnen wesentlichen Bedingung systematisch mit der Beobachtung verfolgt, und so der ursächliche Zusammenhang der Erscheinungen klar erkannt wurde. Dem Ziele, das Berthollet vorschwebte, finden wir uns wenig näher; die chemische Statik scheint noch auf demselben Punkte zu stehen, auf den sie jener geniale Forscher führt. Wie ein verlorener Posten steht sein grosses Werk da inmitten unserer colossal angeschwollenen Literatur, vielen vielleicht ganz unbekannt, von wenigen studirt und von keinem vervollkommnet und ausgebaut.

{4} Aber der Vorwurf, den man daraus den Chemikern zu machen versucht sein könnte, wäre nur scheinbar begründet. Wenn von so vielen bedeutenden Männern, welche ihre ganze Kraft der Chemie widmeten, nur einzelne in der von Berthollet eingeschlagenen Richtung weiter vorzudringen suchten, die meisten aber dieselbe verliessen und die Wissenschaft nach einer ganz anderen Seite hin ausbauten und erweiterten, so drängt sich dem unbefangenen Kritiker sofort die Ansicht auf, es müsse wohl eine innere Notwendigkeit die Wissenschaft in andere Bahnen gelenkt haben. Diese Ansicht wird durch die neuere Geschichte der Chemie vollkommen gerechtfertigt. Eine nur einigermassen eingehende Betrachtung lehrt, dass die Chemie nur dadurch den kaum erworbenen Rang einer selbstständigen Wissenschaft behaupten konnte, dass sie zunächst eine der Berthollet'schen fast direkt entgegengesetzte Richtung einschlug.

Wenn die genialen Ideen Berthollet's einen verhältnissmässig geringen Einfluss auf die Entwickelung der Chemie gehabt haben, so liegt der Grund vorzugsweise darin, dass er glaubte, der von ihm erstrebten Entwickelungsstufe der Wissenschaft näher zu sein, als er und seine Zeit es in Wirklichkeit waren. Er konnte zwar aus dem damals vorliegenden Beobachtungsmateriale eine ansehnliche Reihe allgemeiner Gesichtspunkte herleiten, durch welche aus den Eigenschaften, namentlich der Aggregatform, der auf einander einwirkenden Körper und der aus ihrer Wechselwirkung entspringenden neuen Verbindungen die Art der eintretenden Erscheinungen sich im Voraus bestimmen lässt; aber die verhältnissmässig doch nur geringen Anfänge einer chemischen Statik, zu welchen er dadurch gelangte, genügten ihm nicht. Er versuchte daher aus der Physik und Mechanik andere, a priori plausibele, Principien in die Chemie einzuführen, welche indessen weder durch die damals bekannten, noch durch spätere Beobachtungen gerechtfertigt wurden. Dadurch aber entfernte er sich, wie er später selbst zugestand[3], {5} von seinen eigenen Grundsätzen und schadete so ausserordentlich dem Ansehen auch seiner berechtigten und wohlbegründeten Lehren.

Berthollet hat die Einsicht in die chemischen Erscheinungen ausserordentlich gefördert, indem er den Einfluss der Masse der wirksamen Substanzen einer genauen Forschung unterwarf. Er zeigte für sehr viele Fälle, wie je nach dem Mengenverhältniss der Stoffe die Erscheinung eine andere werde, und wie auch die Aggregatform der Stoffe, namentlich der feste und der gasförmige Zustand, gerade durch ihren Einfluss auf die chemisch wirksame Masse den Charakter der Erscheinungen zu bestimmen vermögen. Diese Lehren Berthollet's sind der Wissenschaft nicht verloren gegangen; aber sie werden augenblicklich oft mehr als nützliche Winke für die Praxis der chemischen Analyse, denn als fundamentale wissenschaftliche Gesetze angesehen.

Berthollet glaubte den Einfluss der Masse auf Maass und Zahl zurückführen zu können, auf einem Wege, der keine Berechtigung hatte. Er gerieth in den Trugschluss, dass, weil die Wirkung der wirkenden Masse proportional sein müsse, in jede entstehende Verbindung um so mehr von einem ihrer Bestandtheile eingehen müsse, je mehr desselben vorhanden sei. Im engsten Zusammenhange mit dieser Ansicht steht die andere, dass die Affinität der chemisch wirksamsten Stoffe, der Säuren und Basen, gemessen werde durch ihre Sättigungscapacität. Gegen beide wandte sich die gerade zur Zeit des Erscheinens der „chemischen Statik" beginnende neue Epoche in der Entwickelung der Chemie, in welcher alle chemische Wirkung zurückgeführt wurde auf die Wechselwirkung constanter Gewichte, der Mischungs- oder Atomgewichte.

Jene Ansichten Berthollet's führten ihn in den so berühmt gewordenen Streit mit seinem Landsmanne Proust über die Frage, ob das Mengenverhältniss, in dem sich zwei {6} oder mehr Stoffe chemisch vereinigen, stets constant sei oder mit den Umständen continuirlich wechsele. In diesem Streite, gleich bewundernswerth durch die Hartnäckigkeit und den grossen Aufwand von Scharfsinn, als durch die elegante Höflichkeit und Objectivität, mit denen er Jahre lang geführt wurde, unterlag Berthollet seinem Gegner, dem die Arbeiten einer stets wachsenden Zahl ausgezeichneter Forscher zu Hülfe kamen.

---

[3] Z. B. „Notes de M. Berthollet", *Annales de chimie* 77 (März 1811), 288–296, hier 295, in Bemerkungen zu einer Abhandlung von C. H. Pfaff: „J'avoue que je me suid écarté de mes principes, en regardant la capacité comparative de saturation comme une mesure absolue de l'affinité etc." Ferner: „Troisième suite des recherches sur les lois de l'affinité", *Mémoires de l'Institut de France* 7 (1806), 229–300, hier 288.

Noch während dieses Streites war es dem speculativen Kopfe Dalton's gelungen, eine Hypothese zu finden, welche der von Berthollet bestrittenen constanten Zusammensetzung chemischer Verbindungen eine überraschend lichtvolle Erklärung verlieh. Es war die atomistische Hypothese, die seitdem die Grundlage des ganzen chemischen Lehrgebäudes geworden ist. Die Theorie, welche sich aus dieser Hypothese entwickelte, gab der Chemie eine ganz neue, ihr vollständig eigenthümliche Gestaltung. Die Bestimmung der Mischungs- oder Atomgewichte und der Verhältnisse, in denen dieselben zu Verbindungen zusammentreten, absorbirte für lange Zeit die Kraft der begabtesten Männer. Alle Erscheinungen, die sich nicht auf bestimmte Atomgewichtsverhältnisse zurückführen liessen, wurden, als nicht eigentlich chemisch, von den übrigen ausgesondert und häufig vernachlässigt. Die Chemiker verliessen damit die Brücke, die Berthollet zwischen den Schwesterwissenschaften, der Physik und Chemie, geschlagen; sie verfolgten die neue eigene Bahn, die zu so unendlich reichen Erfolgen führte, dass kaum je eine Wissenschaft in einem einzigen halben Jahrhundert solche Riesenschritte der Entwickelung gethan haben dürfte, wie die Chemie unserer Zeit sich rühmen kann.

Es war natürlich, dass bei dieser raschen Entwickelung der Wissenschaft in der neu eröffneten eigenthümlichen Richtung die von Berthollet versuchte, der physikalischen näher stehende Art der Forschung, fürs erste wenigstens, in den Hintergrund treten musste. Es geschah dies um so mehr, als dieselbe, zwar zufällig und keinesweges nothwendig, von Gesichtspunkten ausgegangen war, welche mit der {7} neuen atomistischen Lehre in geradem Widerspruche standen. Was Berthollet über die Abhängigkeit der chemischen Erscheinungen von den äusseren physikalischen Verhältnissen und von den Eigenschaften der in Wechselwirkung tretenden Substanzen sowohl als auch der aus dieser Wirkung hervorgehenden Produkte gelehrt hatte, verblieb zwar der Wissenschaft; aber die Affinität selbst und die Art ihrer Wirkung war nicht mehr der Hauptzweck der Forschung; vielmehr interessirten vor allem die Produkte ihrer Wirkung. Nur insofern die Bedingungen auf die Entstehung neuer interessanter Verbindungen von Einfluss waren, pflegten sie Berücksichtigung zu finden. Ebenso wurde und wird vielfach noch heute den Eigenschaften der neu entdeckten Stoffe nur soweit einige Aufmerksamkeit geschenkt, als zur Charakterisirung und Identificirung derselben nothwendig erschien, obwohl wieder und wieder die ersten Autoritäten der Wissenschaft mahnten, die physikalische Seite der Forschung nicht zu vernachlässigen.

Es lässt sich nicht leugnen, durch die Annahme und Ausbildung der atomistischen Theorie wurde die Chemie der ihr so nahe verwandten Physik zunächst mehr und mehr entfremdet. Die Gebiete wurden schärfer gesondert; jede Disciplin ging auf dem ihrigen den eigenen Weg; die gemeinschaftlichen Grenzdistrikte blieben vielfach unbebaut, wenn nicht, wie es öfter geschah, die Chemie allein sich ihrer bemächtigte. Fast täglich zwar wurden neue Beziehungen zwischen chemischen und physikalischen Erscheinungen entdeckt; aber auch die grossartigsten Entdeckungen, welche die Anwendung physikalischer Methoden auf chemischem Gebiete hervorrief, konnten das gelockerte Band zwischen beiden Disciplinen nicht fester knüpfen, weil die Ziele beider verschieden geworden waren.

Den Chemikern lag es zunächst und vor allem ob, von den unzähligen Verbindungen, deren Möglichkeit die Atomtheorie voraussehen liess, eine möglichst grosse Zahl darzustellen, zu untersuchen und systematisch zu ordnen. Damit wurde die Chemie mehr und mehr zu einer beschreibenden Naturwissenschaft, in welcher allgemeine theoretische Spe{8}culationen, wie sie Berthollet in den Vordergrund gestellt, nur in zweiter Linie Bedeutung behielten. Dieser Umschlag war nothwendig. Wie die Geologie die Mineralogie und Palaeontologie, wie die Physiologie der Pflanzen und Thiere die systematische Botanik und Zoologie und ausser diesen die Anatomie beider Reiche voraussetzt, wie überhaupt jede speculative Naturwissenschaft ein reiches und übersichtlich geordnetes Material verlangt, wenn sie sich nicht in leere unfruchtbare Phantasmen verlieren soll, so verlangt auch eine theoretische Chemie die genaue Kenntniss einer ausserordentlich grossen Zahl chemischer Verbindungen, ohne welche sie sehr bald Gefahr laufen würde auf den Sand zu gerathen. Nur nachdem durch die unermüdliche Anstrengung der scharfsinnigsten Forscher das ungeheure Material, das sich, je weiter man kam, stets höher zu thürmen schien, gesichtet und geordnet, konnte und kann daran gedacht werden, die Fundamente eines Baues zu legen, den vielleicht erst kommende Jahrhunderte ausbauen zu einer Theorie der Chemie, welche, wie jetzt die Theorie des Lichtes oder der Electricität, die Erscheinungen aus den gegebenen Bedingungen im voraus berechnen lehrt.

Von diesem Ziele, dass Berthollet vorschwebte, ist auch heute noch die Chemie unendlich weit entfernt. Doch ist schon vieles geschehen, das uns Bürgschaft giebt, die Wissenschaft werde demselben dauernd und mit Erfolg entgegen streben. Die heutige Chemie gleicht der Pflanze, welche ihre Wurzeln im Boden ausbreitet und Nahrungsstoffe sammelt für das spätere rasche Emportreiben von Stengeln, Blüthen und Früchten. Das reiche Material, das die rasche Entwickelung der atomistischen Theorie geliefert hat, sichert der Chemie ihre dauernde Selbstständigkeit; sie wird nie mehr eine Dependenz, eine Unterabtheilung der Physik werden.

Wie aber kein Zweig des menschlichen Wissens sich nur nach einer Richtung entwickeln kann, ohne auch für die nebenliegenden fruchttragend zu wirken, so hat sich auch die systematische, die beschreibende Chemie nicht entwickeln können, ohne dem theoretischen, speculativen Theile {9} der Wissenschaft reiche Nahrung zuzuführen. Die Chemiker haben fast alle erdenklichen physikalischen Hülfsmittel angewandt, um bekannte Stoffe zu zerlegen oder neue zu bilden; sie haben ausserdem die physikalischen Eigenschaften von etlichen tausend Substanzen mehr oder weniger vollständig erforscht, deren Kenntniss zur Classificirung derselben erforderlich schien. Dadurch sind viele neue und allgemeine Gesichtspunkte gewonnen worden für die Erkenntniss der Abhängigkeit sowohl der chemischen Erscheinungen von den physikalischen Bedingungen, unter denen sie eintreten, als auch der physikalischen Eigenschaften der Stoffe von ihrer chemischen Zusammensetzung.

Wie wichtig und interessant aber auch diese Entdeckungen waren, keine der aus denselben hergeleiteten Theorien hat so rasch und sicher sich geltend gemacht, wie die Atomtheorie Daltons. Fast alle haben harte Kämpfe bestehen müssen, manche sind in denselben erlegen, andere haben erst nach mehreren Decennien die verdiente Anerkennung gefunden. Es ist gewiss ein sicheres Zeichen der gesunden Entwickelung unserer Wissenschaft, dass während die Erkenntniss der Thatsachen ausserordentlich rasch sich mehrte, die Verallgemeinerungen, welche sich aus denselben ziehen liessen, verhältnissmässig langsam anerkannt wurden. Auf einem Gebiete, auf dem fast täglich des Neuen soviel zu erwarten, läuft jede verallgemeinernde Idee Gefahr, nach wenig Schritten auf Thatsachen zu stossen, durch welche sie widerlegt oder wenigstens erheblich modificirt wird. Daher die Notwendigkeit grosser Vorsicht. Hätte die Chemie jede auftauchende Theorie sofort anerkennen und aufnehmen wollen, so hätte sie leicht sich in ein Chaos verwandeln können, dem alle Uebersichtlichkeit verloren gegangen wäre.

Mit richtigem Takte diese Gefahr erkennend, sind die Chemiker unseres Jahrhunderts fast durchweg sehr vorsichtig gewesen, sowohl in der Aufstellung allgemeinerer Theorien, als namentlich in der Anerkennung der von einzelnen Forschern für berechtigt gehaltenen. Ja man kann eher behaupten, dass der Widerstand gegen solche Ver{10}allgemeinerungen der Resultate zu gross, als dass er zu gering gewesen sei. Manche jetzt fast allgemein als vollkommen berechtigt anerkannte Theorien haben gegen sachlich sehr unbedeutende Hindernisse Jahrzehnte hindurch vergeblich kämpfen müssen. Erst nachdem dieser Kampf sie gekräftigt und sicherer begründet, sind sie angenommen worden. Andere wieder sind zwar ohne Kampf aber sehr langsam, wie sich die stützenden Thatsachen mehrten, zur Geltung gekommen, nachdem sie anfangs wenig berücksichtigt worden. Nur einige wenige Theorien haben zeitweilig ein grösseres Ansehen genossen, als sie verdienten und dauernd zu behaupten im Stande waren.

Es war aber noch ein anderer Umstand fast die ganze erste Hälfte dieses Jahrhunderts hindurch der Entwickelung allgemeiner chemischer Theorien ausserordentlich hinderlich, der Zustand der Physik und deren Verhältniss zur Chemie. Es liegt in der Natur der Sache, dass eine Fundamentalhypothese, welche zur Erklärung der Eigenschaften der Materie dienen soll, nicht ausschliesslich auf das Gebiet der Chemie beschränkt bleiben kann, vielmehr der Uebereinstimmung mit den Grundbegriffen und allgemeinen Lehren der Physik und der direkten Bestätigung durch dieselben nicht entbehren kann. Die Physik aber war zu Anfang dieses Jahrhunderts, als die Chemie auf Grund der atomistischen Hypothese ihre neue glänzende Entwickelung begann, nicht im Stande, auf dieses Gebiet zu folgen. Wenn auch die Physiker in ihren Betrachtungen oft auf die kleinsten Theile der Materie zurückzugehen schienen, von Partikeln und Molekeln sprachen, von Poren und Interstitien, so legten sie ihren Rechnungen in Wirklichkeit doch meist die Annahme homogener, continuirlicher Massen zu Grunde und gingen nicht zurück auf die einzelnen Atome, ohne deren Annahme das chemische Lehrgebäude nicht mehr bestehen konnte.

Das einzige Gebiet, auf dem auch die Physiker direkt und wirklich auf die Wirkung der kleinsten Theile zurückgingen, war die Lehre von der Wärme; und gerade hier war dieses Zurückgehen nur die Folge einer Ansicht, welche der Entwickelung der theoretischen Chemie ausserordentlich {11} hinderlich gewesen ist und in derselben viel Verwirrung erzeugt hat, der Ansicht von der Existenz eines Wärmestoffes.

Zwar hatte schon 1798 Rumford[4] schlagend nachgewiesen, dass Wärme nichts anderes als eine Form der Bewegung sein könne; aber der allgemeinen Annahme dieser Lehre stand die damals noch geltende Newton'sche Emanationstheorie des Lichtes entgegen. Selbst Humphry Davy, der sich sofort zu Rumford's Ansicht bekannte und dieselbe durch elegante und überzeugende Versuche bestätigte[5], erklärte gleichwohl sich für Newtons Lehre und gegen die von Hooke, Huyghens und Euler aufgestellte und vertheidigte Undulationstheorie.[6] Erst nachdem letztere, was Thomas Young und Wollaston vergeblich versucht hatten, durch Fresnel zur Geltung gekommen, und durch Poisson, der jetzt, statt ein continuirliches elastisches Medium anzunehmen, von der Voraussetzung discreter Aethertheilchen ausging, mit der mathematischen Theorie in Einklang gebracht worden, war der Boden für die seitdem so glänzend entwickelte mechanische Wärmetheorie bereitet, und damit ein neuer Vereinigungspunkt chemischer und physikalischer Theorien gewonnen.

Einer umfassenden, ganz allgemeinen chemischen Theorie fehlt allerdings auch jetzt noch eine der wesentlichsten Voraussetzungen, eine solche Theorie der Elektricität nämlich, welche den Zusammenhang der elektrischen Erscheinungen mit Licht und Wärme einerseits und andererseits mit den {12} chemischen Kräften aus einem einheitlichen Gesichtspunkte übersehen und zusammenfassen liesse. Aber der gegenwärtige Stand der mechanischen Wärmetheorie, namentlich der aus derselben in neuerer Zeit hervorgegangenen Theorien der Molekularphysik, so wie andererseits die eleganten, und umfassenden Ansichten, zu denen die Chemiker über die Constitution der chemischen Verbindungen gelangt sind, lassen auch ohne die Beihülfe einer Theorie der Elektricität aus der Wechselwirkung der Physik und Chemie schon jetzt auf erfreuliche Resultate hoffen.

Das gegenseitige Verhältniss beider Disciplinen ist indessen augenblicklich keinesweges derart, dass diese Wechselwirkung in nur einigermassen ausgedehnter Weise ohne weiteres eintreten könnte. Beide befinden sich in fast vollständig getrennten Händen. Die Physik zwar dürfte schon jezt manche der Mittel besitzen, welche zu einer sowohl die chemischen als die physikalischen Molekularwirkungen umfassenden

---

[4] B. Thompson (Count Rumford), „An Inquiry into the Source of the Heat Excited by Friction", *Philosophical Transactions ... Abridged ...* 18 (1798), 278–286; aus *Philosophical Transactions of the Royal Society* 88 (1798), 80–102. In dieser Abhandlung sagt Rumford auf S. 99: „... and it appears to me to be extremely difficult, if not quite impossible, to form any distinct idea of any thing, capable of being excited, and communicated, in the manner the heat was excited, and communicated in these experiments, except it be motion."

[5] H. Davy, „An Essay on Heat, Light, and the Combinations of Light", in Th. Beddoes, Hg., *Contributions to Physical and Medical Knowledge, Principally from the West of England* (London, 1799), 5–147, zitiert in J. Joule, „On the Mechanical Equivalent of Heat", *Philosophical Transactions of the Royal Society* 140 (1850), 61–82, hier 61–62; ferner Davy, *Elements of Chemical Philosophy* (1812), in *Collected Works of Sir Humphry Davy* (London, 1839–40), Bd. 4, S. 66.

[6] Ibid. (*Elements*), S. 157.

Theorie führen können; auch dürften die Methoden der Mathematik hinreichend entwickelt sein, um der Speculation, wenn nöthig, mit Erfolg hülfreiche Hand leisten zu können, sobald die Erscheinungen logisch analysirt und in glücklich gewählten Hypothesen die Ausgangspunkte der zu entwickelnden Theorien gefunden sein werden. Aber das empirische Material, das diese Theorien unter einheitliche Gesichtspunkte bringen und logisch zusammenfassen sollen, ist für den Physiker fast unzugänglich, jedenfalls nur durch ein sehr ins einzelne gehendes, umfassendes Studium der modernen Chemie zu erreichen.

Der nothwendige Entwickelungsgang der Chemie brachte es mit sich, dass jeder theoretische Gesichtspunkt aus einer grossen Zahl oft ganz zerstreuter Einzelheiten abstrahirt werden musste. Dazu kam, dass das Gefühl der Unsicherheit oder der Zweifel an dem Werthe theoretischer Betrachtungen überhaupt oft Veranlassung wurde, dass man die Speculationen über Ursache und Wesen der Erscheinungen meist nur beiläufig und andeutungsweise, ja oft gar nicht direkt ansprach, sondern dem Leser überliess, dieselben zu abstrahiren. Zudem sind die widersprechendsten Ansichten {13} aufgestellt, und selten die unhaltbar gewordenen ausdrücklich zurückgenommen worden. Welche Theorien anerkannt, welche verloren sind, das steht fast nur in dem Urtheil der jetzt lebenden Chemiker und nur ausnahms- und bruchstückweise in ihren Werken geschrieben. Wer nur die Literatur betrachtet, könnte leicht die Verschiedenheit der Ansichten für grösser halten, als sie in Wirklichkeit ist. Diese Verschiedenheit ist in der That in allen wesentlichen Dingen nicht mehr sehr gross.

Der Kampf um die systematische Ordnung des chemischen Lehrgebäudes scheint für längere Zeit hinaus beendet zu sein. Die Decennien hindurch in der verschiedensten Form so heftig discutirte Frage, ob die Eigenschaften der chemischen Verbindungen wesentlich von der Natur oder vielmehr von der Anordnung der constituirenden Atome bedingt werde, ist erledigt, nachdem beiden Parteien ihr Recht geworden. Die chemischen Zeichen und Formeln, welche bis vor wenig Jahren so häufig in den Vordergrund traten, sie beginnen mit Gleichgültigkeit betrachtet zu werden, seit, was man durch dieselben symbolisch und unbestimmt, ja manchmal sogar unbewusst und unklar auszudrücken suchte, sich in klare Worte fassen und unter bestimmte Begriffe bringen lässt. Das Dogma von der Unmöglichkeit, die atomistische Constitution der Stoffe zu erkennen, das im Herzen vielleicht nie auch nur ein einziger Chemiker wirklich anerkannt, das aber gerade die speculativsten Köpfe zur wirksamen Unterstützung ihrer Polemik fort und fort aufgestellt haben, ist gefallen; es hat keine Macht, kein Ansehen mehr. Wir wissen sehr vieles schon über das Verhalten der Atome in den Verbindungen; wir werden noch sehr viel mehr erfahren, und die Statik und Mechanik der Atome wird einst die Krone der gegenwärtigen Entwickelung der Chemie sein. Sie wird aus einheitlichem Gesichtspunkte kommenden Jahrhunderten die Gründe und Ursachen der Unzahl von Erscheinungen darlegen, welche wir jetzt nur empirisch zusammenzufassen vermögen.

Die schwachen Anfänge einer solchen Theorie sind aber nicht nur über das ganze Gebiet der Wissenschaft {14} zerstreut, sie sind auch noch in die mannigfaltigsten, heterogensten Formen eingekleidet. Der augenblickliche Zustand der Chemie gleicht einem Schlachtfelde nach dem entscheidenden Tage. Die ins Gefecht geführten Schaaren sind gelichtet, zum Theil zersprengt und wieder buntscheckig vereinigt; genommene oder verlassene, so wie viele behauptete Positionen sind noch bedeckt mit den Trümmern unbrauchbar gewordener Waffen und Geräthe. Es wird einiger Zeit der Ruhe bedürfen, ehe das brauchbare vom zerstörten gesondert und das überlebende gleich-förmig gekleidet und geordnet sein wird. Mancher Feldherr wird vielleicht nur ungern die jetzt überflüssig gewordenen Schanzen und Brustwehren abtragen sehen, die ihm zu siegreichen Erfolgen verhalfen. Die Chemie wird noch längere Zeit, auch wo keine Meinungsverschiedenheit mehr besteht, das Gepräge der verschiedenen früher einander schroff entgegengesetzten Ansichten tragen, und erst künftigen Generationen wird es vorbehalten sein, dort gleichförmige Ackerfurchen zu ziehen, wo vor wenigen Jahren noch die Geister im erbitterten Kampfe auf einander platzten.

Ist zwar der Kampf ganz innerhalb der Grenzen des chemischen Heerlagers aus-gefochten worden, so ist doch zu den übrigen Naturforschern soviel Kunde von dem-selben gelangt, dass ein lebhaftes Interesse für die Resultate desselben geweckt worden. Vielleicht ist dieses Interesse um so grösser, je schwieriger es für den nicht chemischen Naturforscher ist, eine lohnende Uebersicht des Gegenstandes zu gewinnen. Wir Chemiker hören daher vielfach von den Vertretern der verschiedensten naturwissen-schaftlichen Disciplinen den Wunsch nach einer etwas näheren Einsicht in die modernen chemischen Theorien zugleich mit der Klage aussprechen, dass eine solche gegenwärtig ein nicht zu bewältigendes Specialstudium voraussetze.

Dieser vielfach gehörte Wunsch ist mir die wesentlichste Veranlassung gewesen, dass ich den Versuch wage, die anscheinend best begründeten Theile der gegenwärtig geltenden chemischen Hypothesen und Theorien, ihres specifisch chemischen Gewandes möglichst entkleidet, darzustellen und {15} dadurch dieselben auch einem weiteren Kreise leichter zugänglich zu machen.

Vielleicht ist eine solche Zusammenstellung der verschiedenen, im Laufe der Zeiten zur Geltung gekommenen Ansichten und Betrachtungen auch den Chemikern nicht ganz unwillkommen. Manchem unter ihnen werden vielleicht diese Theorien im organischen Zusammenhange mehr Interesse bieten, als er den zerstreuten und isolirten zu schenken sich berechtigt hielt.

Ich habe mich bemüht im folgenden sine ira et studio diejenigen älteren und neueren theoretischen Resultate der Chemie übersichtlich zusammenzustellen, welche schon jetzt zu einer gewissen Abrundung und inneren Uebereinstimmung gelangt zu sein scheinen und darum geeignet sein dürften, eine besondere Einsicht in die Bedingungen des Gleichgewichts der kleinsten Theile der Elemente sowohl wie der Verbindungen zu gewähren. Ich hoffe, dass es mir gelungen sein möchte, diese Darstellung möglichst frei zu halten von vorgefassten Meinungen, die nur zu oft das Urtheil über die Zulässigkeit einer Folgerung getrübt haben und noch trüben.

Neues wird der Chemiker in der Sache kaum finden, und auch in der Darstellung höchstens eine etwas grössere Bestimmtheit, als bisher üblich und vielleicht räthlich war.

Enthalten diese Mittheilungen dennoch etwas für die Wissenschaft verwendbares, so ist dieses nicht mehr mein Verdienst als das mancher meiner Freunde und Fachgenossen, mit denen ich den Gegenstand vielfach besprochen habe.

§1.

Jede Theorie, welche dem gegenwärtigen Stande der speculativen Naturwissenschaft genügen will, muss von der Hypothese ausgehen, dass die Materie aus discreten Massentheilen bestehe. Nur aus dieser Hypothese lassen sich die {**16**} beobachteten Erscheinungen als nothwendige Consequenzen ableiten. Dieser Satz dürfte unter den Physikern wie Chemikern allgemein anerkannt sein. Viele der Gründe, welche uns zu dieser, für die Entwickelung der mathematisch-physikalischen Theorien bekanntlich meist sehr unbequemen Annahme discreter Massentheilchen zwingen, sind vor einigen Jahren von Fechner ausführlich dargelegt worden.[7] Es würde nicht schwer sein, durch weiteres Eingehen auf Specialitäten die Zahl derselben nicht unerheblich zu vermehren. Hier mag es genügen, daran zu erinnern, dass in der Chemie sofort jede Möglichkeit einer Theorie, ja aller concreten Vorstellung aufhören würde, wollte man die Atomistik fallen lassen.

Wir gehen demnach hier von der Vorstellung aus, die Materie bestehe aus discreten Theilchen, aus Atomen, deren wir, abgesehen vom Lichtaether, so viele verschiedene Arten annehmen, als es heterogene einfache Stoffe, sogenannte chemische Elemente giebt. Ob diese traditionell „Atome" genannten Theilchen wirkliche ἄτομοι, wirklich absolut untheilbar sind, ist uns ganz gleichgültig und nicht einmal wahrscheinlich. Constatiren aber müssen wir, und das genügt uns, dass wir sie vor der Hand nicht weiter zu theilen vermögen. Mag man in Zukunft die Theilung bewerkstelligen lernen oder nicht, auf unseren hier zu besprechenden Gegenstand ist dies ohne Einfluss.

§2.

Die Aufstellung und Annahme der chemischen Atomenlehre ist bekanntlich eine Folge der Beobachtung, dass die Vereinigung chemisch verschiedener Grundstoffe zu neuen Körpern stets in bestimmten Gewichtsverhältnissen, nach sogenannten „Mischungsgewichten" oder „stöchiometrischen Quantitäten" geschieht, so dass, wenn M, M_1, M_2 etc. die unter allen Verhältnissen unwandelbaren Mischungsgewichte verschiedener Grundstoffe bezeichnen, die Zusammensetzung {**17**} jeder chemischen Verbindung sich darstellen lässt durch einen Ausdruck der Form

$$n\,M + n_1\,M_1 + n_2\,M_2 + \ldots,$$

wo n, n_1, n_2... *ganze* Zahlen bedeuten, die in verschiedenen Fällen verschiedene Werthe haben können.

---

[7] G. T. Fechner, *Über die physikalische und philosophische Atomenlehre* (Leipzig, 1855).

Diese Thatsache erklärt Dalton's atomistische Lehre durch die Annahme chemischer Atome, welche, indem sie in verschiedener Zahl und Art zu Gruppen sich zusammenlagern, die kleinsten Theile derjenigen Stoffe bilden, welche wir als chemische Verbindungen bezeichnen. Diese Atomgruppen, deren Zusammensetzung und innere Anordnung als charakteristisch für die einzelnen Verbindungen angesehen wird, bezeichnet man jetzt gewöhnlich mit dem Namen der Moleküle oder Molekeln.

Durch die Einführung dieser atomistischen Hypothese hat die chemische Statik und Mechanik, unmittelbar nachdem Berthollet diese Disciplin zu gründen unternahm, die wesentlichste Aenderung erfahren; sie ist zur Lehre vom Gleichgewicht und der Bewegung der Atome und Molekeln umgewandelt worden.

§3.

Für diese aber ist es vor allem nothwendig und wesentlich, diejenigen Grössen, um deren Gleichgewicht und Bewegung es sich handelt, die Atome und Molekeln selbst zu kennen. Es ist also die Bestimmung der Masse, des Gewichtes der Atome eine der ersten Aufgaben der atomistischen Chemie geworden.

Da sich aber die absolute Grösse der Atome, bis jetzt wenigstens, der Bestimmung entzieht, so hat man sich, wie bekannt, mit der Kenntniss ihrer relativen Grösse begnügen müssen und auch begnügen können. Man drückt die Gewichte aller verschiedenen Atome aus durch das eines beliebig gewählten, und zwar in neuerer Zeit gewöhnlich durch das schon von Dalton zur Einheit genommene Gewicht eines Wasserstoffatomes, das man, als das kleinste von allen, der Einheit gleich setzt, während früher nach {18} Berzelius' Vorgange die Atomgewichte auf das des Sauerstoffes bezogen wurden, das man $= 100, = 10$ oder $= 1$ setzte.

Für die durch eine solche conventionelle Einheit ausgedrückten Gewichte der Atome hat bekanntlich Berzelius die Anfangsbuchstaben der Namen der verschiedenen Elemente als ausserordentlich bequeme Symbole in die Wissenschaft eingeführt.

Aber auch diese Bestimmung der relativen Atomgrösse ist nicht so unmittelbar ausführbar. Sie gründet sich bekanntlich in erster Linie auf die empirische Erforschung der Mischungsgewichte, der Gewichtsverhältnisse, nach welchen sich die verschiedenen Stoffe vereinigen. Da uns aber unsere Analysen und Synthesen nur die relativen Mengen der Bestandtheile einer Verbindung, nicht aber zugleich die Anzahl von Atomen (die Grössen n, n_1, n_2 etc. in obigem Ausdrucke), welche mit einander verbunden sind, angeben, so bleibt es a priori zweifelhaft, ob das gefundene Mischungsgewicht einem oder mehreren Atomen entspricht und proportional ist.

Demgemäss sind auch den Atomgewichten vieler, um nicht zu sagen fast aller Grundstoffe zu verschiedenen Zeiten und von verschiedenen Forschern sehr verschiedene Werthe beigelegt worden. Ja, man hat sogar die sichere Bestimmung der relativen Atomgewichte öfter für eine unlösbare Aufgabe erklärt und demgemäss, statt der mehr oder weniger hypothetisch bleibenden Atomgewichte, den rein empirischen Begriff der sogenannten Aequivalentgewichte in die Wissenschaft eingeführt. In neuerer Zeit ist man indess wieder auf die Atomgewichte im ursprünglichen Sinne zurückgekommen.[8]

§4.

Das Atomgewicht steht zwar in naher Beziehung zu fast allen Eigenschaften der betreffenden Substanz, und man hat seit der Aufstellung der atomistischen Theorie vielfach versucht, aus diesen Beziehungen die relative Masse der Atome abzuleiten, aber erst in neuester Zeit {19} scheint dieses mit Sicherheit möglich geworden zu sein! Die höchst wichtigen Hülfsmittel, durch welche diese Sicherheit erreicht worden, sind die Bestimmung der Dichte im Gaszustande in erster Linie und, in Verbindung mit dieser, die der Wärmecapacität, zweier Grössen, deren Beziehungen zu den chemischen Einheiten bekanntlich schon seit den beiden ersten Decennien dieses Jahrhunderts durch Gay-Lussac (1808) und durch Dulong und Petit (1819) in die Wissenschaft eingeführt sind, deren Tragweite und Anwendbarkeit aber erst in den letzt verflossenen Jahren vollkommen richtig gewürdigt zu sein scheinen.[9]

§5.

Nach Gay-Lussac's Entdeckung[10] sind die Dichtigkeiten verschiedener Gase, chemisch einfacher sowohl als zusammengesetzter, wenn dieselben bei gleichem Drucke und gleicher Temperatur gemessen werden, proportional ihren empirisch gefundenen Mischungsgewichten oder einfachen rationalen Vielfachen derselben. Wenn zwei Gase

---

[8 Zweite Auflage, S. {19}: „Demgemäss sind auch den Atomgewichten vieler, um nicht zu sagen fast aller Grundstoffe zu verschiedenen Zeiten und von verschiedenen Forschern sehr verschiedene Werthe beigelegt worden. Ja, man hat sogar die sichere Bestimmung der relative Atomgewichte öfter für eine unlösbare Aufgabe erklärt und demgemäss, statt der mehr oder weniger hypothetisch bleibenden Atomgewichte, den angeblich rein empirischen Begriff der sogenannten Aequivalentgewichte in die Wissenschaft einzuführen gesucht. Aber auch hier traf man auf Schwierigkeiten und ist in neuerer Zeit wieder auf die Atomgewichte im ursprünglichen Sinne zurückgekommen." In der zweiten Auflage wurden § 2 und § 3 etwas erweitert. Doch diese neue Formulierung und andere Passagen in der zweiten Auflage auf den Seiten {240–242}, {296} und {359} zeigen, dass Meyer 1872 die zu seiner Zeit benutzte Bezeichnung „Äquivalentgewicht" nicht als einen "rein empirischen Begriff" definierte und anwendete, wie viele seiner Kollegen es machten, er sah das Äquivalentgewicht wie jedes andere System der Atomgewichte als theoretisch fundiert an.]

[9 In der zweiten Auflage wurde das Ausrufezeichen nach dem ersten Satz dieses Paragraphen gestrichen, evtl. handelte es sich um einen Druckfehler. Außerdem wurde als drittes, wenn auch „nicht ganz so zuverlässiges Mittel" zur Bestimmung der Atomgewichte der Isomorphismus kurz erwähnt.]

[10 J. L. Gay-Lussac, „Mémoire sur la combinaison des substances gazeuses", *Mémoires de physique et de chimie de la Société d'Arcueil,* Bd. 2 (Paris, 1809), 207–234.]

chemisch auf einander einwirken, so sind die sich verbindenden oder wechselseitig zersetzenden Volumina (Gleichheit des Druckes und der Temperatur vorausgesetzt[11]) entweder gleich, oder sie stehen in einem einfachen rationalen Verhältnisse zu einander; und ebenso zeigt das Produkt der Verbindung oder Zersetzung, wenn es gasförmig erhalten werden kann, stets ein einfaches rationales Verhältniss seines Gasvolumens zu den Räumen, welche die Stoffe, aus denen es entstand, vor der Zersetzung oder Verbindung im Gaszustande erfüllten.

Nach der Dalton'schen Atomtheorie und den Erfahrungen, auf welche sich dieselbe gründet, ist aber jede chemische Verbindung oder Zersetzung eine Wechselwirkung zwischen einer endlichen, meist geringen Anzahl von Atomen.

{20} Demgemäss folgt aus der Gay-Lussac'schen Entdeckung, dass die Anzahl der Atome, welche in einem bestimmten Volum irgend einer gasförmigen Substanz enthalten sind, in einfachem rationalem Verhältnisse stehe zu der Anzahl von Atomen, welche bei demselben Drucke und derselben Temperatur ein gleicher Raumtheil jedes beliebigen anderen Gases enthält. Es bleibt aber der absolute Zahlenwerth dieses Verhältnisses zunächst vollständig unbestimmt. Nothwendige Consequenz der Atomenlehre und der Gay-Lussac'schen Entdeckung ist nur der Satz, dass wenn irgend ein Gas x Atome in einem Raumtheile enthält, ein zweites im gleichen Raume $n \cdot x$ oder $\frac{x}{n}$ enthalten muss, wo n eine ganze, meist nicht sehr grosse Zahl bedeutet. Ueber den absoluten Werth von n lässt sich nur durch neue in die Theorie eingeführte Hypothesen eine Bestimmung treffen.

§6.

Als „nächstliegende und, wie es scheine, einzig zulässige Hypothese", welche man über diesen Punkt sich bilden könne, stellte schon 1811 Amadeo [sic, Amedeo] Avogadro[12] eine Ansicht auf, zu welcher sich gegenwärtig wohl die Mehrzahl der Chemiker bekennen dürfte. Avogadro nahm an, dass die Anzahl der Theilchen, in welche sich eine Substanz beim Uebergange in den Gaszustand auflöse, in gleichen Raumtheilen aller Gase ohne Ausnahme gleich gross sei, Gleichheit des Druckes und der Temperatur vorausgesetzt. Avogadro nannte diese kleinsten Theile molécules intégrantes oder constituantes und definirte sie als diejenigen Massentheilchen, welche soweit von einander entfernt seien, dass sie keine wechselseitige Anziehung mehr auf einander ausübten, vielmehr nur der repulsiven Wirkung der Wärme folgten. Avogadro sprach die Ansicht aus, dass nur die Annahme einer *gleichen* Anzahl solcher Theilchen, Moleküle oder {21} Molekeln, in gleichen Räumen verschiedener Gase geeignet erscheine, das gleichartige Verhalten aller gasförmigen Substanzen gegen Druck, Temperatur u. s. w. genügend zu erklären.

---

[11] Wie im folgenden immer geschehen soll, auch wo es nicht ausdrücklich bemerkt wird.

[12] A. Avogadro, „Essai d'une manière de déterminer les masses relatives des molécules élémentaires des corps", *Journal de physique,* 73 (1811), 58–76.

Es ist lange Zeit so gut wie unberücksichtigt geblieben, dass Avogadro diese Hypothese ausdrücklich auf alle Gase ohne Ausnahme angewendet wissen wollte. Bis in die neuere Zeit pflegte man sie nur auf die sogenannten Elementarstoffe einerseits, und da auch nicht consequent, und andererseits auf die Verbindungen derselben anzuwenden, nicht aber mit Avogadro anzunehmen, dass zwischen einfachen und zusammengesetzten Stoffen in dieser Hinsicht kein Unterschied bestehe. Und doch hatte schon Avogadro die einzige dieser Annahme scheinbar entgegenstehende Schwierigkeit auf eine ebenso elegante als glückliche Art beseitigt.

§7.

Diese Schwierigkeit rührte nur daher, dass man von vornherein geneigt sein konnte, die in Rede stehenden Gastheilchen, die Molekeln, mit den chemischen Atomen zu identificiren; wozu keinerlei Grund vorhanden ist. Avogadro beseitigte diese Schwierigkeit einfach dadurch, dass er die Nichtidentität geradezu aussprach und vielmehr annahm, die Molekel sei eine durch chemische Wirkung theilbare Masse, deren Grenze der Theilbarkeit durch Beobachtung ermittelt werden könne. Er betrachtete die Molekeln als Gruppen von mehreren einzelnen Atomen (*molécules élémentaires),* die durch wechselseitige Anziehung zu einer Verbindung vereinigt seien.

In der That hat diese Ansicht durchaus nichts widersinniges, da die Annahme einer wechselseitigen Anziehung, einer Cohaesion oder Molekularattraction auch zwischen gleichartigen Massentheilen in der Chemie wie in der Physik nicht zu vermeiden sein dürfte.

Avogadro führte seine Ansicht an allen damals bekannten Beispielen von Verbindungen und Zersetzungen gasförmiger Substanzen ausführlich durch. Er wies darauf hin, {22} dass unter den bekannteren gasförmigen Verbindungen keine gefunden werde, bei deren Entstehung nicht das Volumen desjenigen Elementarbestandtheiles, der sich mit einem gleichen oder mehrfachen Volumen des anderen verbinde, verdoppelt werde.[13] Es sei auch wohl der Fall möglich, dass die Verbindung das vierfache Volumen des einen Bestandtheiles einnehme. Für den ersteren Fall zieht er aus seiner Hypothese die nothwendige Folgerung, dass die Molekel jenes Bestandtheiles sich in zwei Theile gespalten haben müsse; jede Molekel der Verbindung enthalte also nur je die Hälfte einer Molekel jenes Elementarstoffes. Für den andern Fall würde sich eine Theilung der Molekel in Viertel ergeben.

§8.

Auf S. 70 und 71 seiner Abhandlung z. B. bespricht er die Entstehung der Salzsäure aus Chlor und Wasserstoff. Ein Raumtheil Chlor verbindet sich mit einem Raumtheile Wasserstoff zu zwei Raumtheilen Salzsäuregas. Sollen nun alle drei Gase in gleichen

---

[13] Später sind auch einige Fälle von Verbindungen ohne diese Verdoppelung des Volumens bekannt geworden.

Räumen eine gleiche Anzahl von Molekeln enthalten, so sind nach der Verbindung zweimal so viele Molekeln Salzsäure vorhanden als vorher Molekeln Wasserstoff oder Chlor vorhanden waren, folglich kann jede Molekel der Verbindung nur je eine halbe Molekel jedes Bestandtheiles enthalten. Demnach besteht jede Molekel des Chlores wie des Wasserstoffes aus mindestens zwei Atomen.

Ebenso zeigt er S. 61 (Note), dass die Molekel des Wassers entstehe aus einer halben Molekel Sauerstoff und einer ganzen oder zwei halben Molekeln Wasserstoff; und in derselben Weise bespricht er die Zusammensetzung aller übrigen damals bekannten Gase.

§9.

Im Jahre 1814 veröffentlichte auch Ampère eine Ab{**23**}handlung[14], in welcher er ähnliche Gesichtspunkte aufstellte, wie Avogadro gethan, und namentlich versuchte, über die Zahl und die Gruppirung der die Molekeln[15] verschiedener Stoffe bildenden elementaren Atome[16] bestimmte Vorstellungen zu gewinnen. Andeutungsweise hatte etwas früher auch H. Davy[17] sich der Ansicht geneigt erklärt, dass die Atome zunächst zu regelmässig gestalteten Gruppen zusammenträten und aus diesen Gruppen als elementare Theilchen die Körper zusammengesetzt seien.

§10.

Alle diese Ansichten und Betrachtungen erregten allerdings sofort die Aufmerksamkeit, aber es gelang ihren Verfechtern nicht, denselben volle Anerkennung und allgemeine Annahme zu verschaffen. Es erging diesen Hypothesen und Theorien wie vielen anderen, ebenso berechtigten. „Der erste Versuch zu generalisiren glückt selten; die Speculation greift der Erfahrung vor, indem diese nicht so rasch zu folgen vermag."[18]

Einerseits war die Aufnahme der Avogadro'schen Hypothese und der aus derselben entwickelten Theorie zu jener Zeit noch kein dringendes Bedürfniss der Wissenschaft und andererseits reichte das damals bekannte Material nicht aus, um eine einigermassen weitgreifende Anwendung derselben zu gestatten. Es versuchte daher schon Avogadro die an gasförmigen Stoffen gewonnenen Resultate auf solche zu übertragen, über deren Dichtigkeit im Gaszustande keinerlei Beobachtungen vorlagen. Dadurch aber wurde eine Quelle grosser Unsicherheit in die neue Theorie ein{**24**}geführt, die deren Werth in den

---

[14] A.-M. Ampère, „Lettre de M. Ampère à M. le comte Berthollet, sur la détermination des proportions dans lesquelles les corps se combinent d'après le nombre et la disposition respective des molécules dont leurs particules intégrantes sont composées", *Annales de chimie* 90 (1814), 43–86.

[15] Ampère spricht von „particules".

[16] Ampère spricht von „molécules".

[17] Davy, *Elements of Chemical Philosophy* (London, 1812), 124.

[18] J. J. Berzelius, *Jahresbericht*, Nr. 11 für 1830 (Tübingen, 1832), 213.

Augen der Chemiker, wie es scheint, mehr herabsetzte, als vielleicht ohne diese versuchten Erweiterungen geschehen wäre.

Erst die reiche Entwickelung der organischen Chemie und namentlich die Kenntniss der Gas- oder Dampfdichte auch solcher Substanzen, welche nur bei höherer Temperatur in den gasförmigen Aggregatzustand übergehen, machte fast ein halbes Jahrhundert nach Aufstellung der Hypothese Avogadro's das Bedürfniss fühlbar nach einer consequenten und allgemeinen Durchführung dieser Hypothese und der auf dieselbe gegründeten Theorie. Es ist besonders das Verdienst von Gerhardt und Laurent für diese Durchführung mit Erfolg gekämpft zu haben. Die Gründe aber, durch welche diese und andre für die Avogadro'sche Hypothese eintretende Forscher vor allem geleitet wurden, waren wesentlich verschieden von denen Avogadro's; sie waren durchweg hergenommen aus dem Verhalten der verschiedensten Substanzen bei chemischen Zersetzungen und Verbindungen. Die Avogadro'sche Hypothese fand darum Aufnahme, weil nur die durch sie bestimmte Molekulargrösse geeignet erschien, einer theoretischen Betrachtung der verschiedensten chemischen Umsetzungen als Grundlage zu dienen, und besonders weil diese Hypothese zwischen den sogenannten Elementen und deren Verbindungen, indem sie jene als Verbindungen unter sich gleichartiger, diese als Verbindungen ungleichartiger Atome betrachtete, eine Analogie herstellte, welche später auch in vielen anderen Dingen hervortrat.

Es ist aber gewiss ein gewichtiges Zeichen für die Notwendigkeit der Annahme dieser Hypothese, dass während der Streit über dieselbe die Chemiker auf das lebhafteste bewegte, gleichzeitig und unabhängig, ja damals ganz unbekannt mit jenem Streite[19], Clausius[20] aus rein physikalischen, der mechanischen Wärmetheorie entnommenen Gründen dieselbe Hypothese als nothwendig erkannte.

{25}

§11.

Von den zahlreichen von chemischen Thatsachen hergenommenen Gründen, welche für diese Hypothese sprechen und auf ihre Einführung wesentlichen Einfluss geübt haben, wollen wir hier nur den einen hervorheben, dass die Annahme, die Molekeln der sogenannten einfachen Stoffe seien Verbindungen *mehrerer* Atome, einzig im Stande ist, die auffallenden Erscheinungen des Status nascendi auf schlagende Weise zu erklären. Ohne diese Annahme würde es schwer zu begreifen sein, warum Elemente, die im sogenannten freien Zustande nur schwache Verwandschaften zeigen, im Status nascendi so sehr viel leichter Verbindungen eingehen. Solches ist aber sofort klar, wenn wir

---

[19] R. Clausius, „Ueber die Art der Bewegung welche wir Wärme nennen", *Annalen der Physik* 100 (1857), 353–380, hier 369.

[20] Clausius, „Ueber die Natur des Ozons", *Annalen der Physik* 103 (1858), 644–652, hier 645 (Fußnote).

annehmen, im sogenannten freien Zustande seien die Atome zu regelmässigen Gruppen, zu Molekeln, mit einander verbunden, im Entstehungszustande aber die einzelnen Atome isolirt. In ersterem ist also, bevor ein Atom eine neue Verbindung eingehen kann, die Kraft zu überwinden, durch welche es in der Verbindung mit den übrigen festgehalten wird; bei letzterem, dem Status nascendi, ist kein solches Hinderniss vorhanden; die Atome werden also viel leichter Verbindungen eingehen.

Aehnlich zwingenden Thatsachen begegnet man auf jedem Schritte beim Special-studium der Chemie. An der Aufzählung aber der speciell chemischen Gründe, welche für diese und andere im folgenden entwickelte Hypothesen sprechen, hindert uns schon der Raum und das Bestreben, hier die Voraussetzung weitgehender chemischer Specialkenntnisse möglichst zu vermeiden. Ich verweise daher bezüglich dieser Punkte besonders auf den 4. Theil von Gerhardt's *Traité de chimie organiqué*, (Paris, Firmin Didot, Frères 1853–1856), auf Laurent's schneidend kritische Schrift *Méthode de chimie* (Paris, Mallet-Bachelier 1854), auf die elegante Entwickelung der modernen Anschauungen in Kekulé's *Lehrbuch der organischen Chemie* (Erlangen, F. Enke, 1859–1864) und auf die ganz neuerdings erschienene zweite Auflage von H. Kopp's *Lehrbuch der physikalischen und theoretischen Chemie* (Braunschweig {26} Vieweg, l863), das die vollständigste, übersichtlichste und objectivste der bis jetzt erschienenen Darstellungen der Theorien und Erfahrungen bietet, zu welchen die Entwickelung der theoretischen Chemie geführt hat.

Die in diesen Werken und zahlreichen älteren oder neueren Aufsätzen gleicher Tendenz dargelegten Argumente sind es gewesen, welche die neuen Theorien in die Chemie einführten.

Sie wirkten namentlich durch ihre grosse Zahl und innere Übereinstimmung. Dem-gemäss ist auch die Aufnahme der Avogadro'schen Hypothese über die Molekulargrösse nur allmählich erfolgt; dieselbe fand um so mehr Anklang, je mehr sich die Thatsachen häuften, welche sich aus derselben einfach und ungezwungen erklärten.[21]

§12.

Wir wollen hier nicht die wirklich stattgefundene Entwickelung reproduciren, sondern für die Avogadro'sche Hypothese nur einige der allgemeineren, mehr physikalischen Gründe anführen, welche in den angeführten Schriften entweder nicht aufgeführt oder doch sehr in den Hintergrund gedrängt sind. Die Chemiker betrachten die Avogadro'sche

---

[21] In der zweiten Auflage hat Meyer §11 und § 12 überarbeitet und erweitert. Das gilt auch für die Literaturhinweise, die nun nicht nur die ersten fünf (1859–1864), sondern die ersten sieben Lieferungen des Lehrbuchs (1859–1867) von A. Kekulé betreffen, von dem Meyer sagt, dass es „auf die neueste Entwickelung der theoretischen Chemie einen sehr grossen fördernden Einfluss geübt hat." Außerdem verweist er auf das Werk *Leçons de philosophie chimique* (Paris, 1864) von A. Wurtz und auf die 5. Auflage der *Einleitung in die moderne Chemie* (Braunschweig, 1871) von A. W. Hofmann.]

Annahme in der Regel als eine rein willkürliche, die man, an und für sich, ebensogut ver-
werfen als annehmen könne. Nur durch die hinzutretenden Gründe, welche sich aus den
verschiedensten chemischen Reactionen herleiten, haben sie sich für die Anerkennung
der Hypothese gewinnen lassen. Es ist aber auch, ganz abgesehen von diesen Gründen,
vom rein physikalischen Gesichtspunkte aus, sehr schwierig, um nicht zu sagen unmöglich, die bekannten Thatsachen ohne die Avogadro'sche Hypothese unter einen einheitlichen Gesichtspunkt zu bringen. Diese Schwierigkeit bleibt dieselbe, welche Ansicht
man auch über das Wesen des gasförmigen Aggregatzustandes haben möge.

Bereits Avogadro, der wie der grösste Theil seiner Zeitgenossen noch der Lehre
von der Substanzialität der Wärme anhing und demnach die Ausdehnung der Gase aus
der zwischen den Wärmehüllen der einzelnen Molekeln wirk{**27**}samen Abstossung
erklärte, zeigte diese Schwierigkeit, in dem er a. a. O. S. 58 schrieb: „En effet, si on
supposoit que le nombre des molécules contenues dans un volume donné fût différent
pour les différens gaz, il ne seroit guère possible de concevoir que la loi qui présideroit
à la distance des molécules, pût donner, en tout cas, des rapports aussi simples que les
faits que nous venons de citer, nous obligent à admettre entre le volume et le nombre
des molécules." (Würde man nämlich davon ausgehen, dass die Anzahl der Moleküle
in einem bestimmten Volumen bei verschiedenen Gasen unterschiedlich ist, so wäre es
kaum möglich, dass das Gesetz, das dem Abstand der Moleküle zugrunde liegt, in jedem
Fall so einfache Beziehungen zwischen dem Volumen und der Anzahl der Moleküle her-
stellen kann, wie die soeben erwähnten Tatsachen uns zwingen).

In der That, geht man von der Ansicht aus, ein Gas bilde ein System von
Massentheilchen, durch deren gegenseitige Abstossung das Ausdehnungsbestreben
hervorgebracht werde, so erscheinen die empirisch gefundenen Beziehungen zwischen
Volumen, Druck und Temperatur, das Mariotte'sche Gesetz und das Gay-Lussac'sche
über die Aenderung von Druck oder Volumen mit der Temperatur, nur begreiflich, wenn
man Avogadro's Ansicht annimmt, dass bei gleichem Drucke und gleicher Temperatur
alle Gase eine gleiche Anzahl von Molekeln in gleichen Räumen enthalten, während
die ausser dieser noch einzig mögliche Annahme, eine Gruppe von Gasen enthielte, bei
Gleichheit des Druckes und der Temperatur, gerade so viele, eine andre genau doppelt
soviele Molekeln, eine dritte genau die dreifache Anzahl etc. im gleichen Volumen, wie
z. B. der Wasserstoff oder irgend ein anderes Gas enthalte, absolut keinen Anhaltspunkt
bietet zu erklären, warum gerade bei diesen Zahlenverhältnissen das Ausdehnungsbestreben und dessen Aenderungen mit der Temperatur und der Aenderung des Volumens
für alle diese Gase das gleiche sei.

§13.

Aber es ist nicht nöthig auf diese Verhältnisse näher einzugehen, da die Ansicht
nicht haltbar ist, das Ausdehnungsbestreben der Gase werde hervorgebracht durch eine
zwischen den Molekeln thätige Repulsivkraft. Es haben nämlich die Versuche, welche
zur Prüfung der mechanischen Wärmetheorie und zur Bestimmung der in derselben vor-
kommenden Constanten ausgeführt wurden, ergeben, dass bei den Volumsänderungen

der Gase nur eine kaum merk{**28**}liche innere Arbeit gethan wird, und zwar eine um so geringere, je näher das Gas dem Zustande eines ideellen permanenten Gases kommt. Die geringe Arbeit aber, welche die Beobachtungen ergeben haben, besteht in der Ueberwindung eines Hindernisses für die Ausdehnung, also einer geringen *Anziehung,* nicht einer Abstossung der Molekeln untereinander. Es kann daher die freiwillige Ausdehnung der Gase nicht herrühren von einer wechselseitigen *Abstossung* der Molekeln.

Vielmehr scheinen die bis jetzt bekannten Thatsachen über das Wesen des gasförmigen Aggregatzustandes nur die Ansicht zuzulassen, auf welche Clausius im Laufe der letzten Jahre[22] eine so umfassende Theorie gegründet hat. Derselbe geht bekanntlich aus von der alten, aber seit Anfang dieses Jahrhunderts fast ganz in Vergessenheit gerathenen Hypothese[23], dass der Uebergang in den gasförmigen Zustand und das Wesen des letzteren darin bestehe, dass die in Form von Wärme den Körpern zugeführte innere Bewegung eine solche Heftigkeit erreicht, dass die einzelnen Molekeln über die Wirkungssphären ihrer Nachbarn hinaus sich bewegen, nun nicht mehr durch die Anziehungen der letzteren zurückgehalten werden und daher mit der einmal erlangten Geschwindigkeit geradlinig den Raum durcheilen, bis sie auf ein Hinderniss stossen, von dem sie abprallen oder festgehalten werden.

{**29**} Die auf diese Hypothese gegründete Theorie ergiebt, dass die gesammte lebendige Kraft dieser geradlinig fortschreitenden Bewegung für gleiche Volumina verschiedener Gase, bei gleichem Drucke und gleicher Temperatur, gleich ist.

Betrachten wir aber nicht die Summe der gesammten lebendigen Kräfte eines Gasvolumens, sondern gehen wir mit Clausius zurück auf die Bewegung der einzelnen Molekeln, und knüpfen wir die Betrachtung an den mittleren Werth der innerhalb jeder Gasmasse wahrscheinlich sehr erheblich variirenden Geschwindigkeit einer einzelnen Molekel, so bedürfen wir wiederum der Avogadro'schen Hypothese, um der Theorie eine einheitliche und präcise Gestaltung zu geben. Mit Hinzuziehung dieser Hypothese lautet das Resultat der Clausius'schen Theorie:

---

[22] In der Abhandlung von Clausius, „Ueber die Art der Bewegung, welche wir Wärme nennen", *Annalen der Physik* 100 (1857), 353–380 und in zahlreichen folgenden Abhandlungen in derselben Zeitschrift; s. a. Clausius, *Ueber das Wesen der Wärme, verglichen mit Licht und Schall* (Zürich, 1857).

[23] Ueber die Geschichte dieser Hypothese siehe P. du Bois-Reymond, „Daniel Bernoulli's Ansicht über die Constitution der Gase", *Annalen der Physik* 107 (1859), 490–494; Clausius, „Ueber die Wärmeleitung gasförmiger Körper", ibid., 115 (1862), 1–56, hier Fußnote auf 2; Th. Graham, „Ueber die moleculare Beweglichkeit der Gase", ibid., 120 (1863), 415–425, hier Fußnote auf 416. Auch Humphry Davy sprach in seinen *Elements of Chemical Philosophy* (*Collected Works,* Bd. 4, S. 67) den jetzt von Clausius vertretenen sehr ähnliche Ansichten über die Formen der Wärmebewegung aus. Auch er unterschied schwingende, rotirende und geradlinig fortschreitende Bewegung. Seine eleganten und scharf durchgeführten Anschauungen unterscheiden sich von den Clausius'schen nur dadurch, dass er, als Anhänger der Newton'schen Emanationstheorie, die geradlinig fortschreitende Bewegung nicht den Gasen, sondern den „aetherischen Substanzen", d. i. dem Lichtaether zuschrieb.

Die Gleichheit der Temperatur zweier Gase besteht darin, dass der mittlere Werth der lebendigen Kraft, mit welcher sich die Molekeln geradlinig fortbewegen, in beiden derselbe ist, die mittleren Werthe der Geschwindigkeiten also sich umgekehrt verhalten wie die Quadratwurzeln aus den Molekulargewichten.

Wollte man nicht die Hypothese Avogadro's, also nicht eine gleiche Anzahl von Molekeln in gleichen Räumen, z. B. im Wasserstoff nur halb soviel als im Sauerstoff annehmen, so würde man auf sehr eigenthümliche Folgerungen geführt werden. Sauerstoff und Wasserstoff würden dann gleiche Temperatur haben, wenn die Molekeln des ersteren eine genau doppelt so grosse lebendige Kraft der fortschreitenden Bewegung als die des Wasserstoffes hätten. Es würde mindestens sehr schwer zu begreifen sein, wodurch auch bei der Mischung der beiden Gase und dem damit nothwendig gegebenen häufigen Zusammenprallen ihrer Molekeln gerade dieses Verhältniss erhalten bliebe, während andererseits die Annahme sehr plausibel ist, das Gleichgewicht der Temperatur bestehe in Gleichheit der lebendigen Kräfte, und stelle sich, wenn es nicht schon vorhanden, dadurch her, dass die mit grösserer lebendiger Kraft begabten Molekeln so lange von derselben an die mit geringerer {30} abgeben, bis dieselbe bei allen gleich geworden. Diese Annahme, und somit die Annahme einer gleichen Anzahl von Molekeln in gleichen Räumen, scheint die einzig mögliche zu sein; ja, die Avogadro'sche Hypothese dürfte unentbehrlich bleiben, welche Ansicht man auch über das Wesen des Gaszustandes haben möge.

Gegen diese Hypothese aber sind noch niemals erhebliche Gründe geltend gemacht worden. Wenn überhaupt eine Discussion stattgefunden hat, so ist sie nur darüber geführt worden, ob die Annahme der Hypothese zweckmässig sei oder nicht[24], als nachweislich irrig dürfte sie kaum bezeichnet worden sein.

Da nur sie den physikalischen, wie den chemischen Theorien Gleichförmigkeit und innere Uebereinstimmung gewährt, so kann auf dem gegenwärtigen Standpunkte der Wissenschaft ihre Annahme nicht wohl verweigert werden.[25]

§14.

Auf Grund dieser Hypothese nun, dass gleiche Volumina verschiedener Gase eine gleiche Anzahl von Molekeln enthalten, können wir die relative Grösse der Molekulargewichte aller Stoffe angeben, deren Dichte im gasförmigen Zustande gemessen worden ist. Die Molekulargewichte sind proportional den Dichtigkeiten.

Da das Wasserstoffgas die geringste Dichte, folglich auch das kleinste Molekulargewicht hat, so wählt man dieses zweckmässig zum Maasse der übrigen. Demgemäss sind die Chemiker, welche die angegebene Hypothese angenommen haben, übereingekommen, das Gewicht der Wasserstoffmolekel, die nach den Betrachtungen in § 8

---

[24] Z. B. Berzelius, *Lehrbuch der Chemie,* 5. Aufl., Bd. 1 (Dresden und Leipzig, 1843), S. 62.

[25] Vgl. auch Ampère a. a. O. S. 47.

mindestens zwei Atome enthält, gleich der doppelten Atomgewichte des Wasserstoffes, also = 2 zu setzen.

Da Avogadro die Molekel des Wasserstoffes der Einheit gleich annahm, sind die jetzt gebräuchlichen Zahlenwerthe der Molekulargewichte doppelt so gross als die von ihm aufgestellten.

{31} Das Molekulargewicht M irgend eines anderen Gases ergiebt sich nun leicht aus der Relation

$$M = \frac{2 \cdot d}{0,0692}$$

wo d die Dichte dieses Gas, die Zahl 0,0692 die des Wasserstoffgases, beide bezogen auf die der atmosphärischen Luft = 1, ausdrückt.

Da indessen die Dichte des Wasserstoffes nicht mit derselben Sicherheit bestimmt ist, wie die dichterer Gase, z. B. des Sauerstoffes oder des Stickstoffes, anderseits aber aus den Atomgewichtsbestimmungen, so weit deren Genauigkeit reicht, gefolgert wird, dass die Dichte des Wasserstoffes genau $\frac{1}{16}$ sei von der des Sauerstoffes, das Molekulargewicht des letzteren also = 32, so hat man es vorgezogen, die Molekulargewichte der übrigen Gase mit Hülfe der für Dichte (= 1,10563 Regnault) und Molekulargewicht des Sauerstoffes gefundenen Werthe zu berechnen, nach der Relation[26]:

$$M = \frac{32 \cdot d}{1,10553} = 28,943 \cdot d$$

die im wesentlichen mit der obigen identisch ist.

§15.

Die so erhaltenen Molekulargewichte müssen ganze rationale Vielfache des Atomgewichtes oder chemischen Mischungsgewichtes oder dieses selbst darstellen, da die Molekel aus einer endlichen Anzahl *ganzer* Atome bestehen {32} muss und keine Bruchtheile der für uns untheilbaren Atome enthalten kann. Fällt das aus der Dichte im Gas- oder Dampfzustande berechnete Molekulargewicht nicht genau mit einem solchen Vielfachen zusammen, so schliessen wir, nach dem angeführten Gay-Lussac'schen Gesetze, dass entweder die Gasdichte oder das chemische Mischungsgewicht unrichtig bestimmt wurde. Die Bestimmung der Dichte und des Mischungsgewichtes controliren

---

[26]Vgl. C. Bödecker, *Die gesetzmässigen Beziehungen zwischen Zusammensetzung, Dichtigkeit und der specifischen Wärme der Gase* (Göttingen, 1857). Bödecker wählt die Einheit halb so gross, als hier geschehen, also gleich der Avogadro'schen, und stellt die analog berechneten Zahlen dar als die in Decigrammen ausgedrückten Gewichte von 1119,05 cc. der verschiedenen Gase. Es ist dies aber eine unnöthige Complication, da die aus obiger Relation berechneten Zahlen ganz unabhängig sind von jeder Einheit des Maasses und Gewichtes.

sich also gegenseitig. In der Regel ist das Mischungsgewicht sicherer bekannt als die Dichte. Man pflegt alsdann das Molekulargewicht gleich demjenigen Vielfachen des Mischungsgewichtes zu setzen, dem der aus der Dichte berechnete Werth angenähert gleich ist.

So ist z. B. nach Regnault die Dichte des Chlorgases, bezogen auf die der atmosphärischen Luft als Einheit, gleich 2,440. Durch Multiplication dieser Zahl mit dem oben angegebenen Coefficienten 28,943 erhalten wir für das Molekulargewicht des Chlores daraus den Werth 70,62. Nun ist aber nach den sehr genauen analytischen Bestimmungen von Stas das chemische Mischungsgewicht des Chlores = 35,46, das des Wasserstoffes = 1 gesetzt. Das Doppelte dieses Werthes = 70,92 kommt dem aus der Dichte berechneten Werthe des Molekulargewichtes sehr nahe, und muss, da die analytische Bestimmung in diesem Falle eine grössere Genauigkeit und Sicherheit bietet, als die Messung der Dichte, als das wirkliche relative Gewicht der Molekel angesehen werden.

§16.

Durch Anwendung des angegebenen Verfahrens erhält man nun für die im Gaszustande bis jetzt bekannten Elemente nachstehend aufgeführten Werthe der Molekulargewichte. In folgender Tafel giebt Columne d die Dichte bezogen auf Luft = 1, D das Produkt 28,943 · d, also das direkt berechnete, M das mittelst des analytisch bestimmten Mischungsgewichtes corrigirte Molekulargewicht. Nach dem {33} Vorgange Cannizzaro's[27] ist letzteres in gothischen, den Atomzeichen entsprechenden Buchstaben bezeichnet.[28]

	d	D	M		
Wasserstoff	0,0692	2,00	$\mathfrak{H}$	=	2
Chlor	2,440	70,62	$\mathfrak{Cl}$	=	70,92
Brom	5,54	160,3	$\mathfrak{Br}$	=	159,9
Jod	8,716	252,3	$\mathfrak{J}$	=	253,6
Sauerstoff	1,10563	32,00	$\mathfrak{O}$	=	32,00
Schwefel	2,23	64,5	$\mathfrak{S}$	=	64,16
Selen	5,68	164,7	$\mathfrak{Se}$	=	157,6
Tellur	9,08	262,8	$\mathfrak{Te}$	=	256,6
Stickstoff	0,9713	28,11	$\mathfrak{N}$	=	28,08
Phosphor	4,50	130,2	$\mathfrak{P}$	=	124,0
Arsenik	10,6	306,8	$\mathfrak{As}$	=	300,0
Quecksilber	7,03	203,4	$\mathfrak{Hg}$	=	200,2
Cadmium	3,94	114,0	$\mathfrak{Cd}$	=	111,9

[27] S. Cannizzaro, *Sunto di un corso di filosofia chimica* (Pisa, 1858), S. 15.

[28] Die Quelle für H, Cl, O und N ist H. V. Regnault, für Br, As und Hg E. Mitscherlich, für J J.-B. Dumas und für S, Se, Te, P und Cd sind es H. E. Sainte-Claire Deville und L. J. Troost. [Die von Meyer 1864 benutzten, heute nicht mehr gebräuchlichen Elementsymbole Fl, Wo, Vd und J wurden beibehalten. 1869 nutzte Meyer auch die Symbole F, W und V.]

§17.

Die Avogadro'sche Hypothese beschränkt sich aber, wie wir wissen, nicht auf die sogenannten Elemente, sondern erstreckt sich auch auf alle Verbindungen derselben, welche im gasförmigen Zustande erhalten werden können. Jede gasförmige Verbindung enthält nach dieser Hypothese im gleichen Raume genau soviel Molekeln, wie jeder der gasförmigen Elementarstoffe. Wir erhalten folglich die relativen Molekulargewichte der Verbindungen ebenfalls durch Multipliciren ihrer auf atmosphärische Luft bezogenen Dichte im Gaszustande mit dem Coefficienten 28,943. Die so erhaltenen Werthe müssen auch hier in rationalem Verhältnisse zum chemischen Mischungsgewichte stehen und können daher mit Hülfe des letzteren corrigirt werden.

{34} Die Dichte des Chlorwasserstoffgases z. B. ist nach Biot und Arago 1,2474, woraus das Molekulargewicht zu 36,10 sich ergiebt, nahe übereinkommend mit dem analytisch gefundenen Mischungs- oder Aequivalentgewichte 36,46, zusammengesetzt ans 1 Gew. Th. Wasserstoff und 35,46 Gew. Th. Chlor.

Wir kennen nun keine Verbindung des Chlors oder des Wasserstoffes mit irgend welchen anderen Elementen, welche in der Molekel weniger als 1 Gew. Th. Wasserstoff oder als 35,46 Gew. Th. Chlor enthielte. Mit anderen Worten: keine aller bekannten gasförmigen Verbindungen des Chlores oder des Wasserstoffes enthält in einem bestimmten Volumen weniger Chlor oder weniger Wasserstoff, als ein gleiches Volumen Chlorwasserstoffgas enthält, sondern immer nur die gleiche Menge oder rationale Vielfache derselben.[29] Diese Quantitäten also werden bei den Zersetzungen der Gase nicht weiter zerlegt, sie haben folglich die Eigenschaft, welche die chemischen Atome charakterisirt, und werden desshalb als die Atomgewichte dieser Elemente betrachtet und durch die von Berzelius eingeführten Atomzeichen ausgedrückt:

$$H = 1 \text{ und } Cl = 35,46$$

Hieraus ergiebt sich rückwärts, wie schon Avogadro zeigte, dass die Molekel des Wasserstoffes wie des Chlores aus je zwei Atomen besteht, dass folglich

$$\mathfrak{H} = H_2 = 2 \text{ und } \mathfrak{Cl} = Cl_2 = 70,92$$

ist, die Molekel aus je 2 Atomen besteht.

Allgemein können wir demgemäss das chemische Atom eines Elementes definiren als die kleinste Menge desselben, welche in einer Molekel einer Verbindung vorkommt. Da aber nach unserer Hypothese gleiche Volumina aller gasförmigen Stoffe, bei gleichem Drucke und gleicher Temperatur, gleichviele Molekeln enthalten sollen, folglich die Molekulargewichte sich verhalten wie die Gewichte gleicher {35} Volumina, die

---

[29] Die wahrscheinlich nur scheinbare Ausnahme, die der Salmiak und analoge Verbindungen bilden, wird weiter unten besprochen werden; s. § 69.

specifischen Gewichte, so kommt diese Definition darauf hinaus, dass wir das Atomgewicht eines Elementes aus derjenigen Verbindung desselben ableiten, welche von allen in der Volumeinheit die geringste Quantität dieses Elementes enthält.

Bezogen auf das Atomgewicht des Wasserstoffes als Einheit, wird das Atomgewicht jedes anderen Elementes dargestellt durch diejenige Menge desselben, welche eine Verbindung von der angegebenen Eigenschaft in einem Volumen enthält, das gleich ist dem Volumen von 2 Gewichtstheilen Wasserstoffgas, bei demselben Drucke und derselben Temperatur gemessen.

Wir werden weiter unten sehen, wie das so bestimmte Atomgewicht noch weiter controlirt werden kann.

§18.

Wäre eine gasförmige Verbindung bekannt, welche im gleichen Volumen nur halb soviel Chlor oder Wasserstoff enthielte, wie das Chlorwasserstoffgas[30], so würde es nothwendig sein, die Atomgewichte nur halb so gross anzunehmen, mithin zu setzen;

$$H = 0, 5 \text{ und } Cl = 17, 73$$
$$\text{und } \mathfrak{H} = H_4 = 2 \text{ und } \mathfrak{Cl} = Cl_4 = 70, 92$$

oder, wenn man das Atomgewicht des Wasserstoffes wieder durch die Einheit auszudrücken für gut fände,

$$H = 1 \text{ und } Cl = 35, 46$$
$$\mathfrak{H} = H_4 = 4 \text{ und } \mathfrak{Cl} = Cl_4 = 141, 84.$$

Für das Wasserstoffgas würde dies hinauskommen auf die Ansicht Ampère's, der in einer Molekel (bei ihm „particule") vier einzelne Atome („molécules") annahm, die geringste Zahl, welche nach ihm überhaupt in einer Molekel anzunehmen sei. Zu dieser Annahme von mindestens 4 Atomen veranlasste ihn die Hoffnung, auf dem von ihm eingeschlagenen Wege zur Kenntniss der von Haüy angenommenen krystallographischen Elemente, der sogenannten molécules intégrantes, gelangen zu können. Er dachte sich {36} die vier Atome wie die Ecken eines Tetraeders gruppirt und betrachtete den so begrenzten tetraedrischen Raum als die gesuchte molécule intégrante. Es hat aber diese Betrachtung bisher keinerlei Früchte getragen und erscheint daher nicht gerechtfertigt. Vielmehr scheinen alle bekannten Thatsachen zu erweisen, dass die Molekel des freien Wasserstoffes nie weiter als in zwei Hälften getheilt wird, folglich die halbe Molekel als ein Atom, die Molekel als eine Verbindung von zwei Atomen betrachtet werden muss.

Ebensowenig hat sich die von Ampère über das Chlor ausgesprochene Ansicht bestätigt, in dessen Molekel er, veranlasst durch die Versuche H. Davy's über das sogenannte Euchloringas, acht einfache Atome annahm.

---

[30] Was einige Autoren für den Salmiak annehmen.

§19.

Etwas anders verhalten sich Phosphor und Arsenik. Die Dichte des Phosphorwasserstoffes liegt nach den Bestimmungen von H. Rose zwischen 1,175 und 1,191, die des Arsenwasserstoffes ist nach Dumas 2,695.

Daraus berechnet sich das Molekulargewicht

des Phosphorwasserstoffes $D = 34,0$ bis $34,5$,
des Arsenwasserstoffes $D = 78,0$.

Corrigirt nach den analytisch bekannten Mischungsgewichten wird
das des Phosphorwasserstoffes $M = 34,0$ enthaltend $31,0$ Gew. Th. Phospor,
das des Arsenwasserstoffes $M = 78,0$ enthaltend $75,0$ Gew. Th. Arsen.

Die Tabelle in § 16 ergiebt aber für die isolirten Elemente

$$\mathfrak{P} = 124,0 = 4 \cdot 31,0$$
$$\mathfrak{As} = 300,0 = 4 \cdot 75,0.$$

Jede der beiden genannten Verbindungen enthält also nur den vierten Theil einer Molekel des unverbundenen Phosphors, resp. Arsens; folglich besteht die Molekel dieser Elemente aus mindestens vier einzelnen Atomen. Da aber keine gasförmige Verbindung bekannt ist, welche weniger Phosphor oder Arsen im gleichen Volumen enthielte, als {37} die besprochenen Wasserstoffverbindungen, so schliessen wir, dass die Molekel jener Elemente nicht weiter als in vier Theile zerfalle, das also der vierte Theil einer Molekel das chemische Atom darstelle.

Ganz analog berechnet sich aus der von Deville und Troost (1859) bei 860° und bei 1040°C gefundenen Dichte des Schwefeldampfes $= 2,2$ und aus der von Gay-Lussac und Thénard zu $1,19$ gefundenen Dichte des Schwefelwasserstoffgases, dass bei den angegebenen hohen Temperaturen die Molekel des Schwefels aus zwei Atomen besteht, während die Molekel des Schwefelwasserstoffes nur 1 Atom Schwefel enthält.

Bei Temperaturen, die wenig über seinem Siedpunkte liegen, war früher die Dichte des gasförmigen Schwefels zu $6,6$ (Luft $= 1$) gefunden worden. Dieses Verhalten bedarf vielleicht noch einer näheren Untersuchung; indessen ist es nicht unwahrscheinlich, dass bei niedrigeren Temperaturen dreimal so viele als bei jenen sehr hohen Temperaturen, also nicht 2, sondern 6 einzelne Atome zu einer Molekel zusammen treten. Diese Gruppe von 6 Atomen würde dann bei stärkerem Erhitzen in drei kleinere Gruppen von je 2 Atomen zerfallen.

Während die Molekeln der bisher besprochenen Elemente im isolirten Zustande mehrere Atome enthalten, ergiebt sich für das Quecksilber Gleichheit von Molekular- und Atomgewicht. Die flüchtigen Verbindungen dieses Elementes enthalten ebensoviel Quecksilber, wie ein gleiches Volumen vom Dampfe des isolirten Metalles. Die Molekel des letzteren theilt sich also nicht weiter, besteht mithin aus einem einzigen Atome.

§20.

Sucht man ebenso für die übrigen Elemente diejenigen ihrer Verbindungen, welche in gleichen Räumen die geringste Menge derselben enthalten, und vergleicht man diese Menge mit der in einem gleichen Volumen des gasförmigen Grundstoffes selbst enthaltenen Quantität, so gelangt man zu {38} folgenden Beziehungen zwischen den Molekular- und Atomgewichten derselben.

In nachstehender Tabelle bezeichnen wieder die gothischen Buchstaben die Gewichte der Molekeln, die lateinischen dagegen die der Atome. Denselben sind die Namen der Autoren beigefügt, nach deren analytischen Bestimmungen die Zahlenwerthe corrigirt sind.

	Atom			Molekel			
Wasserstoff	H	=	1	$\mathfrak{H}$	= H_2	=	2	
Chlor	Cl	=	35,46	$\mathfrak{Cl}$	= Cl_2	=	70,92	Stas
Brom	Br	=	79,97	$\mathfrak{Br}$	= Br_2	=	159,94	Marignac
Jod	J	=	126,8	$\mathfrak{J}$	= J_2	=	253,6	Marignac
Sauerstoff	O	=	16,00	$\mathfrak{O}$	= O_2	=	32,00	Erdmann & Marchand
Schwefel	S	=	32,07	$\mathfrak{S}$	= S_2	=	64,15*	Stas
Selen	Se	=	78,8	$\mathfrak{Se}$	= Se_2	=	157,6	Erdmann & Marchand
Tellur	Te	=	128,3	$\mathfrak{Te}$	= Te_2	=	256,6	Berzelius
Stickstoff	N	=	14,04	$\mathfrak{N}$	= N_2	=	28,08	Stas
Phosphor	P	=	31,0	$\mathfrak{P}$	= P_4	=	124,0	Schrötter
Arsen	As	=	75,0	$\mathfrak{As}$	= As_4	=	300,0	Berzelius; Pelouze
Quecksilber	Hg	=	200,2	$\mathfrak{Hg}$	= Hg	=	200,2	Erdmann & Marchand
Cadmium	Cd	=	111,9	$\mathfrak{Cd}$	= Cd	=	111,9**	von Hauer

* Bei Temperaturen über 800°C.
** Nur die Dichte des isolirten Cadmiummetalles im Gaszustände ist bekannt, nicht die einer Verbindung, so dass das Atomgewicht nach den angegebenen Regeln nicht bestimmt werden kann. Dass dasselbe gleich dem Molekulargewicht ist, wird sich im folgenden ergeben. (§ 28.)

§21.

Die Anwendung des in § 17 angegebenen Verfahrens zur Bestimmung des Atomgewichtes setzt aber gar nicht voraus, dass die Dichte des betreffenden Grundstoffes im Gaszustande bekannt sei; vielmehr ist die Kenntniss dieser Dichte nur erforderlich zur Bestimmung des Molekulargewichtes, nicht des Atomgewichtes. Um letzteres zu finden, brauchen wir, nach der angegebenen Regel, nur diejenige gasförmige Verbindung zu kennen, in welcher sich das Element im Zustande der {39} grössten Verdünnung oder der geringsten Condensation befindet.

Von den sämmtlichen gasförmigen Verbindungen des Kohlenstoffes z. B. enthält keine im gleichen Volumen weniger von diesem Elemente als das Kohlenoxydgas. Es giebt aber eine ganze Reihe von Verbindungen, welche genau ebensoviel enthalten. Das

Kohlenoxydgas ist 14 mal so dicht als das Wasserstoffgas; sein Molekulargewicht also, nach dem oben angeführten, $= 28$, bestehend aus 12 Gewichtstheilen Kohlenstoff und 16 Gewichtstheilen Sauerstoff. Demnach stellen 12 Gewichtstheile Kohlenstoff diejenige Grösse dar, deren Theilbarkeit wir nicht nachweisen können, und die wir daher als das chemische Atomgewicht dieses Elementes ansehen.

In gleicher Weise lässt sich das Atomgewicht einer grösseren Anzahl von Elementen feststellen.

Wir erhalten so die nachstehenden Werthe, die wieder mit Hülfe der analytisch von den in der letzten Columne angegebenen Beobachtern gefundenen Mischungsgewichte corrigirt sind.[31]

Fluor	Fl $= 19{,}0$	Louyet
Bor	B $= 11{,}0$	Berzelius
Antimon	Sb $= 120{,}6$	Schneider
Wismuth	Bi $= 208{,}0$	Schneider
Kohlenstoff	C $= 12{,}0$	Dumas & Stas; Erdmann & Marchand
Silicium	Si $= 28{,}5$	Pelouze
Titan	Ti $= 48{,}1$	H. Rose
Zirkon	Zr $= 90$	Marignac
Zinn	Sn $= 117{,}6$	Berzelius
Chrom	Cr $= 52{,}6$	Berlin
Zink	Zn $= 65{,}0$	Axel Erdmann

{40}

§22.

Diese grossentheils schon von Gerhardt aufgestellten und daher häufig nach ihm benannten Atomgewichte sind zum Theil identisch mit den früher von Berzelius aufgestellten, nur dass diese auf eine andere Einheit bezogen waren; sie sind aber grösstentheils verschieden von den Atom- oder gewöhnlich sogenannten Aequivalentgewichten, welche sich gegenwärtig in den meisten Lehrbüchern[32] benutzt finden. Um Verwechselungen zu

---

[31] Aus der Dampfdichte einiger weniger Verbindungen des Aluminiums und des Eisens würde man auf demselben Wege die Atomgewichte Al $= 54$ und Fe $= 112$ erhalten. Wir werden weiter unten sehen, dass die bis jetzt gasförmig bekannten Verbindungen dieser Elemente alle je zwei Atome desselben in einer Molekel enthalten. (§ 65 und § 83).

[32] Z. B. L. Gmelin, *Handbuch der Chemie*, 5. Aufl., Bd. 1 (Heidelberg, 1852), S. 46, Spalte C und D.

vermeiden hat Williamson[33] die Zeichen für die Gerhardtschen Werthe, die meistens das doppelte von jenen repräsentiren, quer durchstrichen, jene aber durch ungestrichene Buchstaben bezeichnet; so dass man z. B. hat

$$\Theta = 16 = 2\,O = 2 \cdot 8$$
$$\mathrm{\large\Theta} = 12 = 2\,C = 2 \cdot 6 \text{ u. s. w.}$$

eine Bezeichnung, die jetzt sehr verbreitet ist. Sobald sie allgemein angenommen sein wird, dürfte man den Querstrich, als nicht mehr nöthig, wieder fallen lassen. Auch hier wollen wir denselben, da keine Verwechselung möglich ist, nicht anwenden, sondern den nicht gestrichenen Zeichen vorstehend aufgeführte Werthe beilegen.

§23.

Die bisherige Darstellung der Mittel, welche wir gegenwärtig zur Feststellung des Atomgewichtes besitzen, enthält aber noch eine Lücke. Die Regel nämlich, dass die kleinste in der Molekel einer Verbindung vorkommende Menge eines Grundstoffes als das Atom desselben betrachtet werde, ist offenbar nicht zureichend. Sie setzt voraus, dass uns für jedes Element wenigstens eine von denjenigen seiner Verbindungen bekannt sei, welche von allen überhaupt möglichen im Gaszustande die geringste Menge dieses Elementes in einem bestimmten Volumen enthalten, oder mit anderen {**41**} Worten, in welchen das betreffende Element in der grössten Verdünnung, der geringsten Condensation vorkommt.

Wir werden aber vielleicht niemals mit absoluter Sicherheit behaupten können, dass uns für jedes Element eine solche Verbindung bekannt sei. Namentlich ist die Wahrscheinlichkeit, dass die im Gaszustande bekannten Verbindungen gerade dieser Bedingung genügen, nicht gross in allen den Fällen, wo nur eine sehr geringe Zahl gasförmiger Verbindungen eines Elementes bekannt ist.[34]

Die Kenntniss der Molekulargrösse, d. h. der Dichte im Gaszustande, ist streng genommen nur ausreichend, für den Werth des Atomgewichtes eine Maximalgrenze zu bestimmen. Da wir als Atom diejenige Grösse betrachten, welche durch chemische Zersetzung nicht weiter getheilt wird, so kann das Atom eines Elementes nicht grösser sein als die Quantität dieses Elementes, welche in der Molekel irgend einer Verbindung enthalten ist. Wenn z. B., in der oben angegebenen Einheit ausgedrückt, jede uns bekannte Sauerstoffverbindung mindestens 16 Gewichtstheile Sauerstoff in der Molekel enthält, so schliessen wir, dass das Atom des Sauerstoffes = 16 sei. Es ist aber a priori nicht erwiesen, dass diese Quantität nicht etwa aus zwei mit einander verbundenen Atomen bestehe, demnach das Atomgewicht des Sauerstoffes doch = 8 zu setzen sei, wie es lange Zeit hindurch in Wirklichkeit angenommen worden ist.

---

[33] A. Williamson, „On Dr. Kolbe's Additive Formulae", *Journal of the Chemical Society* 7 (1854), 122–139, hier 128; Übersetzung in *Annalen der Chemie,* 91 (1854), 201–228, hier 211.

[34] Vergleiche auch die Note zu § 21 hinsichtlich des Atomgewichts für Eisen und Aluminium.

Es geschieht selten in den theoretischen Naturwissenschaften, dass ein allgemeines Resultat der Speculation, ein aus dem empirischen Materiale gefolgertes Princip, sichere Geltung gewinnt, so lange es nur von einem einzigen Gesichtspunkte aus abgeleitet werden kann. Der Werth einer solchen theoretischen Folgerung steigt aber sofort ausserordentlich, sobald man auf ganz verschiedenen Wegen ungezwungen zu demselben Resultate gelangt.

Dies gilt in vollem Maasse auch von den aus der Dichtigkeit der Gase und Dämpfe gefolgerten Atomgewichten. {42} Die Kenntniss der Dichte erlaubt zwar noch etwas weiter gehende Folgerungen über die relative Masse der Atome, als wir im vorhergehenden bezogen haben; aber die auf dem angegebenen Wege bestimmten Werthe der Atomgewichte würden für uns nicht den an Sicherheit grenzenden Grad von Wahrscheinlichkeit für sich haben, wenn sie nicht, wie neuerdings Cannizzaro in eleganter Weise gezeigt hat[35], eine Bestätigung fänden in ihrer gesetzmässigen Beziehung zu einer anderen wesentlichen Eigenschaft der Materie, zur specifischen Wärme. Die Kenntniss der letzteren bildet daher ein zweites wichtiges Hülfsmittel zur Bestimmung der Atomgewichte.

§24.

Bereits 1819 gelangten Dulong und Petit[36] durch ihre sorgfältigen Messungen der specifischen Wärme von 13 chemisch einfachen Stoffen zu dem so interessanten als wichtigen Resultat, dass die (auf die Gewichtseinheit bezogene) specifische Wärme dieser Elemente dem Atomgewichte derselben umgekehrt proportional, mithin direkt proportional sei der in der Gewichtseinheit enthaltenen Anzahl von Atomen. Sie berechneten durch Multiplication der für die specifische Wärme gefundenen Werthe mit den Atomgewichten die relative Wärmecapacität der Atome selbst und fanden, dass die so erhaltenen Producte von specifischer Wärme und Atomgewicht für alle untersuchten Elemente gleich seien. Sie folgerten daraus das allgemeine Gesetz:

„die Atome aller einfachen Körper haben genau dieselbe Capacität für die Wärme."

Die einfache Eleganz des von Dulong und Petit aufgestellten Naturgesetzes konnte die Erwartung hervorrufen, dieses Gesetz werde bei den Chemikern sofortige Anerkennung und freudige Aufnahme finden. Aber der vor{43}sichtige Skepticismus der Chemiker liess ihm diese keineswegs unmittelbar und rückhaltslos zu Theil werden. Und in der That wäre eine solche Anerkennung vorschnell und übereilt gewesen.

In der richtigen Erwägung, dass die chemische Analyse nicht allein und endgültig über die Grösse des Atomgewichtes entscheiden könne, vielmehr immer die Wahl zwischen mehreren, zu einander in einfachen rationalen Verhältnissen stehenden Zahlen offen lasse, hatten Dulong und Petit, um ihrem Gesetze für alle untersuchten Elemente Gültigkeit zu verschaffen, für vier Substanzen, statt des bis dahin gebräuchlichen

---

[35] Cannizzaro, *Sunto di un corso di filosofia chimica* (Pisa, 1858); siehe auch H. Kopp und H. Will, *Jahresbericht über die Fortschritte der Chemie für 1858* (Giessen, 1859), S. 11–13.

[36] A. T. Petit und P. L. Dulong, „Recherches sur quelques points importants de la théorie de la chaleur", *Annales de chimie* 10 (1819), 395–413.

Atomgewichtes, ein Multiplum oder Submultiplum substituirt. Diese vorgeschlagenen Aenderungen der Atomgewichte aber stiessen auf Bedenken, wenn auch nicht auf geraden Widerspruch. Berzelius namentlich, die erste Autorität auf diesem Gebiete, forderte mit Recht zunächst eine weitere Ausdehnung der Untersuchungen, indem er sagte: „Versucht man diese Ideen auch auf zusammengesetzte Körper zu übertragen, und bestätigt sich auch hier das Resultat, so wird es die Grundlage einer der schönsten Seiten der chemischen Theorie ausmachen."[37]

§25.

Dieser Forderung zu genügen, war Dulong und Petit nicht gelungen. Den ersten erfolgreichen Schritt zu diesem Ziele that F. Neumann, indem er 1831 zeigte[38], dass auch aequivalente Mengen analog zusammengesetzter Verbindungen gleiche Wärmecapacität haben, und dass diese Gleichheit nicht etwa bedingt wird durch die bei ähnlich zusammengesetzten Stoffen häufig gleiche Krystallform, vielmehr auch ungleich krystallisirende Verbindungen gleicher Zusammensetzung (z. B. Kalkspath und Arragonit) gleiche Capacität haben.

Neumann versuchte nicht, das von ihm für verschiedene Gruppen von Verbindungen entdeckte Gesetz mit dem von {**44**} den französischen Forschern für die Elemente gefundenen in direkte Beziehung zu bringen. Diesen Versuch wagte, aber mit entschiedenem Unglück, Avogadro, der bald nachher[39] zahlreiche, aber weniger zuverlässige[40] Bestimmungen der specifischen Wärme sowohl einfacher als zusammengesetzter Stoffe veröffentlichte.

§26.

Je weiter die Untersuchungen über die specifische Wärme fortschritten, desto deutlicher zeigte sich, wie sehr die Vorsicht gerechtfertigt war, mit der Berzelius und die seiner Autorität folgenden Chemiker, die aus den Bestimmungen jener Eigenschaft hergenommenen Vorschläge zu Aenderungen der Atomgewichte aufnahmen.

Zunächst waren es die Schwierigkeit der Untersuchung und die durch dieselbe bedingte Unsicherheit der Resultate[41], Ungewissheit über die Reinheit der untersuchten Stoffe, die

---

[37] Berzelius, *Jahresbericht* [für 1820] (Tübingen, 1822), S. 19.

[38] F. Neumann, „Untersuchung über die specifische Wärme der Mineralien", *Annalen der Physik* 23 (1831), 1–39.

[39] Avogadro, „Mémoire sur les chaleurs spécifiques des corps", *Annales de chimie* 55 (1834), 80–111; „Nouvelles recherches sur la chaleur spécifique des corps", ibid., 57 (1834), 113–148.

[40] Siehe u. a. Regnault's Kritik in „Recherches sur la chaleur spécifique des corps", *Annales de chimie* 73 (1840), 5–72, hier 10.

[41] Dulong und Petit fanden z. B. die specifische Wärme des metallischen Kobalt um fast die Hälfte ihres Werthes zu gross und folgerten daraus, das Atomgewicht müsse auf 2/3 des bis dahin angenommenen Werthes reducirt werden.

zur Vorsicht mahnten. Mit der wachsenden Sicherheit der Methoden wuchs andererseits die Erkenntniss, dass die specifische Wärme selbst keine constante, vielmehr eine sehr veränderliche Grösse sei, dass folglich, was schon Avogadro 1834 aussprach[42] und auch Regnault ausführte[43], das Dulong-Petit'sche Gesetz nur angenähert gelten könne.

Die Wärmecapacität, wie sie uns die Beobachtung ergiebt, wächst im allgemeinen mit steigender Temperatur; sie ist bei einer und derselben Substanz im flüssigen Zustande grösser, in einigen Fällen, z. B. beim Wasser und beim Jod sogar doppelt so gross, als im festen, in durch {45} Hämmern verdichteten Metallen kleiner als in ausgeglühten; allotrope Zustände eines und desselben Stoffes haben oft ganz verschiedene Capacität; so zeigt z. B., wenigstens nach den bis jetzt bekannten Beobachtungen, der Kohlenstoff in seinen Modificationen als Diamant, Graphit und Kohle organischen Ursprungs Capacitäten, die sich ungefähr wie 3 : 4 : 5 zu einander verhalten.

Alle diese Verhältnisse mussten erst durch umfassende zuverlässige Beobachtungen aufgeklärt werden, ehe die theoretische Chemie aus den Entdeckungen von Dulong und Petit und Neumann dauernden Nutzen zu gewinnen vermochte. Diese Möglichkeit herbeigeführt zu haben ist vor allen das Verdienst Regnaults, der seit 1840 durch zahlreiche Beobachtungen[44] die Gültigkeit des Dulong-Petit'schen Gesetzes für eine grosse Zahl von Elementen nachwies und das Neumann'sche Gesetz erheblich erweiterte und ausdehnte. Die von Regnault für die specifische Wärme gefundenen Zahlenwerthe bilden seitdem die wesentliche Grundlage aller theoretisch-chemischen Speculationen über die Beziehung zwischen Wärmecapacität und Atomgewicht.

§27.

Durch die Bemühungen Regnault's ist es jetzt ausser allem Zweifel, dass das von Dulong und Petit aufgestellte Gesetz mit grosser Annäherung Gültigkeit hat für die weit überwiegende Mehrzahl (gegen vierzig) der bis jetzt untersuchten Elemente, vorausgesetzt jedoch, dass die Wärmecapacität derselben gemessen werde unter analogen Verhältnissen, insbesondre im festen Aggregatzustande und bei Temperaturen, welche weit unter dem Schmelzpunkte der Substanz liegen. Die Abweichungen sind um so grösser, je weniger dieser Bedingung genügt werden konnte.

Unzweifelhaft ist es aber auch geworden, dass auf zwei oder drei einander auch in mancher andren Hinsicht ähn{46}liche Elemente das Gesetz nicht angewandt werden kann. Die Atomgewichte des Bor's und des Kohlenstoffes lassen sich nicht so annehmen, dass dem Gesetze genügt würde. Bei diesen beiden Elementen beträgt die Wärmecapacität nicht die Hälfte (beim Diamant kaum ein Viertel) der Grösse, welche

---

[42] Avogadro, a. a. O. Bd. 55, S. 80.

[43] Regnault, a. a. O. Bd. 73, S. 66.

[44] Regnault, a. a. O.; siehe auch „Recherches sur la chaleur spécifique des corps simples et de corps composés", ibid., [3] 1 (1841), 129–207; „Recherches sur les chaleurs spécifiques", ibid., 9 (1843), 322–349 und spätere Abhandlungen in der gleichen Zeitschrift und in den *Comptes rendus.*

zur Gültigkeit des Gesetzes erfordert würde. Auch die des Siliciums beträgt nur etwa $\frac{5}{6}$ des Werthes, den dieses Gesetz erfordern würde.

Die Atomgewichte nun, welche wir für die übrigen Elemente annehmen müssen, um dem Dulong-Petit'schen Gesetze zu genügen, sind mit alleiniger Ausnahme von Kalium, Natrium, Lithium und Silber, dieselben, welche Berzelius in der letzten von ihm gegebenen Zusammenstellung der Atomgewichte[45] als die Gewichte der *einfachen* (nicht Doppel-) Atome aufstellte und durch *nicht durchstrichene* Buchstaben bezeichnete. Sie sind die Hälfte derjenigen Werthe, welche für viele Elemente Berzelius als „Doppel-atome" durch quer durchstrichene Buchstaben bezeichnete, für welche aber von manchen Chemikern namentlich von Leopold Gmelin die nicht durchstrichenen Zeichen gebraucht wurden. H. Rose hat 1857 in ausführlicher Abhandlung[46] die Nothwendigkeit dargelegt, auf die Berzelius'schen *einfachen* Atome zurückzugehen; zugleich aber die von Berzelius als einfach betrachteten Atome der genannten vier Metalle als Doppel-atome anzusehen, folglich die Atomgewichte derselben zu halbiren. Berzelius, der 1845 schon nicht abgeneigt war, diese Halbirung für das Silber vorzunehmen[47], sich aber der-selben enthielt, um {47} Analogien zwischen Silber und Natrium nicht zu zerstören, würde wohl jetzt, nachdem Regnault die specifische Wärme des metallischen Kalium, Natrium und Lithium bestimmt hat[48], den von Regnault[49] und Rose vorgebrachten Gründen seine Zustimmung nicht versagen.

§28.

In der folgenden Tabelle sind die aus der specifischen Wärme gefolgerten Atom-gewichte aller Elemente (ausser Bor und Kohle) zusammengestellt, deren Capacität im festen Aggregatzustande bis jetzt mit Sicherheit bestimmt werden konnte. Die Atom-gewichte sind bezogen auf die Dalton'sche Einheit, ein einfaches Wasserstoffatom = 1 gesetzt, die Zahlen stehen also zu den Berzelius'schen im Verhältniss von 1 : 6,25

---

[45] Berzelius, *Lehrbuch der Chemie,* 5. Aufl., Bd. 3 (1845), S. 1233–1240.

[46] H. Rose, „Ueber die Atomgewichte der einfachen Körper", *Monatsberichte der Königlichen Preussischen Akademie der Wissenschaften zu Berlin aus dem Jahre 1857,* 18–38; „Ueber die Atomgewichte der einfachen Körper", *Annalen der Physik* 100 (1857), 270–291.

[47] Berzelius, a. a. O., S. 1215: „Die Frage bleibt also noch unentschieden. Ich habe 1349,66 als Atomgewicht" (des Silbers) „angegeben, nicht um einen Knoten, der noch nicht mit Sicher-heit zu lösen ist, zu durchhauen, sondern weil viele andere Analogien, wie z. B. die beim Blei, die Isomorphie zwischen schwefelsaurem Natron und schwefelsaurem Silberoxyd u. s. w. dafür sprechen, und eine lange angenommene Meinung nicht eher aufgegeben werden muss, als bis ihre Undichtigkeit vollständig erwiesen ist."

[48] Regnault, „Note sur la chaleur spécifique du potassium", *Annales de chimie* [3] 26 (1849), 261–267; „Mémoire sur la chaleur spécifique de quelques corps simples", 46 (1856), 257–301; „Sur la chaleur spécifique de quelques corps simples", 63 (1861), 5–38.

[49] Regnault, „Recherches", a. a. O., [3] 1 (1841), 191.

oder wie 16 : 100.[50] Die Columne A giebt das Atomgewicht, c die spec. Wärme nach Regnaults Bestimmungen, bezogen auf ein gleiches Gewicht flüssigen Wassers, A · c die Wärmecapacität des Atomes. Für leicht schmelzbare Substanzen, deren specifische Wärme für verschiedene Temperaturintervalle bestimmt wurde, ist der für die niedrige Temperatur geltende Werth aufgeführt. Wo nicht das Gegentheil bemerkt ist, bezieht sich die angegebene Wärmecapacität auf das Intervall zwischen mittlerer Temperatur und dem Siedpunkte des Wassers.

{48}

	c	A[51]	A · c
Lithium	0,9408	Li = 7,03	6,62
Natrium	0,2934	Na = 23,05	6,76
Magnesium	0,2499	Mg = 24,0	6,00
Aluminium	0,2143	Al = 27,3	5,85
Silicium	0,177	Si = 28,5	5,04
Phosphor	0,1740	P = 31,0	5,39
Schwefel	0,1776	S = 32,07	5,70
Kalium	0,1655	K = 39,13	6,48
Mangan	0,1217	Mn = 55,14	6,56
Eisen	0,1138	Fe = 56,05	6,38
Kobalt	0,1062	Co = 58,74	6,24
Nickel	0,1075	Ni = 58,74	6,32
Kupfer	0,0952	Cu = 63,5	6,05
Zink	0,0955	Zn = 65,0	6,21
Arsen	0,0814	As = 76,0	6,11
Selen	0,0762	Se = 78,8	6,01
Brom	0,0843	Br = 79,97	6,74

[50] Streng genommen, sollte man demnach sagen, die Einheit sei $^1/_{16}$ vom Atomgewichte des Sauerstoffes; denn auf das Verhältniss zum Sauerstoff entweder direkt oder durch Vermittelung des Chlors oder des Silbers sind fast alle Atomgewichtsbestimmungen bezogen. Das Atomgewicht des Wasserstoffes aber ist eines der wenigst genau bekannten, da schon die dritte Ziffer unsicher ist.

[51] Die Atomgewichte sind, mit Berücksichtigung neuerer Data, berechnet aus den Versuchen von Berzelius für: Al, Mn, Fe, As, Rh, Pd, Sn, Te, Au, Pt, Ir, Os; von J. S. Stas für Na, S, K, Ag, Pb; von O. L. Erdmann und R. F. Marchand für Cu, Se, Hg; von A. Erdmann für Zn; von Marchand und T. Scheerer für Mg; von L. F. Svanberg und E. C. Norlin für Fe; von N. J. Berlin für Mo; von E. R. Schneider für Sb, Wo, Bi; von C. Marignac für Br, J; von Th.-J. Pelouze für As, Si; von W. J. Russell für Co, Ni; von A. Schrötter für P; von K. v. Hauer für Cd; von K. Diehl für Li.

In der Originalübersicht sind weitere, hier nicht reproduzierte Fußnoten angegeben, die die jeweiligen physikalischen Bedingungen angeben, unter denen die spezifischen Wärmen der entsprechenden Elemente gemessen wurden.

	c	A[51]	A · c
Molybdän	0,0722	Mo = 92,0	6,64
Rhodium	0,0580	Rh = 104,3	6,05
Palladium	0,0593	Pd = 106,0	6,29
Silber	0,0570	Ag = 107,94	6,16
Cadmium	0,0567	Cd = 111,9	6,34
Zinn	0,0562	Sn = 117,6	6,61
Antimon	0,0508	Sb = 120,6	6,13
Jod	0,0541	J = 126,8	6,86
Tellur	0,0470	Te = 128,3	6,03
Wolfram	0,0334	Wo = 184,1	6,15
Gold	0,0324	Au = 196,7	6,37
Platin	0,0324	Pt = 197,1	6,39
Iridium	0,0326	Ir = 197,1	6,43
Osmium	0,0311	Os = 199,0	6,19
Quecksilber	0,0317	Hg = 200,2	6,35
Blei	0,0314	Pb = 207,0	6,50
Wismuth	0,0308	Bi = 208,0	6,41

{49}

§29.

Die in der Columne A · c dieser Tabelle verzeichneten Produkte aus Wärmecapacität und Atomgewicht sollten nach dem Dulong-Petit'schen Gesetze für alle Elemente denselben Werth haben. Dass dieses nicht der Fall ist, kann, abgesehen von der zum Theil noch grossen Unsicherheit in der Bestimmung der Wärmecapacität und des Atomgewichtes, daher rühren, dass die Wärmecapacität mit der Temperatur und den Zuständen der Stoffe veränderlich, und zwar für verschiedene Stoffe in verschiedener Weise veränderlich ist, oder vielmehr, dass die unter c aufgeführten Werthe gar nicht die eigentliche specifische Wärme darstellen. Es ist wahrscheinlich, dass für letztere das Gesetz, wenn auch mit einigen Ausnahmen, streng gültig ist. Die Grösse aber, welche in unseren Experimenten als specifische Wärme gemessen wird, setzt sich zusammen aus der eigentlichen oder wahren specifischen Wärme, d. i. derjenigen Wärmemenge, welche nur zur Erhöhung der Temperatur dient und als Wärme vorhanden bleibt, und aus einer zweiten Wärmequantität, welche, indem sie aufhört, Wärme zu sein, zur Ausdehnung der Substanz und anderer innerer Arbeit, überhaupt zur Aenderung derjenigen Function verbraucht wird, welche Clausius[52] als Disgregation bezeichnet hat.

---

[52] Clausius, „Ueber die Anwendung des Satzes von der Aequivalenz der Verwandlungen auf die innere Arbeit", *Annalen der Physik* 116 (1862), 73–112, hier 79.

Wenn aber auch die Unterschiede, welche die Atomwärmen der verschiedenen Elemente zeigen, grösstentheils sich erklären lassen aus der Ungleichheit der zu innerer Arbeit verbrauchten Wärmemengen, so scheint eine solche Erklärung doch nicht in allen Fällen zulässig zu sein.

{50} Die specifische Wärme des krystallisirten Bor's fand Regnault zu 0,225 bis 0,262, die des Kohlenstoffes als Diamant zu 0,146 bis 0,148.[53] Man müsste nun, damit für diese Stoffe das Dulong-Petit'sche Gesetz auch nur entfernt zuträfe, das Atomgewicht des Bors doppelt, das des Kohlenstoffes gar dreifach so gross annehmen, als wir es oben aus der Avogadroschen Hypothese bestimmt haben. Denn die dort (§ 21) berechneten Atomgewichte (B = 11,0 und C = 12,0) geben die Wärmecapacität der Atome:

$$\text{für Bor} \qquad A \cdot c = 2,47 \text{ bis } 2,88$$
$$\text{für Kohlenstoff} \quad A \cdot c = 1,75 \text{ bis } 1,78$$

Das verdoppelte, resp. verdreifachte Atomgewicht würde aber nicht nur mit der Avogadro'schen Hypothese in Widerspruch gerathen, sondern überhaupt fast alle Thatsachen und Analogien gegen sich haben.

Andererseits ist aber nicht wohl anzunehmen, die Verschiedenheit der (scheinbaren) Atomwärme des Kohlenstoffes (1,78) von der z. B. des Siliciums (5,04) oder gar des Zinnes (6,61) rühre daher, dass in letzteren beiden und allen übrigen Elementen mehr Wärme zu innerer Arbeit verbraucht werde als im Kohlenstoffe. Es müsste dann diese zur Aenderung der Disgregation verbrauchte Wärme mindestens gleich sein dem Ueberschusse der Atomwärme dieser Elemente über die des Kohlenstoffes, sie müsste also wenigstens etwa $\frac{2}{3}$ oder gar $\frac{3}{4}$ aller zugeführten Wärme betragen, was anzunehmen, nach den Erfahrungen auf anderen Gebieten der Wärmetheorie, nicht erlaubt sein dürfte.

§30.

Zur Erklärung der auffallenden Thatsache, dass demnach das Dulong-Petit'sche Gesetz zwar für die grosse {51} Mehrzahl der Elemente, aber nicht für alle zu gelten scheint, hat neuerdings H. Kopp[54] eine Hypothese aufgestellt, welche diese scheinbare Anomalie im Verhalten sonst analoger Substanzen mit ganz ähnlichen Unterschieden in den Eigenschaften zusammengesetzter Stoffe vergleicht, und dadurch sehr glücklich die Schwierigkeit zu beseitigen scheint. Kopp weist darauf hin, dass häufig einzelne Atome sogenannter Elemente in Verbindungen durch Gruppen von Atomen

---

[53] Regnault, a. a. O., 1861 und 1840. Thierkohle gab die specifische Wärmecapacität = 0,261, Holzkohle = 0,242, natürlicher und künstlicher Graphit 0,197 bis 0,203. Diese Zahlen stellen aber die Wärmecapacität nicht genau dar, da nach Regnault's eigenen Versuchen poröse Körper sich beim Eintauchen in Wasser durch Einsaugen des Wassers erwärmen, wodurch die specifische Wärme zu gross gefunden wird.

[54] Kopp, „Ueber die specifische Wärme starrer Körper, und Folgerungen bezüglich der Zusammengesetztheit s. g. chemischer Elemente", *Annalen der Chemie* 126 (1863), 362–372, hier 370.

(z. B. K durch NH_4, H durch NO_2[55] etc.) ersetzt werden können, ohne dass dadurch die wesentlichsten Eigenschaften dieser Verbindungen sehr erheblich verändert würden. Er ist nun zu der Annahme geneigt, ähnlich wie das Kalium zum Ammonium verhalte sich das Silicium zum Zinn, und überhaupt die Elemente mit kleinerer Wärmecapacität zu denen mit grösserer. Mit anderen Worten, er neigt zu der Ansicht, die sogenannten chemischen Elemente, gegen deren wirkliche Einfachheit schon öfter gewichtige Zweifel erhoben wurden, seien selbst wieder Verbindungen anderer Elemente, und zwar Verbindungen verschiedener Ordnung, so dass die mit kleinerer Atomwärme, wie Kohlenstoff und Bor einfachere Verbindungen jener neuen Elemente, die mit grösserer aber complicirtere darstellten. Diese Hypothese stellt eine vollständige Analogie her zwischen den bisher unzerlegten und den schon jetzt als zusammengesetzt erkannten Stoffen, für welche letztere ebenfalls das Gesetz empirisch erkannt ist, dass die Wärmecapacität ihrer Molekeln ceteris paribus um so grösser ist, aus je mehr Atomen dieselben bestehen.

Erkennt man die Berechtigung dieser Hypothese an, so wird, wie Kopp hervorhebt, die Geltung des Dulong'schen Gesetzes nicht bloss zweifelhaft für die Stoffe, welche die grössten Abweichungen von demselben zeigen, sondern auch für solche, welche wie Silicium, Schwefel u. a. in der Wärmecapacität den Anforderungen desselben erheblich näher kommen, für welche man daher, existirten nicht jene {52} weiter gehenden Ausnahmen, das Gesetz wohl geneigt sein könnte gelten zu lassen.

Wenn aber dadurch die Kopp'sche Hypothese, indem sie an die Stelle eines einfachen Gesetzes, das man erkannt zu haben glaubte, ein viel verwickelteres setzt, und so unsere Einsicht in das Wesen der Dinge geringer erscheinen lässt, als sie uns bisher erschienen ist, so dürfte dieser scheinbare Rückschritt der Erkenntniss gerade der Anfang eines mehr gesicherten Fortschrittes sein.

Welches aber auch die Zulässigkeit oder Nothwendigkeit dieser Hypothese sein möge, soviel geht auch ohne dieselbe aus den bekannten Thatsachen unmittelbar hervor, dass die Kenntniss der Wärmecapacität *allein* nicht zureichend ist, um die Atomgrösse eines Elementes zu bestimmen.

§31.

Vergleicht man aber, wie dies Cannizzaro[56] in sehr eleganter Weise gethan hat, die aus der Dulong-Petit'schen Hypothese gefolgerten sogenannten thermischen Atomgewichte mit den aus Avogadro's Hypothese erschlossenen, so begegnet man denselben Werthen für fast alle Elemente, deren Atomgewicht auf beiden Wegen ermittelt werden konnte. In den in § 20 und 21 mitgetheilten Tabellen finden sich dieselben Werthe wie in der in § 28 verzeichnet für:

Br, J, S, Se, Te, P, As, Hg, (Cd), Zn, Sb, Bi, Sn.

---

[55] Häufig NO_4 oder ursprünglich $\overline{N}O_4$ geschrieben.

[56] Cannizzaro, *Sunto,* a. a. O.

Für das Cadmium konnte aus der Avogadro'schen Hypothese nur das Molekular-, nicht das Atomgewicht abgeleitet werden; aber ersteres fällt zusammen mit dem aus dem Dulong-Petit'schen Gesetze gefolgerten Atomgewichte. Es sind also auch für dieses Element beide Hypothesen in Uebereinstimmung, und, wie die des Quecksilbers, besteht auch die Molekel des Cadmiums aus einem einzigen Atom.

Für das Silicium kommt der aus der Hypothese Avogadro's gefolgte Werth des Atomgewichtes den Forderungen {53} des Dulong-Petit'schen Gesetzes wenigstens näher als jeder sonst mögliche. Nur Bor und Kohlenstoff bilden eine ganz unbestreitbare Ausnahme.

Die Uebereinstimmung zwischen den auf zwei so verschiedenen Wegen erschlossenen Werthen der Atomgewichte einer so grossen Zahl von Elementen zeigt jedenfalls so viel, dass die so bestimmten Grössen in mehr als einer einzigen Hinsicht einander analog und gleichartig sind, und eine sachliche, nicht etwa eingebildete Bedeutung für die chemische Statik haben. Diese Bedeutung wird ihnen bleiben, mag man später lernen, sie weiter zu zerlegen oder nicht.

§32.

Die Wärmecapacität dieser bis jetzt unzerlegten und daher mit dem Namen der Atome bezeichneten Grössen scheint, in der Regel wenigstens, nicht erheblich verändert zu werden, wenn die Atome sich zu Verbindungen vereinigen. Die Molekel jeder Verbindung scheint im festen Aggregatzustande, wenigstens angenähert, dieselbe Capacität zu haben, welche den in ihr enthaltenen Atomen im isolirten Zustande zukommt.

So z. B. ist die specifische Wärme des Jodbleies nach Regnault $= 0{,}0427$, die des Brombleies $= 0{,}0533$. Multiplicirt man diese Zahlen mit den Molekulargewichten $PbJ_2 = 460{,}6$ und $PbBr_2 = 366{,}9$, so erhält man die Molekularcapacitäten 19,7 und 19,6. Die Summen der Capacitäten der in diesen Verbindungen enthaltenen Atome ergeben sich aber aus der Tabelle in § 28

$$\text{für das Jodblei zu} \quad 6,50 + 2 \times 6,86 = 20,22$$
$$\text{für das Bromblei zu} \quad 6,50 + 2 \times 6,74 = 19,98.$$

Man würde also, wäre etwa die Capacität des Bromes oder Jodes unbekannt, nicht sehr irren, wollte man dieselbe dadurch berechnen, dass man von der bekannten Capacität des Brom- und des Jodbleies die des darin enthaltenen Bleies abzöge und die Reste als die Capacitäten des Brom's und des Jodes betrachtete.

{54} In der That hat man

$$19,7 - 6,5 = 13,2 = 2 \times 6,60 \text{ für Jod und}$$
$$19,6 - 6,5 = 13,1 = 2 \times 6,55 \text{ für Brom,}$$

wenig abweichend von den direkt gefundenen Werthen 6,86 und 6,74.

Berechnungen dieser Art sind öfter mit Glück versucht worden. So hat z. B. Regnault aus der Capacität, welche den Verbindungen der Alkalimetalle Kalium, Natrium und Lithium zukommt, für die sogenannten thermischen Atome dieselben Werthe erschlossen, welche er später aus der Capacität der isolirten Metalle ableiten konnte. Dasselbe gilt vom Magnesium. Für Calcium, Strontium und Barium dagegen fehlt bis jetzt noch die direkte Bestätigung.

Es ist zu solcher Berechnung der Capacität eines Elementes nicht einmal erforderlich, dass die aller übrigen in der untersuchten Verbindung enthaltenen bekannt sei. Es genügt, die Aenderung zu kennen, welche die Capacität der Verbindung erfährt, wenn das Element von unbekannter Capacität durch ein solches von bekannter ersetzt wird. So bleibt z. B. die Molekularcapacität einer Bleiverbindung annähernd ungeändert, wenn in derselben das Blei durch Calcium, Barium oder Strontium oder umgekehrt ersetzt wird. Wir schliessen daraus, dass die sich gegenseitig vertretenden Quantitäten gleiche Capacität haben, dass folglich die Mengen jener drei leichten Metalle, welche ein Atom oder 207,0 Gewichtstheile Blei ersetzen, die (thermischen) Atome dieser Metalle darstellen.

Auf diesem Wege lässt sich noch für eine Anzahl von Elementen das Atomgewicht erschliessen. Diese Bestimmungen haben um so grössere Sicherheit und Zuverlässigkeit, je grösser die Zahl der Verbindungen ist, auf deren bekannte Wärmecapacität sie sich stützen. Der höchste Grad der Wahrscheinlichkeit kommt nachstehenden auf diesem Wege erschlossenen Atomgewichten zu (deren Zahlenwerthe wie früher nach den analytischen Bestimmungen der neben denselben genannten Forscher corrigirt sind).
{55}

Chlor	Cl $= 35{,}46$	(Stas)
Barium	Ba $= 137{,}1$	(Marignac)
Strontium	Sr $= 87{,}6$	(Marignac)
Calcium	Ca $= 40{,}0$	(Erdmann & Marchand)

Die Wärmecapacität, welche diesen Quantitäten in ihren Verbindungen zukommt, entspricht vollständig dem Gesetze von Dulong und Petit; sie ist etwas grösser als 6. Für das Chlor ist ausserdem dieses aus der Wärmecapacität bestimmte Atomgewicht identisch mit dem aus dem Volumen seiner gasförmigen Verbindungen gefolgerten (Tabelle in § 20).

§33.

Aber nicht für alle Elemente ergiebt sich dieselbe Uebereinstimmung zwischen der Avogadro'schen und der Dulong-Petit'schen Hypothese. Wäre dieselbe durchweg vorhanden, hätten also die nach Avogadro's Hypothese bestimmten Atome aller Elemente in ihren Verbindungen die vom Dulong'schen Gesetze geforderte Capacität, so müsste die Capacität der Molekel jeder Verbindung, dividirt durch die Anzahl der in der Verbindung enthaltenen Atome, annähernd die Zahl 6 ergeben, die ja die vom Dulong-Petit'schen Gesetze geforderte Capacität eines einzelnen Atomes darstellt.

Man erhält diesen Quotienten allerdings für die Verbindungen solcher Elemente, welche auch im isolirten Zustande dem Gesetze genügen; man erhält aber Quotienten, welche kleiner sind als die Zahl 6, für die Verbindungen derjenigen Elemente, welche wie Bor, Kohlenstoff und Kiesel dem Gesetze nicht folgen, und ebenfalls für die Verbindungen einiger Elemente, welche isolirt bisher nicht im festen Zustande untersucht werden konnten, besonders des Sauerstoffes, des Wasserstoffes, Stickstoffes und auch des Fluors. Etwas kleiner als 6 sind auch die Quotienten, welche die Verbindungen des Schwefels ergeben.

Kopp[57] schliesst hieraus, dass die genannten Elemente weder isolirt, noch in ihren Verbindungen dem Dulong-{**56**}Petit'schen Gesetze folgen. Er weiset aber nach, dass die Beobachtungen die Ansicht rechtfertigen, die Capacität jedes Atomes bleibe annähernd stets dieselbe, möge nun das Atom in einer sogenannten einfachen Substanz oder in irgend einer zusammengesetzten Verbindung enthalten sein, vorausgesetzt nur, dass diese Substanz sich im starren Zustande befinde, und die Temperatur erheblich entfernt sei vom Schmelzpunkte der Substanz.

Er hat nun, auf dieser Ansicht fussend, die Capacitäten der Atome auch der nicht im isolirten Zustande untersuchten Elemente aus der ihrer Verbindungen berechnet, indem er von der letzteren die direkt gemessene Capacität der in ihnen enthaltenen anderen Elemente abzog. Er findet so für

	Atom	Capacität
Sauerstoff	16	etwa $= 4$
Wasserstoff	1	etwa $= 2,3$

Ferner berechnet er in derselben Weise aus der Capacität ihrer Verbindungen für

	Atom	Capacität
Kohlenstoff	12	etwa $= 1,8$
Silicium	28,5	etwa $= 4$
Bor	11,0	zwischen 2 und 3
Schwefel[58]	32,07	etwa $= 5,2$

welche Zahlen mit den für die isolirten Elemente direct gefunden in Uebereinstimmung sind.

---

[57] Kopp, a. a. O., S. 368.

[58] Die Capacität des Schwefels im isolirten Zustande fand Kopp zwischen 47° und mittlerer Temperatur erheblich niedriger, als Regnault zwischen 98° und Mitteltemperatur, nämlich etwa gleich dem angegebenen Werthe 5,2. Kopp hält die von Regnault gefundene Zahl mit den für die anderen Elemente ermittelten nicht vergleichbar, weil die Temperatur von 98° dem Schmelzpunkte schon zu nahe liegt.

§34.

Nachdem so die von Dulong und Petit aufgestellte Regel sehr erhebliche Ein-schränkungen erfahren, könnte der Werth derselben für die Ermittelung der Atom-gewichte sehr zweifelhaft erscheinen. Vergleicht man aber die beiden Gruppen von Elementen, für welche die Regel zutrifft, und für welche sie nicht gilt, so ergiebt sich, dass diese beiden {57} Gruppen sich durch die Grösse ihrer Atomgewichte wesentlich unterscheiden. Die Atomgewichte aller Elemente, welche sehr erhebliche Abweichungen von dem Gesetze zeigen, sind kleiner als das des Fluors (19); die derjenigen, welche von dem Gesetze weniger abweichen, sind nicht grösser als das des Chlores (35,46). Andererseits folgen, wie es scheint, alle Elemente dem Gesetze, deren Atomgewicht diese Zahl überschreitet, während nur zwei Elemente mit kleinerem Atomgewichte, Natrium und Lithium, wenn anders deren Wärmecapacität richtig bestimmt ist[59], dem Gesetze entsprechen. Die beiden anderen Metalle, deren Atomgewichte ebenfalls kleiner als 35 sind, Magnesium und Aluminium, haben sowohl isolirt, als in ihren Verbindungen eine kleinere Capacität ergeben, als das Gesetz verlangt.[60]

§35.

Die Elemente nun mit kleinen Atomgewichten, für welche die Regel von Dulong und Petit versagt oder nur annähernd zutrifft, gehören aber grösstentheils zu denjenigen, welche vorzugsweise gasförmige oder leicht flüchtige Verbindungen bilden, deren Atomgewichte also nach der Avogadro'schen Regel bestimmt werden können. Beide Hülfsmittel ergänzen sich also in höchst willkommener Weise. Da aber die Bestimmung der Atomgewichte nach Avogadro's Hypothese keinerlei Ausnahmen zu berücksichtigen braucht, vielmehr auf alle Elemente anwendbar ist, welche gasförmige Verbindungen eingehen, so verdient sie vor dem Schlusse aus der Wärmecapacität den Vorzug. Wir haben {58} aber gesehen (§ 23), dass die Regel Avogadro's das Atomgewicht nicht zu klein, wohl aber zu gross ergeben kann; zu gross nämlich in den Fällen, wo nur solche Verbindungen eines Elementes im gasförmigen Zustande bekannt sind, welche mehr als ein Atom dieses Elementes in jeder Molekel enthalten.

---

[59] Vergleiche u. a. C. Papes Kritik, „Ueber die specifische Wärme wasserfreier und wasser-haltiger schwefelsaurer Salze", *Annalen der Physik* 120 (1863), 579–599. Es ist bemerkenswerth, dass nach Regnault's eigenen Bestimmungen den Verbindungen des Lithiums eine kleinere Molekularcapacität zukommt als den entsprechenden des Natriums, und diesen eine kleinere als denen des Kaliums. Darnach sollte die Capacität des Lithiums und Natriums im isolirten Zustande kleiner sein, als sie Regnault gefunden.

[60] Schon bei seinen ersten Untersuchungen bemerkte Regnault, dass bei analogen und nament-lich bei isomorphen Stoffen die Molekularcapacität um so grösser sei, je grösser das Molekular-gewicht. Siehe Regnault, „Sur la chaleur spécifique", a. a. O. (1841), 198 und „Sur les chaleurs spécifiques", a. a. O. (1843), 341.

So würde z. B. aus der Dichte des gasförmigen Eisenchlorids (= 11,39 nach Deville und Troost) das Atomgewicht des Eisens, wenn man nur 1 Atom in der Molekel annähme, zu 112 statt 56 gefunden werden. Erstere Quantität hat aber die Wärmecapacität 12,8, also die von zwei sogenannten thermischen, d. i. aus der Regel von Dulong und Petit bestimmten Atomen. Wir schliessen daraus, dass im Eisenchlorid zwei Atome Eisen enthalten seien, seine Formel daher Fe_2Cl_6 zu schreiben sei. Ganz dasselbe gilt vom Chlor-, Brom- und Jodaluminium. In dieser Weise kann manchmal die Kenntniss der Wärmecapacität dienen, die aus der Dichte gasförmiger Stoffe erschlossenen Atomgewichte zu controliren und zu corrigiren.

Da für alle Elemente mit grösseren Atomgewichten und ausserdem, wenigstens angenähert, für alle Metalle das Dulong-Petit'sche Gesetz sich zutreffend erwiesen hat, so kann man für diese unbedenklich, wo gasförmige Verbindungen unbekannt, also Avogadro's Hypothese nicht anwendbar ist, das Atomgewicht aus der specifischen Wärme erschliessen. Die so bestimmten Werthe sind, wie wir gesehen haben, in Uebereinstimmung mit denen, welche man für einige Metalle und für Metalloide mit hohem Atomgewicht aus der Dichte ihrer gasförmigen Verbindungen hat bestimmen können.

Nur für Elemente mit niedrigem Atomgewicht erscheint der Schluss aus der specifischen Wärme im allgemeinen gewagt; für diese ist also die Kenntniss gasförmiger Verbindungen zur sicheren Bestimmung des Atomgewichtes erforderlich.

§36.

Wo die Beobachtungen nicht so weit geführt sind, dass eines der beiden besprochenen Hülfsmittel anwendbar ist, {59} pflegt man nicht selten den Isomorphismus zur Bestimmung des Atomgewichtes zu benutzen. Ist von einem Elemente weder eine gasförmige Verbindung noch die Wärmecapacität bekannt, kann also das Atomgewicht desselben auf den angegebenen Wegen nicht bestimmt werden, vermag aber dieses Element ein anderes, dessen Atomgewicht durch eines der besprochenen Mittel bestimmt ist, in irgend einer Verbindung ohne Aenderung der Krystallform zu ersetzen, so betrachtet man diejenige Quantität als sein Atomgewicht, welche in einer solchen Verbindung ein Atom des anderen Elementes zu ersetzen vermag.

Diese sich gegenseitig vertretenden Quantitäten isomorpher Elemente sind nämlich, wie bereits für zahlreiche Fälle nachgewiesen ist, in der Regel wenigstens, identisch mit den aus den Hypothesen von Avogadro und von Dulong und Petit gefolgerten Atomgewichten. So ist z. B. das überchlorsaure Kali dem übermangansauren isomorph. Ersteres enthält 35,46 Gew. Th. Chlor an Stelle von 55,1 Gew. Theilen Mangan in letzterem Salz.

Dies sind die in den mitgetheilten Tabellen aufgeführten Atomgewichte. Jedes der Salze enthält ausserdem noch ein Atom Kalium und vier Atome Sauerstoff, ihre Zusammensetzung wird also ausgedrückt durch die Formeln

$$KMnO_4 \text{ und } KClO_4,$$

welche der vom Isomorphismus geforderten analogen Zusammensetzung dieser Verbindungen einen einfachen Ausdruck geben. Nach den früher gebräuchlichen, sogenannten Aequivalentformeln

$$KO, Mn_2O_7 \text{ und } KO, ClO_7$$

erschien die atomistische Zusammensetzung dieser beiden isomorphen Salze nicht analog, da 2 Atome Mangan an Stelle von einem Atome Chlor angenommen wurden.

Solcher Beispiele lassen sich noch viele aufführen, welche zeigen, dass durch Annahme der aus der Avogadro'schen und aus der Dulong-Petit'schen Hypothese gefolgerten Atomgewichte die analoge Constitution isomorpher Verbindungen in den mit diesen Atomgewichten geschriebenen Zusammen{**60**}setzungsformeln deutlich hervortritt, während sie bei Annahme anderer Atomgewichte gar nicht erscheinen würde.

§37.

Ganz besonders aber zeigt sich die Berechtigung der angegebenen für die Bestimmung der Atomgewichte leitenden Gesichtspunkte darin, dass durch Einführung der wie angegeben bestimmten Atomgewichte nicht nur ähnlich und analog sich verhaltenden Substanzen eine analoge atomische Zusammensetzung zugeschrieben wird, sondern auch in den zahlreichen Zersetzungen und Umwandlungen, welche die Stoffe erleiden, vielfache schlagende Analogien hervortreten, welche vor der Annahme der neuen Atome völlig verdunkelt und verdeckt waren.

Letzterer Umstand hat am meisten dazu beigetragen, den beiden schon vor so langer Zeit aufgestellten Fundamentalhypothesen allgemeine Geltung zu verschaffen. Erst als die aus denselben gefolgerten Atomgewichte sich als die Quantitäten erwiesen, welche bei chemischen Verbindungen und Zersetzungen in Wechselwirkung treten, und es sich zeigte, dass bei Annahme anderer Atomgewichte die chemischen Umsetzungen sich weniger gut unter allgemeine Gesichtspunkte bringen lassen, erst da trat der hohe Werth jener Hypothesen klar hervor und verschaffte ihnen den Sieg über langjährige ihnen entgegenstehende, wenig begründete Gewohnheiten und Anschauungen.

Beide Hypothesen, und namentlich die Avogadro's hat a priori eine solche Wahrscheinlichkeit für sich, dass eine Ablehnung derselben nur dann geboten erscheinen würde, wenn sich die schlagendsten Gründe gegen dieselbe geltend machten. Dies ist aber durchaus nicht der Fall; vielmehr sprechen gerade auch die von rein chemischen Thatsachen hergenommenen Gründe durchweg für, und kaum jemals gegen diese Hypothese.

Mit vollem Rechte schrieb A. Laurent schon vor 10 Jahren[61], dass, wenn man von der Avogadro'schen Hy{**61**}pothese ausgeht, man diejenigen chemischen Formeln erhält, welche die grösste Einfachheit zeigen; die Analogien der Körper am besten hervortreten lassen; am besten übereinstimmen mit den Regelmässigkeiten in den Siedpunkten und mit dem Isomorphismus; die Metamorphosen der Stoffe am einfachsten erklären lassen; kurz, vollständig allen Anforderungen der Chemiker Genüge leisten.

---

[61] A. Laurent, *Méthode de chimie* (Paris, 1854), S. 89.

§38.

Die reale Bedeutung der Hypothese Avogadro's zeigt sich aber ganz besonders darin, dass erst nachdem sie angenommen, die wesentlichsten derjenigen Gesetze erkannt worden, nach welchen die Atome zu Verbindungen zusammentreten. Aus der Avogadro'schen Anschauung heraus haben sich die Anfänge einer allgemeinen chemischen Theorie entwickelt, welche die atomistische Constitution der Verbindungen und bereits manche ihrer Eigenschaften aus den den einzelnen Atomen inwohnenden eigenthümlichen, für die verschiedenen Elemente charakteristischen unveränderlichen Kräften und Eigenschaften zu erklären bestrebt ist. Mit der beginnenden Entwickelung dieser Theorie ist der Anfang gemacht zu einer Statik der Atome, sie bezeichnet eine neue Epoche in der Geschichte der chemischen Statik.

Zur Darlegung dieser bis jetzt gewonnenen Anfänge einer Statik der Atome wollen wir uns jetzt wenden, nachdem wir im vorigen die Hülfsmittel betrachtet haben, welche zu einer in sich consequenten und den thatsächlichen Verhältnissen entsprechenden Bestimmung der relativen Massen der Atome geführt haben. Diese relativen Massen der Atome, die Atomgewichte, wie sie auf den angegebenen Wegen bestimmt wurden, bilden die Grundlage dieser Statik der Atome. Sie sind die unveränderlichen Grössen, die Constanten der Theorie.

Um nun die allgemeinen Gesetze zu erkennen, nach welchen diese Atome zu Verbindungen zusammentreten, ist es erforderlich und ausreichend, die Zusammensetzung je einer Molekel jeder Verbindung oder was dasselbe sagt, die Zusammensetzung je eines solchen kleinsten Theilchens {62} jeder Substanz kennen zu lernen, welches nicht weiter getheilt werden kann, ohne dass dadurch die Natur der Substanz eine andere wird. Die Grösse solcher mit dem Namen der Molekeln belegten Gruppen von Atomen mit einer an Sicherheit grenzenden Wahrscheinlichkeit zu bestimmen, gelingt zunächst nur für gasförmige Verbindungen und zwar vermittelst der oft erwähnten Hypothese Avogadro's, dass alle Gase in gleichen Räumen bei gleichem Drucke und gleicher Temperatur eine gleiche Anzahl von Molekeln enthalten, dass folglich das Molekulargewicht der Dichte proportional ist ($M = 28{,}943 \cdot d$; s. § 14).

Wir behalten die oben definirte Einheit bei, setzen also die Masse einer Molekel des Wasserstoffgases $= 2 = 2\,H$, und drücken die Molekulargewichte aller übrigen Stoffe, wie sie sich aus Avogadro's Hypothese ergeben, aus durch die üblichen Zeichen für die die Molekel zusammensetzenden Atome. Wir schreiben also, um den technischen Ausdruck zu gebrauchen, Molekularformeln, deren jede diejenige Quantität jeder Substanz darstellt, welche im Gaszustande denselben Raum einnimmt, wie zwei Gewichtstheile Wasserstoffgas.

§39.

Um die einfachsten Fälle vor uns zu haben, stellen wir zunächst die Molekularformeln auf für alle diejenigen im Gaszustande bekannten Verbindungen, welche nur zwei verschiedene Elemente und von einem derselben in jeder Molekel nur ein einziges Atom enthalten.

Dieser Bedingung genügen die nachstehend verzeichneten vier Gruppen von Verbindungen:

I.

HCl	HBr	HJ
Chlorwasserstoff	Bromwasserstoff	Jodwasserstoff

II.

OH$_2$	OCl$_2$	SH$_2$	SeH$_2$
Wasser	Unterchlorigsäure-anhydrid	Schwefelwasser-stoff	Selenwasserstoff
TeH$_2$	HgCl$_2$	HgBr$_2$	HgJ$_2$
Tellurwasserstoff	Quecksilberchlorid	Quecksilberbromid	Quecksilberjodid

{63}   III.

NH$_3$	PH$_3$	PCl$_3$	AsH$_3$
Ammoniak	Phosphorwasser-stoff	Chlorphosphor	Arsenwasserstoff
AsCl$_3$	AsJ$_3$	SbH$_3$	SbCl$_3$
Chlorarsen	Jodarsen	Antimonwasser-stoff	Chlorantimon
BiCl$_3$	BCl$_3$		BFl$_3$
Chlorwismuth	Chlorbor		Fluorbor

IV.

CH$_4$	CCl$_4$	SiFl$_4$	SiCl$_4$
Grubengas	Chlorkohlenstoff	Fluorsilicium	Chlorsilicium
TiCl$_4$	ZrCl$_4$		SnCl$_4$
Chlortitan	Chlorzirkon		Chlorzinn

Diese vier Gruppen unterscheiden sich dadurch auf den ersten Blick von einander, dass mit dem einen Atom des einen Bestandtheiles in der ersten wieder ein einziges Atom des anderen, in der zweiten deren zwei, in der dritten drei und endlich in der vierten ihrer vier vereinigt sind. Eine Vereinigung von mehr als vier Atomen eines Elementes mit einem einzigen eines anderen ist bis jetzt in Verbindungen, welche nur zweierlei Bestandtheile enthalten, im gasförmigen Zustande nicht, oder wenigstens nicht mit Sicherheit beobachtet worden.

Ausser den vorstehend aufgeführten, ist von solchen Verbindungen zweier Elemente, welche von dem einen nur ein einziges Atom enthalten, die Dichte im Gaszustande und folglich die Molekulargrösse nur noch für folgende gemessen worden:[62]

---

[62] Zu HgCl und HgBr siehe weiter unten, § 67; zu CO und NO siehe oben, § 47.

HgCl	HgBr	CO	NO
Quecksilberchlorür	Quecksilberbromür	Kohlenoxyd	Stickoxyd
ON_2	SO_2	SeO_2	CO_2
Stickoxydul	schweflige Säure	selenige Säure	Kohlensäure
CS_2		SO_3	
Schwefelkohlenstoff		Schwefelsäureanhydrid	

Aus Gründen, die später hervortreten werden, lassen wir diese zunächst ausser Betracht und beschäftigen uns nur mit den zuerst aufgeführten vier Gruppen.
{64}

§40.

Diese vier Gruppen umfassen die vier einfachsten Combinationen von Atomen, von 1 und 1, 1 und 2, 1 und 3, 1 und 4. Die drei ersten dieser Combinationen bilden unter den Namen von Typen die Grundlagen des Gerhardt'schen sogenannten typischen Systemes, wie er es in seinem oben erwähnten Lehrbuche dargestellt hat, des Systemes, dem das Lehrgebäude der Chemie wesentlich seine gegenwärtige Gestaltung verdankt. Gerhardt benennt diese drei Typen nach einzelnen ihrer Repräsentanten, den ersten den Typus der Salzsäure oder des Wasserstoffes (weil nach der Avogadro'schen Hypothese auch die Wasserstoffmolekel H H eine Combination von 1 : 1 darstellt), den zweiten den Typus des Wassers (auch wohl des Schwefelwasserstoffes), den dritten den des Ammoniaks. Kekulé[63] hat 1857 gezeigt, dass diesen Typen der vierte, die Combination 1 : 4 umfassende hinzugefügt werden muss, den man als Typus des Grubengases zu bezeichnen pflegt.

Die Aufstellung dieser Typen und die Classification aller chemischen Verbindungen nach denselben als Schablonen ist darum von so weitgreifendem Einflusse und so grosser Bedeutung geworden, weil sie der Ausdruck ist für gewisse reale und fundamentale Eigenschaften der Materie, welche mehr als alle anderen die Constitution der chemischen Verbindungen zu beherrschen und zu bestimmen scheinen. Der Versuch Gerhardt's war der Anfang zur Lösung der Aufgabe, von der Laurent sagte: „établir une théorie des types, c'est établir une classification chimique basée sur le nombre, la nature, les fonctions et l'arrangement tant des atomes simples que des atomes composés"[64] (eine Theorie der Typen aufzustellen bedeutet, eine chemische Klassifikation auf der Grundlage der Anzahl, der Art, der Funktionen und der Anordnung sowohl einfacher als auch zusammengesetzter Atome vorzunehmen). Aus dem Gerhardt'schen Systeme heraus haben sich in der That bereits die ersten Keime einer Statik der Atome entwickelt.

---

[63] Kekulé, „Ueber die sogenannten gepaarten Verbindungen und die Theorie der mehratomigen Radicale", *Annalen der Chemie* 104 (1857), 129–150, hier 133.

[64] Laurent, *Méthode de chimie*, S. 358.

{65}

§41.

Schon ein flüchtiger Blick auf die vier Gruppen von Verbindungen lehrt, dass die Elemente, deren einzelne Atome Verbindungen nach dem zweiten, dritten und vierten Typus bilden, für jeden dieser drei Typen andere sind, während die vier Elemente, welche in den bis jetzt bekannten Verbindungen nach dem ersten Typus vorkommen, auch in allen übrigen Gruppen, und zwar in jeder in verschiedener Zahl auftreten, so dass gerade durch ihre Anzahl der Typus der Verbindung bedingt wird.

Diese vier Elemente nun, welche die Verbindungen des ersten Typus bilden, Chlor, Brom, Jod und Wasserstoff (zu denen wahrscheinlich noch das Fluor kommen würde, wenn die Dichte des Fluorwasserstoffgases HFl bekannt wäre), haben das eigenthümliche, dass sie unter sich nur solche *gasförmige* Verbindungen eingehen, welche dem ersten Typus angehören. Auch die Elemente selbst im sogenannten isolirten Zustande fallen unter diesen Typus; denn ihre Molekeln bestehen, wie wir gesehen haben, aus je zwei Atomen:

$$H\,H\;;\;Cl\,Cl\;;\;Br\,Br\;;\;J\,J.$$

Bei chemischen Umsetzungen dieser Stoffe untereinander wird immer jede Molekel halbirt, und es entstehen nur wieder Verbindungen nach dem ersten Typus, z. B.

H H	+	Cl Cl	=	H Cl	+	H Cl
Wasserstoff		Chlor			Salzsäure	
(1 Mol.)		(1 Mol.)			(2 Mol.)	

Die aus Chlor und Wasserstoff entstandene Salzsäure vermag kein Chlor oder Wasserstoffgas mehr aufzunehmen, sie übt auf dieselben keinerlei chemische Wirkung mehr aus. Dasselbe gilt von allen übrigen Verbindungen nach dem ersten Typus. In die Molekel derselben wird kein drittes Atom von einem der genannten Elemente mehr aufgenommen, es sei denn, dass eines der zwei vorhandenen durch dasselbe ausgeschieden würde. Eine Vereinigung {66} von drei oder mehr Atomen zu einer Molekel findet nie statt.[65]

Wir müssen daraus schliessen, dass, wenn ein Atom dieser Elemente mit einem anderen sich verbunden hat, es keines weiter mehr zu binden vermag, seine Verwandtschaft also durch diese Verbindung mit einem einzigen anderen Atome vollkommen gesättigt ist. Seine Sättigungscapacität erstreckt sich also nur auf ein einziges anderes Atom.

§42.

Man sieht nun sofort, dass den Atomen derjenigen Elemente, welche Verbindungen nach dem 2ten, 3ten oder 4ten Typus eingehen, die doppelte, resp. eine dreifach oder

---

[65] *Nicht gasförmige* Vereinigungen von mehr als zwei Atomen werden später erwähnt werden.

vierfach so grosse Sättigungscapacität zugeschrieben werden muss, als den Atomen der eben besprochenen Art zukommt. In der That, ein Sauerstoffatom vermag doppelt soviel Wasserstoff zu binden als ein Chloratom, ein Atom Stickstoff die dreifache, und ein Atom Kohlenstoff gar die vierfache Zahl. Mehr aber vermögen auch diese Elemente nicht zu fesseln. Die Verwandtschaftskraft, die Affinität, ist erschöpft für Sauerstoff, Schwefel, Selen etc. durch die Vereinigung mit zwei Atomen der ersten Art, z. B. mit zwei Atomen Wasserstoff; für Stickstoff, Phosphor und die übrigen Elemente der dritten Gruppe erst durch die Verbindung mit drei, für Kohlenstoff, Kiesel etc. mit vier Atomen der ersten Art. Es sind demnach für die vier aufgestellten Typen die vier Gruppen von Elementen charakteristisch; und umgekehrt unterscheiden sich diese vier Gruppen scharf von einander durch den Typus ihrer Verbindungen mit Atomen der ersten Art.

§43.

Man unterscheidet die vier Gruppen von Elementen gewöhnlich nach einer traditionellen, aber nicht sonderlich {67} gut gewählten Bezeichnung, als „ein-, zwei-, drei- und vieratomige" oder „ein-, zwei-, drei- und vierbasische."

Erstere Ausdrücke sind ungeeignet, weil man nicht wohl von „einatomigen etc. Atomen" reden kann.[66] Die Ausdrücke „einbasisch etc." erinnern daran, dass die Lehre von der mehrfachen Sättigungscapacität ihren Ursprung herleitet aus den classischen Untersuchungen Liebigs über die mehrbasischen organischen Säuren.[67] Da wir aber gewohnt sind, unter basisch einen Gegensatz zu sauer (im chemischen Sinne) zu verstehen, so lässt sich auch dieser Ausdruck nicht wohl auf die Atome anwenden. Es scheint aber nicht ganz leicht, einen anderen, zugleich bequemen und treffenden Ausdruck an die Stelle zu setzen. Das richtigste und strengste ist wohl, die Atome als solche mit 1-, 2-, 3- und 4facher Sättigungscapacität zu bezeichnen. Kürzer sind die von Wislicenus gebrauchten, freilich halb griechischen, halb lateinischen Ausdrücke „monaffin, di-, tri- und tetraffin"; im deutschen könnte man kurz auch „ein-, zwei-, drei- und vierwerthig" sagen, wofür, nach dem Urtheile toleranter Philologen, wohl auch „uni-, bi-, tri- und quadrivalent" gebraucht werden könnte.[68] Bezeichnend und für viele

---

[66] Die Ausdrücke „einatomig" etc. scheinen zweckmässiger in dem Sinne gebraucht zu werden, wie sie Clausius nimmt, nämlich zur Bezeichnung der Anzahl von Atomen, welche eine Molekel bilden. So ist z. B. der Sauerstoff nach Clausius zweiatomig, weil seine Molekel aus zwei Atomen besteht. Clausius, „Ueber den Unterschied zwischen activem und gewöhnlichem Sauerstoff", *Vierteljahrsschrift der naturforschenden Gesellschaft zu Zürich* 8 (1863); *Annalen der Physik* 121 (1864), 250–268, hier 261.

[67] J. Liebig, „Ueber die Constitution der organischen Säuren", *Annalen der Chemie* 26 (1838), 113–189.

[68] Im verbleibenden Teil dieser Ausgabe nutzt Meyer bevorzugt die letzteren Ausdrücke, die seiner Meinung nach den Vorteil haben, konsistent mit der lateinischen Form sowohl für den Präfix als auch für die Wurzel zu sein. Alternativ verwendet er die Bezeichnungen „1-werthig, 2-werthig,

Fälle bequem ist auch die Ausdrucksweise, nach welcher man die vier Gruppen von Atomen als mit 1, 2, 3 und 4 „Verwandtschaftseinheiten" begabt zu bezeichnen pflegt.

§44.

Um diese verschiedene Sättigungscapacität auch in den Formeln ersichtlich zu machen, hat Odling[69] vorgeschlagen, {68} eine derselben entsprechende Anzahl von Accenten über die Atomzeichen zu setzen. Mit diesen Accenten werden die für die vier verschiedenen Typen gebräuchlichen Schemata:

$$ \overset{\prime\;\prime}{\text{H H}} \qquad \overset{\prime\prime}{\text{O}}\begin{Bmatrix}\text{H}\\\text{H}\end{Bmatrix} \qquad \overset{\prime\prime\prime}{\text{N}}\begin{Bmatrix}\text{H}\\\text{H}\\\text{H}\end{Bmatrix} \qquad \overset{\prime\prime\prime\prime}{\text{C}}\begin{Bmatrix}\text{H}\\\text{H}\\\text{H}\\\text{H}\end{Bmatrix} $$

Wasserstofftypus Wassertypus   Ammoniaktypus Grubengastypus

Die Benutzung dieser Accente ist indessen nicht ganz allgemein geworden; es scheint in der That, dass dieselben entbehrt werden können, nachdem die Ansichten der Chemiker über die verschiedene Sättigungscapacität der Atome zu einer allseitigen Uebereinstimmung, wenigstens in den wesentlichsten Punkten, gelangt sind.

Die Accente können auch ersetzt werden durch eine Art der Bezeichnung, deren sich A. S. Couper[70] bedient, indem er das Zeichen für jedes Atom durch eine Linie mit dem Zeichen desjenigen verbindet, durch dessen Verwandtschaft es in der Verbindung fest gehalten wird; z. B.

$$ \text{H}-\text{H} \qquad \text{O}<^{\text{H}}_{\text{H}} \qquad \text{N}\!\!<\!\!\begin{smallmatrix}\text{H}\\\text{H}\\\text{H}\end{smallmatrix} \qquad \text{C}\!\!<\!\!\begin{smallmatrix}\text{H}\\\text{H}\\\text{H}\\\text{H}\end{smallmatrix} $$

3-werthig, 4-werthig" und „mehrwerthig". In der zweiten Auflage wiederholt Meyer auf den Seiten {127–129} und {240} diese Empfehlungen und bezieht sich auf die Konsultation "toleranter Philologen", aber auch darauf, dass Hofmann Meyers Begriffe "univalent (etc.)" in seinem Buch *Introduction to Modern Chemistry* (London, 1865) aufgenommen hätte und dass sie inzwischen allgemein akzeptiert sind. Meyer erwähnte weder hier noch 1872, dass die Bezeichnungen „-werthig" und „Werthigkeit", die heute noch benutzt werden, 1860 von E. Erlenmeyer eingeführt worden waren.]

[69] W. Odling, „On the Constitution of Acids and Salts", *Quarterly Journal of the Chemical Society* 7 (1855), 1–22.

[70] A. S. Couper, „On a New Chemical Theory", *Philosophical Magazine* [4] 16 (1858), 104–116; „Sur une nouvelle théorie chimique", *Annales de chimie* [3] 53 (1858), 469–489.

Die Anzahl der bei einem Atomzeichen zusammenlaufenden Striche giebt dann unmittelbar die Sättigungscapacität des Atomes an.

§45.

Die Abhängigkeit des Typus der Verbindungen von der Natur der in ihnen enthaltenen Atome tritt noch deutlicher hervor, wenn man die chemischen Umsetzungen der{69}selben betrachtet. Der Typus bleibt erhalten, so lange das denselben bestimmende Atom in der Verbindung bleibt; er geht verloren, sobald dieses austritt.

Aus dem Anhydrid der unterchlorigen Säure (sogenannter wasserfreier unterchloriger Säure) und Wasserstoff entsteht Wasser und Salzsäure:

$$OCl_2 + HH + HH = OH_2 + HCl + HCl.$$

Das Sauerstoffatom, vermöge seiner zweifachen Sättigungscapacität, erhält den Typus der Verbindung 1 : 2; die mit ihm vereint gewesenen Chloratome aber gehen in Verbindungen des Typus 1 : 1 über, weil sie nur einfache Sättigungscapacität besitzen.

Phosphorwasserstoff und Chlor geben Chlorphosphor und Salzsäure:[71]

$$PH_3 + ClCl + ClCl + ClCl = PCl_3 + HCl + HCl + HCl$$

Grubengas erfährt durch Chlor der Reihe nach die Umsetzungen:

$$CH_4 + ClCl = CH_3Cl + HCl$$

$$CH_3Cl + ClCl = CH_2Cl_2 + HCl$$

$$CH_2Cl_2 + ClCl = CHCL_3 + HCl$$

$$CHCl_3 + ClCl = CCL_4 + HCl$$

Auch in diesen Beispielen ist das Atom des Phosphors und das des Kohlenstoffs der Träger des Typus, und seine Gegenwart die Bedingung für dessen Erhaltung.

Da überhaupt jede Verbindung zerfällt, ihren Typus verliert, sobald das für diesen charakteristische Atom hinweggenommen wird, ohne durch ein solches von gleicher Sättigungscapacität ersetzt zu werden, so müssen wir annehmen, dass dieses Atom es ist, welches die Molekel zusammenhält; dass also z. B. jede Wassermolekel durch ihr Sauerstoffatom, jede Molekel Ammoniak durch ihr Atom {70} Stickstoff, und endlich jede Molekel Grubengas durch ihr Kohlenstoffatom zusammengehalten wird. Die Atome, welche unter sich nur Verbindungen nach dem ersten, dem Wasserstofftypus bilden, die Atome einfacher Sättigungscapacität, tragen also zum Zusammenhalt der Verbindungen

---

[71] Bei Ueberschuss von Chlor entsteht aus PCl_3 die feste Verbindung PCl_5, die aber nicht unzersetzt gasförmig erhalten werden kann.

anderer Typen direkt nichts bei; ihre einfache Verwandtschaft ist gerade nothwendig und ausreichend, um sie an das dem Typus charakteristische Atom zu ketten. Sie scheinen nur einen indirekten Einfluss in sofern manchmal auszuüben, als jedes von ihnen die Kraft, durch welche das mehrwerthige Atom die übrigen einwerthigen an sich kettet, unter Umständen vermehrt oder verringert, die Vereinigung mit den Atomen gewisser Elemente erleichtert, die mit anderen erschwert.

§46.

Bisher haben wir von den Verbindungen der Atome mehrfacher Sättigungscapacität nur die mit solchen einfachen Sättigungsvermögens betrachtet. Treten statt dieser mehrwerthige ein, so können die Verhältnisse sehr viel verwickelter werden. Oft aber geschieht auch hier die Umsetzung ausserordentlich einfach.

Durch Verbrennen von Grubengas mit Sauerstoff z. B. erhält man Kohlensäure und Wasser:

$$\overset{\prime\prime\prime}{C}\begin{Bmatrix}H\\H\\H\\H\end{Bmatrix} + \overset{\prime\prime}{O}\overset{\prime\prime}{O} + \overset{\prime\prime}{O}\overset{\prime\prime}{O} = \overset{\prime\prime\prime\prime}{C}\begin{Bmatrix}O\\O\end{Bmatrix} + \overset{\prime\prime}{O}\begin{Bmatrix}H\\H\end{Bmatrix} + \overset{\prime\prime}{O}\begin{Bmatrix}H\\H\end{Bmatrix}$$

Für die vier Wasserstoffatome treten also zwei Sauerstoffatome ein, deren Sättigungscapacität die gleiche ist. Andererseits wird in dem verbrauchten Sauerstoff je ein Atom durch zwei Atome Wasserstoff vertreten. Die vier „Verwandtschaftseinheiten" des Kohlenstoffs werden also jetzt durch zwei zweiwerthige Atome gesättigt, die zwei des Sauerstoffes in der entstandenen Kohlensäure durch je zwei von den vieren des Kohlenstoffes, im Wasser durch die zwei einfachen Verwandtschaften zweier Wasserstoffatome.

{71} Durch Verbrennen von Ammoniak entsteht Stickstoff und Wasser,

aus 2 $\overset{\prime\prime\prime}{N}H_3$ wird $\overset{\prime\prime\prime}{N}\overset{\prime\prime\prime}{N}$ und 3 $\overset{\prime\prime}{O}H_2$

Die drei Verwandtschaftseinheiten jedes Stickstoffatomes werden also jetzt, statt durch drei Wasserstoffatome, durch ein einziges Stickstoffatom befriedigt.

Wird aus Wasser, z. B. durch Elektrolyse, Sauerstoffgas abgeschieden, so entstehen

aus 2 $H_2\overset{\prime\prime}{O}$ $\overset{\prime\prime}{O}\overset{\prime\prime}{O}$ und 2 . $\overset{\prime}{H}\overset{\prime}{H}$

Hier tritt also an die Stelle von zwei einwerthigen H ein zweiwerthiges O.

Man kann demnach solche Verbindungen mehrwerthiger Atome ebenfalls auf die vier Grundtypen beziehen, indem man sie, was manchmal zweckmässig ist, betrachtet als entstanden aus den ursprünglichen Formen dieser Typen, in welchen die einwerthigen Atome durch mehrwerthige in der Art ersetzt sind, dass die Summe der Verwandtschaftseinheiten unverändert bleibt.

Ein mehrwerthiges Atom kann aber auch mehrere einwerthige vertreten, die nicht alle derselben, sondern verschiedenen Molekeln angehören. Dadurch werden dann diese Molekeln zu einer einzigen vereinigt.

Bei manchen Zersetzungen entsteht z. B. aus Salzsäure Wasser, indem das Chlor durch Sauerstoff ersetzt wird. Da das Chlor einwerthig, der Sauerstoff aber zweiwerthig ist, so werden dadurch zwei Molekeln zu einer einzigen verschmolzen; aus:

$$\frac{\text{H Cl}}{\text{H Cl}} \quad \text{wird} \quad \left.{\text{H} \atop \text{H}}\right\}\text{O}$$

2 Molekeln Salzsäure   1 Molekel Wasser.

{72} Ebenso wie das Chlor, kann auch der Wasserstoff durch ein mehrwerthiges Atom ersetzt werden, z. B. aus:

$$\frac{\text{H Cl}}{\text{H Cl}} \quad \text{wird so} \quad \text{Hg}\left\{{\text{Cl} \atop \text{Cl}}\right.$$

2 Molekeln Salzsäure   1 Molekel Sublimat

Man hat, von der Betrachtung dieser und ähnlicher Fälle ausgehend, den Wassertypus auch wohl dargestellt als den „verdoppelten" Typus der Salzsäure, in welchem das Chlor durch die entsprechende, „aequivalente" Menge Sauerstoff ersetzt sei u. s. f.

Manche Verbindungen, wie z. B. der Sublimat (Quecksilberchlorid), sind sogar, indem man mehr Rücksicht auf die rein chemischen Eigenschaften, als auf die Zahl und Sättigungscapacität der Atome nahm, wohl öfter auf den verdoppelten ersten, als auf den zweiten Typus bezogen worden.

Es ist ersichtlich, dass in ähnlicher Weise der dritte und vierte Typus aufgefasst werden können als der verdreifachte und vervierfachte erste u. s. w.

Die Vertretung einwerthiger Atome durch mehrwerthige geschieht manchmal nur theilweise, so dass Verbindungen entstehen wie:

$$\overset{''''}{\text{C}}\left\{{\overset{'}{\text{Cl}} \atop \underset{\text{Cl}}{\overset{''}{\text{O}}}}\right. \qquad \overset{''''}{\text{C}}\left\{{\overset{'''}{\text{N}} \atop \underset{\text{H}}{}}\right.$$

Davy's Phosgen   Blausäure.

Die allgemeine Regel dabei ist, dass stets soviel Atome, seien sie welcher Art sie wollen, in die Molekel eintreten, dass alle Verwandtschaften sich gegenseitig sättigen. Es folgt hieraus, da jede Verwandtschaft eine andre voraussetzt, durch welche sie gesättigt wird, dass die Summe aller Verwandtschaftseinheiten in der Molekel stets eine gerade Zahl sein muss.

{73}

§47.

Es kommen aber auch Fälle vor, und diese sind theoretisch sehr interessant, in denen die Verwandtschaften eines Atomes nicht vollständig gesättigt werden. Solche unvollständig gesättigte Verbindungen sind z. B.

$$\underset{\text{Stickoxyd}}{\overset{'''}{N}\Big\{\Big\{\overset{''}{O}} \qquad \text{und} \qquad \underset{\text{Kohlenoyxd,}}{\overset{'''}{C}\Big\{\Big\{\overset{''}{O}}$$

die bereits im § 39 aufgeführt wurden.

Der irregulären Zusammensetzung dieser Stoffe entspricht die aussergewöhnliche Leichtigkeit, mit welcher sie Verbindungen eingehen. Die freiwillige höhere Oxydation des Stickoxydes ist allgemein bekannt als die wesentliche Bedingung der Schwefelsäurefabrikation;[72] ebenso das Vermögen des Kohlenoxydes sich direkt z. B. mit Chlor unter dem Einflüsse des Sonnenlichtes zu verbinden:

$$\underset{\text{Kohlenoxyd.}}{C\Big\{\Big\{\overset{}{O}} + \underset{\text{Chlor.}}{\Big(\overset{Cl}{Cl}} \quad = \quad \underset{\text{Phosgen.}}{C\Big\{\Big\{\overset{O}{\underset{Cl}{Cl}}}$$

Wie das Kohlenoxyd und Stickoxyd verhält sich nun jede Combination von Atomen, deren Verwandtschaftskräfte nicht vollständig gesättigt sind. Eine solche zusammenhängende Atomgruppe wirkt daher häufig wie ein einfaches Atom, und zwar, je nachdem es bis zur vollständigen Sättigung seiner Affinitäten noch 1, 2, 3, 4 oder mehr einwerthige Atome erfordert, wie ein Atom mit ein-, zwei-, drei-, vier- oder mehrfacher Sättigungscapacität.

Dieses Verhalten von Atomgruppen ward Veranlassung zu der schon von Lavoisier gemachten Annahme der „zusammengesetzten Radicale", welche der weiteren Ausbildung des chemischen Lehrgebäudes so ausserordentlich förderlich gewesen ist, obwohl oder vielleicht auch weil sie so vielfach angefeindet und bekämpft worden ist. Diese „Radicale" sind später in etwas geändertem Sinne von Gerhardt „Reste" {74} (residus), von Wislicenus „unvollständige Moleküle" genannt worden.

Dass diese unvollständig gesättigten Molekeln in der That isolirten einfachen Atomen ganz analog sich verhalten, ist beim jetzigen Stande unserer Kenntnisse nicht mehr zu bezweifeln. Der Vergleichungspunkt liegt eben darin, dass beider Affinität nicht, oder doch nicht vollständig gesättigt ist, dass in beiden noch eine oder mehrere „Verwandtschaftseinheiten" ungesättigt übrig sind. Jedes Atom oder Radical hat so lange die ausserordentlich grosse den Status nascendi auszeichnende Verwandtschaftskraft, bis es sich mit einem anderen ebenso ungesättigten Atom oder Molekül verbindet.

Begegnen sich z. B. zwei Atome Wasserstoff, so geben sie die als sogenannter „freier Wasserstoff" bekannte Verbindung:

[72 Meyer bezieht sich hier offenbar auf das Bleikammerverfahren zur Herstellung von Schwefelsäure, bei dem Schwefel oder Schwefelverbindungen verbrannt werden, um gasförmiges SO_2 zu erzeugen. Die weitere Oxidation zum Schwefelsäureanhydrid SO_3 erfolgt mit parallel aus Nitraten gebildetem NO_2. Es wird zum NO reduziert, das mit Luftsauerstoff wieder zum NO_2 oxidiert wird.]

$$\text{H} + \text{H} = \text{H}\frown\text{H} \; ;$$

begegnen sich zwei Radicale „Methyl," so geben sie das „freie Methyl" oder „Dimethyl":

$$\underbrace{\begin{array}{c}\text{C}\\ \text{H H H}\end{array}}\hspace{-0.5em}. \;\; + \;\; \underbrace{\begin{array}{c}\cdot\text{H H H}\\ \text{C}\end{array}} \;\; = \;\; \underbrace{\begin{array}{c}\text{C}\\ \text{H H H}\end{array}} \;\; \underbrace{\begin{array}{c}\text{H H H}\\ \text{C}\end{array}}$$

Gerade in diesem Verhalten ist es begründet, dass man nur so äusserst wenige dieser Radicale hat isolirt darstellen können. Offenbar war es demnach nicht gerechtfertigt, wenn man im Streite so weit gegangen ist, die Existenz dieser Radicale zu leugnen, weil sie nicht isolirt werden konnten. Die Isolirung gelingt nur bei solchen Radicalen, deren Verwandtschaften, unter gewissen Umständen wenigstens, verhältnissmässig schwach sind. Während man früher häufig geneigt war, nur solche Atomgruppen, welche sich isoliren und für sich darstellen liessen, als Radicale gelten zu lassen, könnte man jetzt viel eher die Nichtisolirbarkeit als charakteristisches Merkmal der Radicale aufstellen.[73] {75}

§48.

Natürlich ist es nicht nothwendig, dass die sich vereinigenden Radicale gleicher Art seien. Ebenso z. B. wie ein Wasserstoffatom, H, kann sich auch das Radical Methyl, CH_3, vereinigen mit dem Radical OH:

$$\text{H} \;\; + \;\; \left.\begin{array}{c}\cdot\\ \text{H}\end{array}\right\}\text{O} \;\; = \;\; \left.\begin{array}{c}\text{H}\\ \text{H}\end{array}\right\}\text{O} \;\; (\text{Wasser})$$

$$(\text{CH}_3) \;\; + \;\; \left.\begin{array}{c}\cdot\\ \text{H}\end{array}\right\}\text{O} \;\; = \;\; \left.\begin{array}{c}(\text{CH}_3)\\ \text{H}\end{array}\right\}\text{O} \;\; (\text{Holzgeist})$$

Indem man hier das zusammengesetzte Radical Methyl dem einfachen Atome des Wasserstoffes analog ansieht, kann man sagen, der Holzgeist gehöre dem Wassertypus an, er entstehe aus dem Wasser dadurch, dass in diesem die Hälfte des Wasserstoffes durch Methyl ersetzt werde.

---

[73] Noch heute gilt die classische Definition, welche 1838 Liebig von dem Begriffe eines zusammengesetzten Radicales gab. In seiner Abhandlung „Ueber Laurent's Theorien der organischen Verbindungen" (*Annalen der Pharmacie* 25, 1–31) sagt er:

S. 3: „Wir nennen also Cyan ein Radical, weil es 1) der nicht wechselnde Bestandtheil in einer Reihe von Verbindungen ist, weil es 2) sich in diesen ersetzen lässt durch andre einfache Körper, weil 3) sich in seinen Verbindungen mit einem einfachen Körper dieser letztere ausscheiden und vertreten lässt durch Aequivalente von anderen einfachen Körpern. Von diesen drei Hauptbedingungen zur Charakteristik eines zusammengesetzten Radicales müssen zum wenigsten zwei stets erfüllt werden, wenn wir es in der That als ein Radical betrachten sollen."

und ibid. S. 5: „Die organischen Radicale existiren für uns demnach in den meisten Fällen nur in unserer Vorstellung, über ihr wirkliches Bestehen ist man aber ebensowenig zweifelhaft wie über das der Salpetersäure, obwohl uns dieser Körper ebenso unbekannt ist wie das Aethyl."

Diese vereinfachende Betrachtungsweise findet sehr häufig Anwendung. Nur durch sie ist es möglich geworden, eine geordnete Uebersicht der zahlreichen bekannten Verbindungen, besonders der des Kohlenstoffes zu gewinnen.

Man umgeht durch diese Betrachtungsweise gegenwärtig in der Regel sogar die Aufstellung des ganzen vierten Typus, indem man dessen Hauptrepräsentanten, das Grubengas, durch die Annahme des Radicales Methyl in demselben, als Methylwasserstoff auf den einfacheren ersten Typus, den des Wasserstoffes bezieht:

$$C\left\{ \middle/ \begin{cases} H \\ H \\ H \\ H \end{cases} \right. = (CH_3)\,H$$

{76} In diesem Falle ist allerdings diese Art der Vereinfachung wohl mehr Folge des Herkommens, als durch Zweckmässigkeit geboten, in anderen Fällen leistet sie indess wesentliche Dienste, z. B. für die Betrachtung des Chlormethyles

$$(CH_3)Cl,$$

dessen chemisches Verhalten mittelst dieses Ausdrucks in der Regel sehr bequem und anschaulich sich darstellen lässt.

§49.

Man sieht aber sogleich, dass hier grosse Willkühr möglich wird. So kann man z. B., wenn zwei Radicale Methyl (deren jedes noch eine ungesättigte Affinitätseinheit enthält) durch die Verbindung mit einem Sauerstoffatome zu einer geschlossenen Molekel zusammengezogen werden, die entstehende Verbindung (Methylaether) nach dem vorigen ebensowohl auf den Wassertypus beziehen;

$$\underset{\text{(Methyl)}}{(CH_3)} + O + \underset{\text{Methyl}}{(CH_3)} = \underset{\text{(Methylaether)}}{\begin{Bmatrix} CH_3 \\ CH_3 \end{Bmatrix} O}$$

als sie für den verdoppelten Typus des Grubengases (Methylwasserstoff) erklären:

$$\underset{\substack{C \\ \text{(Methyl)}}}{\underbrace{H\,H\,H}} \cdot + O + \cdot \underset{C}{\underbrace{H\,H\,H}} \,{:=}\, \underset{\substack{C \qquad C \\ \text{(Methylaether)}}}{\underbrace{H\,H\,H}\,O\,\underbrace{H\,H\,H}}$$

in welchem je ein Wasserstoffatom in jeder Molekel durch die aequivalente Sauerstoffmenge ersetzt, und durch die Untheilbarkeit des bivalenten Sauerstoffatomes die beiden Molekeln zu einer einzigen zusammengezogen seien.

Ganz dasselbe gilt z. B. vom Zinkmethyl, das man sowohl auf den zweiten Typus beziehen

$$\begin{Bmatrix} CH_3 \\ CH_3 \end{Bmatrix} Zn$$

{77} als auch für den verdoppelten Typus des Grubengases

$$\underset{H\,\widetilde{H}\,H\,}{\overset{C}{\frown}}\ Zn\ \underset{\widetilde{H}\ H\,H}{\overset{C}{\frown}}$$

erklären, oder endlich, indem man es mit dem Wasserstoffgase und dem Methylwasser-
stoffe (d. i. Grubengas in anderer Auffassung) vergleicht:

$$\frac{H\,H}{H\,H}\qquad \frac{(CH_3)\,H}{(CH_3)\,H}\qquad \left.\begin{matrix}(CH_3)\\(CH_3)\end{matrix}\right\}Zn$$

2 Molekeln	2 Mol. Methyl-	1 Mol. Zink-
Wasserstoff,	wasserstoff,	methyl,

sogar auf den verdoppelten ersten Typus beziehen kann.

Letztere Beziehung ist für das Zinkmethyl sogar die von den Chemikern am
häufigsten benutzte, für den Methylaether dagegen die Zurückführung auf den zweiten,
d. i. den Typus des Wassers.

Ebenso kann man das Methylamin:

$$\frac{N\,H\,H\,H}{\widetilde{H\,H}\,\widetilde{C}}\ =\ \underset{H\,H}{\overset{N}{\frown}}.\ +\ \underset{C}{\overset{.\ H\,H\,H}{\smile}}$$

je nach Belieben betrachten als Ammoniak, in dem ein Wasserstoffatom durch Methyl
ersetzt sei:

$$N\left\{\begin{matrix}(CH_3)\\H\\H\end{matrix}\right.$$

oder als Grubengas, in dem H durch NH_2 (Amid) vertreten werde:

$$C-\left\{\begin{matrix}(NH_2)\\H\\H\\H\end{matrix}\right.$$

Aehnliches gilt von den sogenannten „gemischten Typen," welche entstehen, wenn
ein mehrwerthiges Atom in zwei oder mehr Molekeln verschiedener Typen einen Theil
der {78} einwerthigen Atome ersetzt und dadurch eine Vereinigung mehrerer Molekeln
zu einer einzigen bewirkt.

Eine Verbindung z. B. der Form[74]

$$\frac{N\qquad O}{H\,H\,X\quad H}$$

---

[74] D. i. von der Form der s. g. Aminsäuren.

wo X irgend ein Atom oder Radical zweifacher Sättigungscapacität bezeichnet, lässt sich betrachten als durch den Eintritt des bivalenten X zusammengeschweisst aus den Typen des Ammoniaks und des Wassers:

$$N \qquad\qquad O$$
$$\overline{H\ H}\,|\,\overline{H} \qquad\quad \overline{H}\,|\,H$$

aber ebensowohl auch als Wasser, in welchem H durch das einwerthige Radical $NH_2\,X$ ersetzt sei:

$$\left.{NH_2\,X \atop H}\right\}O$$

oder als Ammoniak, in dem H durch XOH vertreten werde:

$$N \left\{ {X\,O\,H \atop H \atop H} \right.$$

§50.

Derartige Betrachtungen sind der Entwickelung der Wissenschaft ganz ausserordentlich förderlich gewesen. Sie können aber nur als Theile des Gerüstes betrachtet werden, das wir abbrechen, nachdem der Aufbau des Systemes vollendet ist oder sein wird. Es war nöthig, die einzelnen Fälle von allen Seiten zu beleuchten und zu betrachten, um alle Analogien und Gegensätze hervortreten zu lassen, und um schliesslich eine allgemeine Uebersicht zu gewinnen über das höchst merkwürdige Verhalten der chemischen Atome {79} bei Verbindungen und Trennungen. Die Gesetze, in welchen unsere gegenwärtigen Kenntnisse von den Wirkungen der Affinität Ausdruck finden, sind aus Speculationen der angegebenen Art hervorgegangen.

Diese Gesetze, welche ebenso sehr durch ihre Einfachheit wie durch grosse Eleganz überraschen, sind dadurch aufgefunden worden, dass man von den Radicalen wieder auf die Atome zurückging.

Die Nothwendigkeit, die Betrachtung bis auf diese auszudehnen, machte sich mit der fortschreitenden Entwickelung der Chemie mehr und mehr fühlbar. Sie scheint fast gleichzeitig von verschiedenen Chemikern mehr oder weniger klar empfunden worden zu sein. Der erste, der ihr bestimmten Ausdruck verlieh und in weitem Umfange Folge gab, war Kekulé in seiner 1857 veröffentlichten Abhandlung: „Ueber die sogenannten gepaarten Verbindungen und die Theorie der mehratomigen Radicale"[75], in der er einen

---

[75] Kekulé, *Annalen der Chemie* 104, 129–150.

Theil seiner Ansichten über die Constitution chemischer Verbindungen darlegte. Etwas später forderte auch Archibald S. Couper[76] noch ausdrücklicher das Zurückgehen auf die Atome, indem er zugleich einige Eigenschaften der letzteren, besonders der Kohlenstoffatome, ausführlicher erörterte, die Kekulé nur angedeutet oder stillschweigend vorausgesetzt hatte.

Kekulé hat seither in verschiedenen Abhandlungen, besonders aber in seinem seit 1859 erscheinenden, oben citirten Lehrbuche, seine Ansichten ausführlicher entwickelt.

§51.

Durch das Zurückgehen auf die Atome wurde als das wichtige, wesentliche und bleibende Resultat aller früheren theoretischen Bestrebungen die Erkenntniss der eigentümlichen Wirkung gewonnen, durch welche die chemische Affinität der Atome den inneren Zusammenhang der Verbindungen {80} erzeugt. Die einzelnen Atome, durch deren Zusammenlagerung eine chemische Verbindung entsteht, werden nicht, wie man früher anzunehmen pflegte, dadurch in dieser Verbindung erhalten, dass jedes von ihnen der Anziehung aller übrigen oder doch einer grösseren Anzahl derselben unterworfen wäre, und durch diese vielen Anziehungen an seiner Stelle gehalten würde; sondern diese Anziehung wirkt nur von Atom zu Atom; jedes haftet nur am nächst vorhergehenden, und an ihm hängt wieder das folgende, wie in der Kette Glied an Glied sich reiht. Kein Glied der Kette kann entfernt werden, ohne dass die ganze Kette zerreisst.

Als Glieder der Kette sind aber nicht alle Atome von gleichem Werthe. Die einwerthigen gleichen solchen Kettengliedern, welche nur mit einem einzigen Ringe oder Haken versehen sind und daher nur mit einem einzigen anderen Gliede verbunden werden können. Ist dieses zweite Atom wieder ein einwerthiges, so fehlt die Möglichkeit, ein drittes Glied hinzuzufügen. Ist aber das zweite Atom mehrwerthig, so wird von seinen Verwandtschaftseinheiten nur eine durch den Zusammenhang mit dem ersten Atome verbraucht; die übrigen können dienen, durch Aufnahme neuer Glieder die Kette weiter zu verlängern. Die Möglichkeit dieser Verlängerung hört auf, sobald als Endglied ein einwerthiges Atom eingefügt wird.

Es ist leicht ersichtlich, dass hiedurch eine ausserordentliche Mannigfaltigkeit der chemischen Verbindungen möglich wird; und in der That beruht die Existenz der unzähligen Verbindungen, insbesondere der des Kohlenstoffes, der sogenannten organischen Verbindungen, auf diesem eigenthümlichen Verhalten der Atome.

Es ergiebt sich aber auch sofort, dass diese Mannigfaltigkeit grösser werden kann für die vierwerthigen als für die dreiwerthigen, und für diese wiederum grösser als für die zweiwerthigen Atome.

---

[76] Zitiert oben in § 44.

{81}

§52.

Jedes zweiwerthige Atom verbraucht seine beiden Affinitäten zum Zusammenheften seiner beiden Nachbarn. Bildet sich also eine Kette aus lauter zweiwerthigen Atomen, so bleibt im günstigsten Falle nur an jedem Ende der Kette je eine Affinität übrig. Wird jede derselben durch ein einwerthiges Atom gesättigt, so ist die Kette abgeschlossen. Sie bildet eine einfache Reihe, z. B. die Chlorschwefelsäure (Sulphurylchlorid) und die entsprechende Bromverbindung:

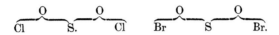

Jede dieser Verbindungen enthält zwei einwerthige Atome, das Maximum, das eine Verbindung aus zwei- und einwerthigen Atomen zu enthalten vermag.

Es kann aber auch geschehen, dass die Affinitäten der beiden äussersten Glieder, statt durch zwei einwerthige, durch ein einziges zweiwerthiges Atom befriedigt werden. Dadurch wird die Kette der Atome ringförmig geschlossen, z. B.

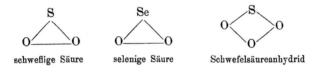

Wenn die Molekel des Schwefels wenig oberhalb des Siedpunktes wirklich, wie sich aus der Dampfdichte 6,6 folgen lässt, aus sechs einzelnen Atomen besteht, so müssen auch diese ringförmig geordnet[77] gedacht werden, damit alle Affinitäten befriedigt erscheinen.

Ebenso würde sich für das Ozon, wenn wir mit Clau{82}sius[78] in dessen Molekel drei Atome annehmen, das ringförmige Schema

O
O——O

ergeben.

In Verbindungen von nur zweiwerthigen oder von zwei- und einwerthigen Elementen scheint die Anzahl der Atome, welche zu einer Molekel zusammentreten, nie sehr gross

---

[77] Es braucht wohl kaum erinnert zu werden, dass der Ausdruck „ringförmig" nicht nothwendig räumlich genommen werden muss; er bezeichnet nur, dass die den Zusammenhang der Molekel bewirkenden, von Atom zu Atom thätigen Anziehungen eine in sich zurücklaufende Reihe bilden.

[78] Clausius, a. a. O., „Ueber den Unterschied".

zu werden. Wenigstens sind bis jetzt keine (gasförmigen) Verbindungen dieser Elemente bekannt, deren Molekel mehr als vier zweiwerthige Atome enthielte.

§53.

Treten dagegen auch drei- und vierwerthige Atome in die Verbindung ein, so wird die Anzahl der zu einer Molekel vereinigten Atome oft sehr gross. Mit der Zahl der drei- und vierwerthigen Atome wächst auch die der einwerthigen, welche in die Molekel eingehen können. Jedes neu hinzutretende drei- oder vierwerthige Atom verbraucht eine seiner Verwandtschaftseinheiten zur Vereinigung mit einem der schon vorhandenen Atome und sättigt dadurch eine Affinität des letzteren. Der Zutritt jedes neuen Atomes neutralisirt also stets mindestens zwei der vorhandenen Affinitätseinheiten. Da nun aber jedes dreiwerthige drei, und jedes vierwerthige vier neue Verwandtschaftseinheiten hinzubringt, so ist klar, dass die Zahl solcher Affinitäten, welche nicht nothwendig für den Zusammenhang der Molekel verbraucht werden, stetig wächst mit dem Hinzutreten drei- und vierwerthiger Atome. Diese Affinitäten aber können durch einwerthige Atome gesättigt werden, ohne dass dadurch der Zusammenhang der Molekel gefährdet würde.
{83}

§54.

Zwischen der Anzahl der einwerthigen Atome, welche möglicher Weise in der Molekel irgend einer Verbindung enthalten sein können, und der der in derselben enthaltenen drei- und vierwerthigen Atome findet eine sehr einfache Beziehung statt, für die sich leicht ein allgemeiner Ausdruck angeben lässt.

Es ist ersichtlich, dass, wenn n die Anzahl aller in der Molekel enthaltenen mehrwerthigen Atome bezeichnet, zum Zusammenhalt derselben unter sich $2\,(n-1)$ Verwandtschaftseinheiten erfordert werden; d. i. zwei weniger als die doppelte Anzahl dieser Atome. Denn mindestens zwei Affinitäten werden durch die Vereinigung der beiden ersten Atome gesättigt, zwei andre beim Zutritt jedes neuen Atomes.

Ist nun n_2 die Anzahl der zwei-, n_3 der drei-, und n_4 der vierwerthigen Atome in einer Molekel der Verbindung, also

$$n_2 + n_3 + n_4 = n$$

und ferner s die Summe ihrer Verwandtschaftseinheiten oder Sättigungscapacitäten, also

$$2\,n_2 + 3\,n_3 + 4\,n_4 = s$$

so ist die Anzahl n_1 der einwerthigen Atome, welche möglicher Weise in der Verbindung enthalten sein können, bestimmt durch die Relation

$$n_1 \leqq s - 2\,(n-1)$$

oder, durch Einsetzen der Werthe für s und n,

$$n_1 \leqq n_3 + 2\,n_4 + 2$$

Die Anzahl n_1 der einwerthigen Atome ist also unabhängig von der der 2werthigen n_2. In jeder Verbindung, welcher Art sie sei, können immer wenigstens zwei einwerthige Atome enthalten sein; ausser diesen noch eins {84} mehr für jedes eintretende dreiwerthige, und ferner zwei mehr für jedes vierwerthige Atom.

§55.

Für eine Verbindung z. B. von Kohlenstoff, Stickstoff, Sauerstoff und Wasserstoff von der Zusammensetzung

$$C_x \, N_y \, O_z \, H_w$$

ist die Anzahl der Wasserstoffatome gegeben durch die zu erfüllende Relation

$$w \leqq 2 \, x + y + 2$$

Die an Wasserstoff reichste unter den möglichen Verbindungen enthält

$$w = 2x + y + 2$$

Wasserstoffatome. Unter den Tausenden von Verbindungen des Kohlenstoffes kommt keine (im Gaszustande) vor, für welche diese Grenze überschritten würde.

Wohl aber kann die Anzahl der Wasserstoffatome geringer sein, als die obige Relation angibt. Dieser Fall tritt ein, wenn die mehrwerthigen Atome mehr als $2 (n - 1)$ Affinitäten untereinander ausgleichen.

Ein Kohlenwasserstoff z. B., der drei Atome Kohlenstoff in der Molekel enthält, kann nicht mehr als

$$3 \times 4 - (2 \times 3 - 2) = 2 \times 3 + 2 = 8$$

Atome Wasserstoff enthalten; denn die Atomgruppe

kann, ohne zu zerfallen, nicht mehr als 8 Atome einfacher Sättigungscapacität aufnehmen. Sättigen aber zwei Kohlenstoffatome gegenseitig mehr als je eine ihrer Affinitäten, {85} so muss in Folge dessen die Zahl der Wasserstoffatome um 2 abnehmen:

Ebenso kann die Vereinigung von einem Atom Kohlenstoff und einem Atom Stickstoff mit Wasserstoff die Combinationen geben

Methylamin

Blausäure

In dem einem Falle sättigt das C-Atom nur eine, im anderen alle drei Affinitäten des Stickstoffes; im ersteren bleiben fünf, im anderen nur eine Affinität für den Wasserstoff übrig.

Möglich wäre auch noch eine bis jetzt unbekannte Zwischenstufe

$$\overline{\underset{H\ \ H}{C}\!=\!\underset{N}{\overset{H}{}}}\!\sim$$

in welcher drei Verwandtschaftseinheiten durch Wasserstoff gesättigt wären.

§56.

Man sieht, dass durch die gegenseitige Neutralisation der mehrwerthigen Atome die Anzahl der einwerthigen immer um 2, 4, 6 etc., also stets um eine gerade Zahl vermindert wird. Die Anzahl bleibt also immer gerade oder ungerade; je nachdem sie in der an einwerthigen Atomen reichsten Combination gerade oder ungerade ist.

Die für letztere geltende Relation

$$n_1 = n_3 + 2\,n_4 + 2 = n_3 + 2\,(n_4 + 1)$$

oder

$$n_1 - n_3 = 2(n_4 + 1)$$

{86} sagt aber aus, dass die Differenz $n_1 - n_3$ und folglich auch die Summe $n_1 + n_3$ stets eine gerade Zahl sei. Es ist also n_1 gerade, wenn n_3 gerade ist, und umgekehrt.

Laurent[79] nannte die drei- und einatomigen, damals noch nicht als solche unterschiedenen, Elemente „Dyaden", weil sie, alle zusammengerechnet, immer mit gerader Anzahl von Atomen, folglich paarweise auftreten (d. h. weil $n_1 + n_3$ stets gerade ist), im Gegensatz zu den in beliebiger Zahl auftretenden „Monaden", d. i. den 2- und 4werthigen Elementen.

§57.

In einer Atomgruppe, die als zusammengesetztes Radical fungiren soll, dürfen, wie sich aus dem vorigen leicht ergiebt, nicht alle Affinitäten der mehrwerthigen Atome gesättigt sein; es muss vielmehr die Relation gelten:

$$n_1 < n_3 + 2\,n_4 + 2.$$

Die Differenz

$$(n_3 + 2n_4 + 2) - n_1$$

giebt an, wie viel Atome einfacher Sättigungscapacität das Radical im Maximum vertreten kann. Die Anzahl derselben aber kann sich verkleinern, und zwar stets um eine

---

[79] Laurent, *Méthode de chimie*, S. 58.

gerade Zahl, dadurch, dass zwei oder mehr Atome mehrfacher Sättigungscapacität ihre Affinitäten gegenseitig sättigen.

Das Radical C_3H_3 z. B. würde 5werthig sein; denn für $n_4 = 3$, $n_3 = 0$, und $n_1 = 3$ haben wir

$$2 \cdot n_4 + 2 - n_1 = 2 \cdot 3 + 2 - 3 = 5.$$

Durch Verbindung der C-Atome unter sich kann aber das Radical 3- und 1werthig werden:

{87} Ebenso kann das Radical C_3H_4 4-, 2- oder 0-werthig sein, je nachdem die drei Kohlenstoffatome zur Verbindung unter sich 4, 6 oder 8 ihrer 12 Verwandtschaftseinheiten aufwenden.

§58.

Durch eine solche vielfache Vereinigung mehrwerthiger Atome unter sich kann der Bau einer Molekel sehr verwickelt werden. Nur im einfachsten Falle ist die Kette der Atome linear; wird aber in ein drei- oder vierfaches Glied derselben ein anderes mehrfaches Glied gehängt, so vermag sich an dieses eine neue Kette zu reihen. Verbindet sich also ein schon mit zwei anderen verbundenes, also innerhalb der Kette liegendes drei- oder vierwerthiges Atom mit noch einem dritten mehrwerthigen Atome, so können sich an dieses wieder andere reihen. So entsteht eine aus mehreren linearen zusammengesetzte, verästelte Kette von Atomen. Die Aeste derselben können sich in derselben Weise weiter verzweigen, auch die Zweige sich untereinander durch Zwischenglieder zu netzartigen Gebilden vereinigen, so dass äusserst verwickelte Verhältnisse entstehen, die schwierig zu enträthseln sind.[80]

Wahrscheinlich haben die so sehr beständigen, an Kohlenstoff reichen Radikale der sogenannten aromatischen (Benzoe-) Reihe eine derartige durch vielfache Verbindungen der Kohlenstoffatome unter sich charakterisirte Constitution. Auch die organischen Verbindungen der höchsten Ordnungen, die Stoffe, welche die wesentlichsten Träger des Lebens der Pflanzen und Thiere sind, haben aller Wahrscheinlichkeit nach einen solchen mit einer vielgliedrigen, vielfach verzweigten Kette vergleichbaren Bau, während bei den einfacheren Verbindungen die Ordnung der Atome meistens in einer linearen Kette ihren bildlichen Ausdruck findet.

{88} Doch auch unter den einfacher constituirten Verbindungen kommen nicht selten verästelte Atomketten vor. So z. B. bilden im Triaethylamin

---

[80] Die Möglichkeit dieser Art von Verbindungen ist zuerst von Couper (a. a. O.) dargelegt worden.

$$N\begin{cases}C_2H_5 \\ C_2H_5 \\ C_2H_5\end{cases}$$

die drei Radicale Aethyl eben so viele lineare Ketten, die in dem einen Stickstoffatom als Knotenpunkt zusammenlaufen.

§59.

Fragen wir nun nach einer Erklärung des merkwürdigen Verhältnisses, dass gewisse Atome nur ein einziges anderes Atom zu binden vermögen, andre 2, andre 3, und noch andre 4, dass aber, wenn sie sich mit diesen vereinigt haben, eine Vereinigung mit neu hinzutretenden nicht mehr möglich ist, so finden wir uns noch ziemlich vor derselben Thür, an welche die Chemie seit hundert Jahren pocht. Die Frage ist nur eine andre, schärfer ausgeprägte Form der anderen Frage, warum sättigt ein Aequivalent Salpetersäure nur ein und nicht, wie z. B. die Phosphorsäure, 2 oder 3 Aequivalente Kali? Der Ausdruck „Sättigung" ist eben nur ein Wort für einen fehlenden Begriff, für eine fehlende klare Vorstellung.

Indessen lässt sich doch soviel sagen, dass diese begrenzte Affinitätswirkung der Atome entweder dadurch bedingt ist, dass das oder die hinzugetretenen Atome den Raum, in welchem die Verwandtschaft thätig ist, also die Wirkungssphäre, derartig erfüllen, dass neue Atome nicht mehr hinzutreten können, oder dadurch, dass die Atome durch die Verbindung die Eigenschaft verlieren, vermöge welcher sie Verbindungen eingehen.

Die erstere Erklärung würde die Annahme erfordern, dass neben jedem Atom *einfacher* Sättigungscapacität sich nur eine einzige Stelle im Raume befinde, in welcher ein hinzutretendes Atom im stabilen Gleichgewichte festgehalten werde. Bei einem 2werthigen Atome würde es 2, bei einem 3werthigen 3, und bei einem 4werthigen 4 solcher Orte im {89} Raume geben. Die vier Arten von Atomen aber müssten so beschaffen sein, dass ein einwerthiges nur einen solchen Ort erfülle, ein 2werthiges sich über 2 solcher Orte, ein 3werthiges über 3 u. s. w. ausdehnen würde.[81] Es ist klar, dass nach dieser Vorstellung die Kraft, mit welcher sich zwei Atome gegenseitig anziehen, ihren mathematischen Ausdruck fände in einer Funktion, welche nicht nur von dem Abstande der beiden Atome, sondern auch von den relativen, auf gewisse innerhalb jedes Atomes festen Richtungen oder Axen der Atome bezüglichen Coordinaten abhängen würde, und für gewisse Werthe dieser Coordinaten ein Maximum erreichte.[82]

---

[81] Vgl. § 88 letzte Note.

[82] Auf eine Function, welche diesen Bedingungen genügt, kommt man z. B. durch die Annahme von innerhalb der Atome in bestimmter Art vertheilten positiven und negativen elektrischen Massen, welche sich nach einem mit der Entfernung rasch abnehmenden Gesetze anziehen, resp. abstossen. Es lässt sich eine solche Vertheilung fingiren, dass die beiden Atome nur in einer

Die zweite Erklärung würde in ihren Grundlagen der Berzelius'schen elektrochemischen Theorie ähneln. Es scheint vor der Hand schwierig, die unhaltbaren Annahmen der letzteren durch bessere zu ersetzen. Dass hier den elektrischen verwandte Erscheinungen stattfinden, ist nicht unwahrscheinlich; aber wir sind in der Erkenntniss des Zusammenhanges zwischen elektrischen und chemischen Erscheinungen bis jetzt kaum hinausgekommen über die schon 1806 von H. Davy[83] geäusserte Ansicht, dass beide verschiedene Erscheinungen seien, aber erzeugt durch die{90}selbe Ursache, welche in dem einen Falle auf endliche Massen, in dem anderen auf deren kleinste Theilchen wirke.

Vielleicht dienen einst die interessanten Entdeckungen Schönbein's über die allotropen Zustände des Sauerstoffes und deren elektrische und chemische Gegensätze hier als Wegweiser.

§60.

Nachdem das allgemeine Gesetz für die Vereinigung der Atome zu Verbindungen aufgefunden, das Gesetz der kettenförmigen Aneinanderreihung, ist es die Aufgabe der Wissenschaft, für jede Verbindung die Ordnung und Reihenfolge der Atome anzugeben, oder wie man sich auszudrücken pflegt, die rationelle Formel für die Verbindung zu suchen.

Für einfache Verbindungen hat dies in der Regel keine Schwierigkeit. In einem Kohlenwasserstoff z. B. von der Zusammensetzung C_2H_6 ist nur die eine Anordnung möglich, dass die beiden Kohlenstoffatome durch je eine Affinität zusammenhängen, und die drei übrigen Affinitäten jedes Atomes durch je drei Wasserstoffatome gesättigt sind, also:

$$\overbrace{H_3 \quad C}\overbrace{C \quad H_3}$$

Eine andere Anordnung der Atome ist nicht möglich, ohne dass die Molekel zerfällt.

Suchen wir aber die rationelle Formel, welche die Atomgruppierung angiebt für eine Verbindung mit der empirischen Molekularformel C_2H_6O, so ergiebt sich zunächst, dass

---

bestimmten relativen Lage sich in Ruhe befinden würden; bei grösserer Entfernung Anziehung, bei grösserer Annäherung Abstossung, und endlich bei seitlicher Verschiebung ebenfalls ein Zurückführen in die Gleichgewichtslage eintreten würde. Indessen ist mit Hypothesen dieser Art wenig gewonnen, zumal wir über das Wesen der Electricität selbst noch vollständig im Dunkeln sind.

[83] In einer am 20. November 1806 vor der Royal Society gelesenen Abhandlung (*Collected Works,* Bd. 5, S. 1–57, hier 39–40); ferner seine *Elements of Chemical Philosophy* (1812), S. 165 (*Collected Works,* Bd. 4, S. 120) und Berzelius, *Jahresbericht* für 1826 (Tübingen, 1828), S. 19–24: „They are conceived, on the contrary, to be *distinct* phenomena, but produced by the same *power,* acting in one case on masses, in the other on particles."

für die Vereinigung der drei mehrwerthigen Atome unter sich nur vier Verwandtschafts-einheiten disponibel sind. Es ist nämlich die Summe aller ihrer Affinitäten

$$s = 2 \cdot 4 + 2 = 10;$$

sechs Einheiten werden aber für die sechs Wasserstoffatome erfordert, folglich bleiben nur die gerade erforderlichen und ausreichenden 4 Einheiten für den Zusammenhang zwischen den beiden C und dem einen O.

{91} Es ergeben sich hier aber sofort zwei Möglichkeiten: entweder hängen die beiden Kohlenstoffatome direkt zusammen und nur eines derselben mit dem Sauerstoff-atome, oder letzteres ist mit jenen beiden, diese aber nicht direkt mit einander vereinigt. Mit anderen Worten, es ergeben sich für die in Rede stehende Verbindung a priori zwei mögliche rationelle Formeln:

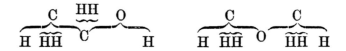

Welche dieser Formeln die Constitution der Verbindung wirklich ausdrückt, lässt sich nur aus den chemischen Metamorphosen der Substanz, ihrem Entstehen und Vergehen erschliessen. Eine von beiden angegebenen Atomgruppirungen aber muss die wirklich vorhandene sein; denn eine dritte ist ohne den Zerfall der Molekel nicht möglich.

Wir kennen nun in der That zwei isomere Verbindungen mit der empirischen Molekularformel C_2H_6O. Die eine derselben, der gewöhnliche Alkohol, lässt bei vielen Zersetzungen die Atomgruppe C_2H_5 als zusammenhängendes Ganzes austreten, die man daher als das zusammengesetzte Radical „Aethyl" seit lange als im Alkohol praeexistirend angenommen hat. Aus allen oder doch sehr vielen Verbindungen, in welche dieses Radical übergeführt wird, lässt sich rückwärts wieder Alkohol darstellen. Die andre der beiden isomeren Verbindungen C_2H_6O, der Methylaether, entsteht aus Substanzen, deren jede nur 1 C in der Molekel enthält, z. B.

$$\underset{\text{Holzgeist}}{CH_3OH} + \underset{\text{Holzgeist}}{CH_3OH} = \underset{\text{Methyläther}}{C_2H_6O} + \underset{\text{Wasser}}{H_2O}$$

oder

$$\underset{\text{Jodmethyl}}{CH_3J} + \underset{\text{Kaliummethylat}}{CH_3\,OK} = \underset{\text{Methylaether}}{C_2H_6O} + \underset{\text{Jodkalium}}{KJ}$$

also durch Vereinigung der Atomgruppen

$$CH_3 \text{ und } CH_3O.$$

{92} Wir schliessen aus diesem verschiedenen Verhalten der beiden isomeren Substanzen, dass die erste der beiden als möglich angegebenen Constitutionsformen dem Alkohol, die zweite dem Methyläther zukomme, und wir erblicken zugleich in der verschiedenen Anordnung der Atome den Grund, warum die beiden Substanzen, trotz der Gleichheit ihrer letzten Bestandtheile, doch ganz verschiedene Eigenschaften besitzen.

§61.

Etwas verwickelter wird schon die Aufgabe, die atomistische Constitution einer Verbindung zu erforschen, wenn diese nicht die grösst mögliche Anzahl einwerthiger, sondern statt eines Theiles derselben mehrwerthige Atome enthält. Das einfache Mittel zur Lösung des Problemes bleibt aber hier wie überall dasselbe, das schon seit geraumer Zeit in der Chemie seine verdiente Geltung hat. Man versucht, um die Reihenfolge der Glieder in der Kette zu erforschen, die Kette an verschiedenen Stellen zu zerreissen, und beobachtet, welche Atomgruppen bei diesem Zerreissen ihren Zusammenhang bewahren. Dann aber versucht man, ob und wie sich rückwärts aus den so erhaltenen Bruchstücken eine der ursprünglichen gleiche Kette wieder zusammensetzen lässt. Dies ist der Weg des Chemikers, die Analyse und die Synthese der Stoffe.

Wenn aus einer Verbindung bei vielen ihrer Zersetzungen ein und derselbe, nach den entwickelten Regeln zusammengesetzter Atomencomplex austritt, und andererseits durch Wiedereintritt dieses Complexes die ursprüngliche Verbindung hergestellt wird, so ist die nächste und ungezwungenste Annahme die, dass auch vor der Zersetzung und nach der Wiedervereinigung jene Atomengruppe als in sich zusammenhängend in der Verbindung existire.[84]

{93} Um aber die ganze Kette der Atome vollständig zu übersehen, und demnach die Ordnung derselben vollständig angeben zu können, ist es meistens erforderlich, dass eine grössere Zahl von Zersetzungen und Neubildungen der Substanz bekannt sei. Die Kette muss an verschiedenen Stellen gespalten und aus den einzelnen Gliedern, in die sie zerlegt worden, wieder zusammengesetzt werden. Es ist daher in der Regel eine sehr umfassende experimentelle Forschung nothwendig, ehe die Constitution einer Substanz mit Sicherheit erkannt wird. Ist aber die Forschung hinreichend weit gediehen, so gelingt auch regelmässig die Feststellung der atomistischen Constitution.

So gehört z. B. die Essigsäure (sogenanntes „Essigsäurehydrat") schon zu den complicirteren, aber auch zu den best untersuchten Verbindungen. Durch Betrachtung aller Zersetzungs- und Bildungsweisen dieser Substanz hat Kekulé, der sich um diese Art der Forschung grosses Verdienst erworben, gezeigt[85], dass ihre atomistische Constitution vollständig und sicher ausgedrückt wird durch das Schema:

$$\underbrace{\text{H}}\ \overbrace{\underbrace{\text{H}\,\overset{\text{C}}{\text{H}}\,\text{H}}}\ \underset{\text{C}}{\overset{\overset{\text{O}}{\|}}{}}\ \overbrace{\underbrace{}^{\text{O}}\,\text{H}}$$

---

[84] Ueber die Berechtigung dieser Schlussfolgerung siehe u. a. Berzelius in seinem 14ten Jahresberichte für 1833 (Tübingen, 1835), S. 319.

[85] Kekulé, *Lehrbuch der organischen Chemie*, Bd. 1, S. 521 (1861).

und dass die Atome derselben nicht anders, als dieses Schema angiebt, gruppirt gedacht werden dürfen.

§62.

Bei zusammengesetzteren oder nicht hinreichend untersuchten Verbindungen sind häufig nicht so viele Zersetzungen bekannt, dass man von jedem Atome angeben könnte, mit welchem der übrigen es zunächst in Verbindung steht. Man ist alsdann genöthigt, gewisse Atomgruppen unaufgelöst als zusammengesetzte Radikale in den schematischen Darstellungen stehen zu lassen. Das gleiche thut man ge{**94**}wöhnlich, aus Gründen der Bequemlichkeit, auch in den Formeln derjenigen Verbindungen, deren Gliederung vollständig angegeben werden kann.

So kann man z. B. die Formel der Benzoesäure nicht weiter auflösen als in die Gruppen:

$$\underbrace{(\mathrm{C_6H_5})\ \underset{\mathrm{C}}{\underbrace{\mathrm{O}}}\ \underset{\mathrm{H}}{\underbrace{\mathrm{O}}}}$$

muss also das Radical C_6H_5 unaufgelöst stehen lassen. Da aber bei den wichtigsten Umsetzungen die Gruppe C_7H_5O beisammen bleibt, so lässt man auch diese in der Regel unaufgelöst und bedient sich der Gerhardt'schen Formel

$$\left.\begin{matrix}\mathrm{C_7H_5O}\\\mathrm{H}\end{matrix}\right\}\mathrm{O}$$

und entsprechend für die Essigsäure der ebenfalls von Gerhardt gegebenen Formel

$$\left.\begin{matrix}\mathrm{C_2H_3O}\\\mathrm{H}\end{matrix}\right\}\mathrm{O}$$

oder statt beider auch wohl der etwas weiter aufgelösten

$$\left.\begin{matrix}\mathrm{C_6H_5}\\\mathrm{C\ O}\\\mathrm{H}\end{matrix}\right\}\mathrm{O} \qquad \left.\begin{matrix}\mathrm{C\ H_3}\\\mathrm{C\ O}\\\mathrm{H}\end{matrix}\right\}\mathrm{O}$$
Benzoesäure   Essigsäure.

Wie weit man eine solche Formel auflösen oder zusammenziehen will, ist beim jetzigen Stande der Dinge eine reine Zweckmässigkeitsfrage und kann nicht mehr, wie früher, Gegenstand wissenschaftlicher Discussion sein. Nothwendig ist nur, dass die als Radicale stehen bleibenden Gruppen die aus den vorigen Betrachtungen sich ergebenden Bedingungen des inneren Zusammenhanges enthalten (§ 57), und dass sie bei stattfindenden Zersetzungen wirklich zusammenbleiben.

§63.

Atomgruppen aber, welche diesen Bedingungen nicht genügen, in den Verbindungen als nähere Bestandtheile anzu{**95**}nehmen, würde nur möglich sein, wenn man die in den letzten Jahren gewonnene Einsicht in die Wirkungsart der chemischen Affinitäten ignoriren wollte. Streng genommen ist es daher z. B. nicht mehr zulässig, das sogenannte Hydrat einer Säure als eine Verbindung von Wasser und wasserfreier Säure, einen Alkohol als Verbindung von Wasser und Aether zu betrachten. Die atomistische Constitution der Essigsäure und des Alkohols kann nicht mehr ausgedrückt werden durch die früher gebräuchlichen sogenannten „dualistischen" Formeln

$$\overline{\text{H}}\text{O, C}_4\text{H}_3\text{O}_3 \qquad \overline{\text{H}}\text{O, C}_4\text{H}_5\text{O,}$$
$$\text{Essigsäure} \qquad\qquad \text{Alkohol}$$

oder, wenn wir die gestrichenen Atomzeichen (Doppelatome) auflösen,

$$\text{H}_2\text{O, C}_4\text{H}_6\text{O}_3 \quad \text{H}_2\text{O, C}_4\text{H}_{10}\text{O}$$

Denn die Gruppe H$_2$O ist eine in sich gesättigte; sie verbraucht die vier Verwandtschaftseinheiten ihrer Atome zu ihrem inneren Zusammenhange:

$$\frac{\overline{\text{H}}}{\overline{\text{H}}}\!\!>\!\text{O}$$

und es bleibt keine Affinität übrig zur Verlängerung der Kette. Dasselbe gilt von der Gruppe C$_4$H$_{10}$O, und gleichfalls von der anderen C$_4$H$_6$O$_3$, wenn man zugiebt, dass in derselben 2 O an die Stelle von 4 H in jener getreten seien, wie es die Entstehung der Essigsäure aus dem Alkohol verlangt.

Für erstere Gruppe ist[86]

$$n = 5;$$
$$s = 4 \cdot 4 + 2 = 18$$
$$s - 2\,(n - 1) = 10$$

Diese 10 Einheiten werden durch die 10 H gesättigt, in der anderen Gruppe dieselben durch 6 H und 2 O. Diese Gruppen sind also keine Radicale mit disponibelen Affinitäten; sie sind vielmehr in sich geschlossene Molekeln, und zwar die eine die des Aethyläthers, die andre die des Essigsäureanhydrides, die beide, ohne zu zerfallen, keine Verbindungen einzugehen vermögen.

{96} Der Umstand, dass die ältere Ansicht, nach welcher die sogenannten Säurehydrate Verbindungen sein sollten von wasserfreier Säure und Wasser, die Salze von Säure und Basis, unvereinbar ist mit den modernen Theorien, nähert die letzteren der Davy'schen Theorie der Wasserstoffsäuren. Der Unterschied besteht nur darin, dass Davy dem durch Metalle vertretbaren Wasserstoffe alle übrigen in der Verbindung

---

[86] Zur Verdeutlichung: Mit der ersten der beiden folgenden Gleichungen wird die Summe aller "Verwandtschaftseinheiten" (Valenzen) der fünf mehrwertigen Atome in der Verbindung C$_4$H$_{10}$O berechnet. Die zweite Gleichung gibt die Anzahl derjenigen Verwandtschaftseinheiten an, die nicht an der Kettenbildung beteiligt sind. Die Meyer'schen Gleichungen zur Berechnung der Valenz machen aus heutiger Sicht Sinn, wenn man konstante Valenz annimmt.]

enthaltenen Atome als ein Ganzes entgegensetzte, während wir jetzt dieselben als eine gegliederte Gruppe betrachten. Die Lehre Davy's ist vollständig aufgenommen in die modernen Anschauungen, aber diese gehen weiter und enthalten mehr als jene.

§64.

Es kommt aber manchmal vor, dass die aus verschiedenen Zersetzungen einer und derselben Substanz gezogenen Schlüsse zu einer verschiedenen Constitution der Verbindung führen. Dies kann daher rühren, dass bei gewissen Zersetzungen an verschiedenen Stellen der Molekel Atome oder Atomgruppen austreten und sich nach dem Austritt mit einander oder mit Theilen benachbarter Molekeln verbinden.

Umgekehrt kann sich eine Atomgruppe in eine Molekel einschieben und so den ursprünglichen Zusammenhang der Atome verändern. So z. B. bildet Kohlenoxyd mit Kalihydrat, wie Berthelot entdeckte, ameisensaures Salz. Man kann aber nicht annehmen, dass das Kalihydrat als zusammenhängende Atomgruppe im entstandenen Salze noch enthalten sei, schon weil eine solche Gruppirung nicht die für den Zusammenhang der Molekel erforderlichen Bedingungen[87] erfüllen würde. Man muss vielmehr annehmen, das Kohlenoxyd schiebe sich ein zwischen den Wasserstoff und die Gruppe KO.

$$C\left\{ \begin{matrix} \cdot \\ O \\ \cdot \end{matrix} \right. + \begin{matrix} H \\ K \end{matrix}\left. \right\}O = C\left\{ \begin{matrix} H \\ O \\ \\ O \end{matrix} \right. \\ K\left. \right\}$$

{97} Solche und ähnliche Fälle können das Gewinnen einer Einsicht in die Constitution der Molekeln erschweren, dürfen uns aber von dem Streben nach derselben nicht abschrecken. Bei genauerer Kenntniss wird sich immer eine der Spaltungen als die häufiger vorkommende, regelmässiger verlaufende u. s. w. herausstellen und deshalb bessere Anhaltspunkte zur Erforschung der Atomlagerung gewähren, als die entgegenstehende.

Es ist eine schwierige und grosser Vorsicht bedürftige Aufgabe, die Beziehungen der Atome zu einander zu erforschen; wir werden in der Lösung derselben noch viele Irrthümer begehen und berichtigen; aber das lässt sich, obwohl wir erst im Anfange des Anfanges stehen, schon jetzt übersehen, dass die Aufgabe nicht Menschenkräfte übersteigt.

§65.

Bisher haben wir der Betrachtung nur solche Verbindungen unterworfen, deren Molekulargewicht bekannt ist, und welche nur Elemente von bekannter Sättigungscapacität enthalten. Es liegt aber nahe, eine Erweiterung der bisherigen Resultate zu versuchen und

---

[87] Siehe §§ 57 und 63.

die aufgefundenen Gesetze auch auf für die Hypothese Avogadro's nicht zugängliche, also *nicht gasförmige* Verbindungen und die in ihnen enthaltenen Elemente anzuwenden.

Dazu erscheint es zunächst nur erforderlich, für die nach der Regel von Dulong und Petit bestimmten (in § 28 und 32 aufgeführten) Atomgewichte der Elemente stöchiometrisch zu ermitteln, mit wie vielen Atomen einfacher Sättigungscapacität sie sich verbinden, und daraus die eigene Sättigungscapacität derselben zu erschliessen. Ist diese bekannt, so kann man durch Anwendung der für die Constitution der Verbindungen geltenden, im vorigen erörterten Gesetze die nähere Zusammensetzung auch derjenigen Verbindungen erschliessen, welche im gasförmigen Zustande nicht bekannt sind.

{98} Die Ermittelung der Sättigungscapacität der Atome auf diesem Wege erscheint besonders für eine grosse Anzahl von Metallen geboten, da nur von sehr wenigen ihrer Verbindungen bisher die Dichte im Gas- oder Dampfzustande ermittelt werden konnte.

Ehe wir indess unseren Schlussfolgerungen diese Ausdehnung geben, ist es nothwendig zunächst zu untersuchen, welchen Irrthümern wir uns durch dieselbe aussetzen, und welcher Grad der Sicherheit sich auf diesem Wege erreichen lässt. Behufs dieser Untersuchung beginnen wir mit der Betrachtung einiger Beispiele.

§66.

Für Zink und Quecksilber lässt sich mittelst der Avogadro'schen Regel sowohl das Atomgewicht, als die Sättigungscapacität des Atomes bestimmen. Die Molekeln einiger ihrer gasförmigen Verbindungen werden dargestellt durch die Formeln:[88]

$$Zn\begin{Bmatrix}CH_3\\CH_3\end{Bmatrix} \qquad Zn\begin{Bmatrix}C_2H_5\\C_2H_5\end{Bmatrix}$$
Zinkmethyl $\qquad$ Zinkaethyl

$$Hg\begin{Bmatrix}CH_3\\CH_3\end{Bmatrix} \qquad Hg\begin{Bmatrix}C_2H_5\\C_2H_5\end{Bmatrix} \qquad H\begin{Bmatrix}Cl\\Cl\end{Bmatrix}$$
Quecksilber- $\qquad$ Quecksilber- $\qquad$ Quecksilber-
methyl $\qquad$ aethyl $\qquad$ chlorid (Sublimat)

Sie enthalten dieselbe Anzahl einfacher Atome wie die entsprechenden Verbindungen z. B. des bivalenten Sauerstoffes:

$$O\begin{Bmatrix}CH_3\\CH_3\end{Bmatrix} \qquad O\begin{Bmatrix}C_2H_5\\C_2H_5\end{Bmatrix} \qquad O\begin{Bmatrix}Cl\\Cl\end{Bmatrix}$$
Methylaether $\qquad$ Aethylaether $\qquad$ Unterchlorig-
säureanhydrid.

[88 Die Formel des Quecksilberchlorids enthält einen Druckfehler, anstelle von „H" muss „Hg" stehen.]

während die einwerthigen Atome des Wasserstoffes und des {99} Chlores mit denselben Radicalen und Atomen die Verbindungen

$$\overset{\frown}{H\,C}\,H_3 \qquad \overset{\frown}{H\,C}_2\,H_5 \qquad \overset{\frown}{H\,Cl}$$
Methylwasserstoff   Aethylwasserstoff   Chlorwasserstoff

$$\overset{\frown}{Cl\,C}H_3 \qquad \overset{\frown}{Cl\,C}_2\,H_5 \qquad \overset{\frown}{Cl\,Cl}$$
Chlormethyl   Chloraethyl   „freies" Chlor

bilden.

Es kann demnach nicht zweifelhaft sein, dass die Atome des Zinks und des Quecksilbers, wie die des Sauerstoffes, zweiwerthig sind.

Man könnte nun versucht sein, auch alle übrigen Metalle, deren nach dem Dulong-Petit'schen Gesetze bestimmten Atomgewichte dieselbe Menge Chlor zu sättigen vermögen, wie Zink und Quecksilber, als zweiwerthig zu betrachten, und demgemäss den Chloriden derselben, obschon deren Dampf- oder Gasdichte nicht bekannt ist, die Molekularformeln zu geben:

$$BaCl_2, \; SrCl_2, \; CaCl_2, \; MgCl_2, \; CdCl_2, \; CuCl_2,$$
$$PbCl_2, \; NiCl_2, \; CoCl_2, \; MnCl_2, \; FeCl_2.$$

Dieser Schluss auf die Molekulargrösse und gleichzeitig auf die Sättigungscapacität der Atome würde aber mindestens unsicher und für wenigstens eines der erwähnten Metalle nachweislich unrichtig sein.

Denn während, wie es scheint, die meisten der genannten Metalle mit mehr Chlor beständige Verbindungen zu bilden nicht vermögen, giebt das Eisen eine sehr stabile Verbindung, das Eisenchlorid, welche auf jedes Atom Eisen 3 Atome Chlor enthält. Die Dichte dieser Verbindung im Gaszustande wurde zu 11,39 gefunden.[89] Daraus folgt nach den oben angegebenen Regeln das Molekulargewicht

$$324,86 = Fe_2Cl_6$$

{100} Hiernach muss das Eisen als 4werthig angesehen werden; denn während 6 Verwandtschaftseinheiten erfordert werden, um die 6 einwerthigen Chloratome zu binden, sind noch zwei erforderlich für die Vereinigung der beiden Eisenatome unter sich. Das Eisenchlorid hat demnach eine analoge Zusammensetzung wie der sogenannte Anderthalbchlorkohlenstoff:

$$C_2Cl_6.$$

---

[89] Sainte-Claire Deville und Troost, „Ueber die Dampfdichte einiger unorganischer Verbindungen", *Annalen der Chemie* 105 (1858), 213–219, hier 217.

Um der so erwiesenen Quadrivalenz des Eisens auch im Eisenchlorür Geltung zu verschaffen, müsste man dessen Molekulargewicht doppelt so gross als oben geschehen setzen, nämlich zu

$$Fe_2Cl_4,$$

entsprechend dem s. g. Einfachchlorkohlenstoff:

$$C_2Cl_4,$$

und annehmen, dass in dieser Verbindung jedes Eisenatom durch zwei seiner Verwandtschaftseinheiten mit dem anderen vereinigt wäre, so dass nur je zwei für die Verbindung mit Chlor übrig blieben.

§67.

Diese Ansicht ist a priori nicht unzulässig; aber sie lässt sich, bevor nicht die Dichte dieser Verbindung im Gaszustande bekannt ist, weder beweisen noch widerlegen; und dies um so weniger, als selbst für Verbindungen, deren Raumerfüllung im gasförmigen Aggregatzustande gemessen wurde, die Bestimmung der Molekulargrösse noch Zweifeln unterliegen kann. So fand z. B. Mitscherlich für das Chlorür und das Bromür des Quecksilbers die Dampfdichten 8,35 und 10,14, aus denen sich die Molekulargewichte berechnen zu:

$$235,7 = HgCl \text{ und } 280,2 = HgBr.$$

In den Molekeln dieser Verbindungen erscheint also nur eine der zwei Affinitäten des bivalenten Quecksilberatomes gesättigt. Um diese Unregelmässigkeit zu beseitigen, {101} macht Kekulé[90] die Annahme, die genannten Verbindungen hätten im festen Zustande die durch Hg_2Cl_2 und Hg_2Br_2 auszudrückenden Molekulargewichte; bei der Vergasung aber zerfielen sie in Metall und die höhere Chlor-, resp. Bromstufe:

$$Hg_2Cl_2 = HgCl_2 + Hg$$
$$Hg_2Br_2 = HgBr_2 + Hg$$

Den nach dieser Ansicht entstehenden Gemengen würden allerdings im Gaszustande dieselben mittleren Dichtigkeiten zukommen, wie den Verbindungen, deren Molekulargewichte ausgedrückt werden durch die Formeln HgCl und HgBr. Die Ansicht ist also mit der Beobachtung nicht im Widerspruch. Man kann für dieselbe ausserdem anführen, dass bei der Sublimation von Calomel (Chlorür) jedesmal die Bildung einer gewissen, wenn auch kleinen Menge von Sublimat (Chlorid) beobachtet wird. Indessen ist nicht zu übersehen, dass durch jene Annahme Kekulé's die Schwierigkeit keineswegs gehoben wird; denn statt zweier Molekeln HgCl, in deren jeder eine Affinität ungesättigt ist, erhalten

---

[90] Kekulé, *Lehrbuch der organischen Chemie*, Bd. 1, S. 498 (1861).

wir nach jener Annahme eine vollständig geschlossene Molekel, $HgCl_2$, und eine andere, Hg, mit *zwei* unbefriedigten Affinitäten. Zudem leuchtet nicht ein, warum das eine Atom Hg dem anderen, ihm völlig gleichen, beide Chloratome entziehen soll, statt dass dieselben sich gleichförmig auf beide verteilten. Bekennt man sich dagegen zu der Ansicht, die Molekel des gasförmigen Chlorürs sei HgCl, so kann man immer noch annehmen, dass bei der Rückkehr in den festen Zustand je zwei Molekeln ihre noch übrige Affinität gegenseitig sättigen und so zu der geschlossenen Verbindung Hg_2Cl_2 zusammentreten.

§68.

Wollte man der besprochenen Ansicht analog auch andere Verbindungen mit theilweise ungesättigten Verwandtschaften betrachten, so müsste man consequenter Weise annehmen, das Kohlenoxyd sei ein Gemenge aus {102} Kohlensäure und isolirten Kohlenstoffatomen, das Stickoxyd aus Sauerstoff und Stickstoff:

$$2\ \overset{''''}{C}\overset{''}{O} = \overset{''''}{C}\overset{''}{O}_2 + \overset{''''}{C}$$

$$2\ \overset{'''}{N}\overset{''}{O} = \overset{'''}{N}\overset{'''}{N} + \overset{''}{O}\overset{''}{O}$$

Annahmen, deren vollständige Unhaltbarkeit zu Tage liegt.

Müssen wir aber annehmen, dass im Kohlenoxyd zwei der Affinitäten des quadrivalenten Kohlenstoffes, im Stickoxyd eine des trivalenten Stickstoffes ungesättigt vorhanden sind, so hat es keine Schwierigkeit, für die Molekel des metallischen Quecksilbers (und ebenso des Cadmium's) beide vorhandenen, für die des Quecksilberchlorür's und Bromür's eine von zweien als ungesättigt anzusehen; um so mehr, da die Affinitäten des Quecksilbers fast überall schwächer erscheinen als die des Kohlenstoffes und des Stickstoffes.

Wird dieses zugestanden, so braucht man auch für die zahlreichen Kohlenwasserstoffe der Formel C_nH_{2n}, die so ausserordentlich leicht zwei Atome Chlor, Brom oder Jod aufnehmen und sich überhaupt wie zweiwerthige isolirte Radicale verhalten, nicht zu der Ansicht seine Zuflucht zu nehmen, ihre zwei noch disponiblen Affinitäten sättigten sich gegenseitig. Für das Elayl [Ethen] z. B. braucht man nicht anzunehmen, die beiden C-Atome seien durch zwei Affinitäten miteinander verbunden:

$$\left.\begin{matrix}H\\H\end{matrix}\right\} C \overset{\frown}{\underset{\smile}{}} C \left\{\begin{matrix}H\\H\end{matrix}\right.$$

nach der Verbindung mit Chlor aber nur mit je einer:

$$\left.\begin{matrix}H\\H\end{matrix}\right\} \underset{|}{\overset{\frown}{C}}\underset{|}{C} \left\{\begin{matrix}H\\H\end{matrix}\right.$$
$$ClCl$$

sondern man darf annehmen, es seien vor dieser Verbindung zwei Affinitäten ungesättigt:

$$\cdot\,H\,H\,C$$
$$\overline{}$$
$$C\,H\,H\,\cdot$$

{103} gerade wie beim Kohlenoxyd,

$$\cdot \; \underset{\text{C}}{\underset{\displaystyle \sim}{\text{O}}} \; \cdot$$

das sich ebenfalls leicht mit zwei Atomen Chlor verbindet.

Diese Annahme scheint um so mehr den Vorzug zu verdienen, als die Vereinigung von Kohlenstoffatomen, die ausserdem nur mit Wasserstoff verbunden sind, in der Regel nur sehr schwierig getrennt werden kann.

§69.

Eine ganze Reihe von Fällen, in denen, je nach den Umständen, eine grössere oder geringere Anzahl von Verwandtschaftseinheiten eines Atomes gesättigt zu werden scheint, liefern einige der im vorigen als dreiwerthig aufgeführten Elemente: Stickstoff, Phosphor, Arsen und Antimon. Dieselben bilden nämlich nicht nur die oben angeführten Vereinigungen mit drei einwerthigen Atomen, sondern auch sehr scharf charakterisirte Verbindungen mit je fünf Atomen einwerthiger Elemente, z. B.

NH_4Cl	PH_4Br	PH_4J
Salmiak	Hydrobromphosphor-wasserstoff	Hydrojodphosphor-wasserstoff
PCl_5	PBr_5	$SbCl_5$
Fünffachchlorphosphor	Fünffachbromphosphor	Fünffachchlorantimon.

Die Existenz dieser und analoger Verbindungen hat Couper[91] veranlasst, dem Stickstoffe für eine Reihe von Verbindungen eine fünffache Sättigungscapacität zuzuschreiben, eine Annahme, welcher u. a. Limpricht in seinem Lehrbuche der organischen Chemie[92] beigetreten ist.

Versucht man das Molekulargewicht solcher Verbindungen nach der Avogadro'schen Regel zu bestimmen, so erhält man stets Zahlen, welche Bruchtheile der im vorigen angenommenen Atomgewichte einschliessen. So fand z. B. {104} Bineau 1838, dass dem Gase, welches man durch Verflüchtigung des Salmiak's erhält, die Dichtigkeit 0,89 zukomme. Darnach wäre das Molekulargewicht

$$28,94 \times 0,89 = 25,75.$$

Mit Beibehaltung unserer oben bestimmten Atomgewichte ist aber

$$NH_4Cl = 53,5 = 2 \times 26,75.$$

---

[91] Couper, „Sur une nouvelle théorie chimique", *Annales de chimie* [3] 53 (1858), 469–489, hier 488.

[92 H. Limpricht, *Lehrbuch der organischen Chemie* (Braunschweig, 1860/1862).]

Das aus der Dichte des Gases berechnete Molekulargewicht entspräche also der Formel

$$N_{\frac{1}{2}} \; H_2 \;\; Cl_{\frac{1}{2}}$$

Ebenso erhielte man für den Fünffachchlorphosphor die Molekularformel

$$P_{\frac{1}{2}} \;\; Cl_{\frac{5}{2}}.$$

und ähnlicvhe für analoge Verbindungen.

Wäre man genöthigt, diese Werthe als die wirklichen Molekulargewichte gelten zu lassen, so würde das Atomgewicht des Stickstoffes, des Phosphors, des Chlores und noch einiger Elemente nur halb so gross anzunehmen sein, als wir im vorigen sie angenommen haben; denn als Atom betrachten wir ja die kleinste Menge eines Elementes, welche in der Molekel irgend einer Verbindung vorkommen kann.

Wir würden aber mit dieser Reduction noch nicht ausreichen; denn aus der Dichte 0,80 (H. Rose) des in Gas verwandelten carbaminsauren Ammoniaks (sogenannten wasserfreien kohlensauren Ammoniaks) berechnet sich das Molekulargewicht:

$$26 \;=\; N_{\frac{2}{3}} \; H_2 \;\; C_{\frac{1}{3}} \;\; O_{\frac{2}{3}}$$

Um in dieser, und zugleich in der Formel des Salmiaks, ganze Atomzahlen zu erhalten, müsste man das Atomgewicht des Stick{**105**}stoffes auf $\frac{1}{6}$ des angenommenen oder $\frac{14{,}04}{6} = 2{,}34$ zurückführen und in fast allen übrigen Verbindungen dieses Elementes, auch den aller einfachsten, mindesten 6 Atome annehmen.

§70.

Die Nöthigung zu dieser so unbequemen als ungewöhnlichen Annahme ist eine nur scheinbare; die angegebenen Bestimmungen der Molekulargrössen enthalten Fehler.

Schon Mitscherlich[93] fand, dass das Antimonchlorid, $SbCl_5$, beim Verdampfen zerfalle in Antimonchlorür, $SbCl_3$, und Chlor, Cl_2. Ebenso zeigte Gladstone[94] für das Phosphorbromid, PBr_5, die Zerlegung in PBr_3 und Br_2. Die ungleiche Flüchtigkeit der Zersetzungsprodukte erlaubt in beiden Fällen die Trennung derselben. Erhitzt man $SbCl_5$ oder PBr_5 in einem unvollständig geschlossenen Gefässe, so gelingt es, namentlich wenn man durch dasselbe einen Strom eines indifferenten Gases treten lässt, das leichter flüchtige Cl_2 oder Br_2 hinwegzuführen, während die schwerer flüchtigen Verbindungen $SbCl_3$ oder PBr_3 zurückbleiben oder sich in den weniger heissen Theilen des Gefässes wieder verdichten. Das gleiche scheint für die Verbindung PCl_5 zu gelten[95], nur dass, der

[93] Mitscherlich, „Ueber das Verhältniss des specifischen Gewichts der Gasarten zu den chemischen Proportionen", *Annalen der Physik* 29 (1833), 193–230, hier 227.

[94] J. H. Gladstone, „On the Compounds of the Halogens with Phosphorus", *Philosophical Magazine* [3] 35 (1849), 345–355.

[95] Vgl. Mitscherlich's Beobachtung a. a. O. S. 222.

grösseren Flüchtigkeit des entstehenden PCl_3 wegen, die zwei Produkte der Zersetzung vielleicht weniger leicht von einander sich trennen lassen.

Durch das Zerfallen erklärt sich das scheinbar aussergewöhnliche Verhalten dieser Substanzen. Sie bilden keine Ausnahme von der Regel Avogadro's, enthalten vielmehr im gasförmigen Zustande in gleichen Räumen genau ebensoviel Molekeln wie alle übrigen Gase. Aber diese Molekeln sind unter sich nicht gleich; die eine Hälfte hat die Zusammensetzung $SbCl_3$ oder PBr_3 etc., die andre ist Cl_2 oder Br_2 etc. Die Dichte des Gemisches muss daher das {106} arithmetische Mittel sein aus den Dichtigkeiten der beiden zu gleichen Volumen mit einander gemischten Substanzen.

Da nun für alle Substanzen dieser Art die Dichte, soweit sie gemessen worden, das Mittel ist aus den Dichten der einfacheren Verbindungen, aus denen sie entstehen, z. B. die Dichte des Salmiaks, NH_4Cl (= 0,89) das Mittel aus der des Ammoniaks, NH_3 (=0,59) und der der Salzsäure, HCl (=1,25), so erscheint die Annahme gerechtfertigt, dass alle hierher gehörigen Verbindungen, namentlich alle Ammoniaksalze etc., beim Uebergange in den Gaszustand in ihre näheren Bestandtheile zerfallen. Diese Ansicht haben denn auch drei verschiedene Chemiker,[96] Cannizzaro[97], Kopp[98] und Kekulé[99] fast gleichzeitig und unabhängig von einander ausgesprochen. Später hat Pebal[100] auch für den Salmiak diese Ansicht experimentell bestätigt, indem er aus dem Dampfe desselben durch Diffusion in Wasserstoffgas einerseits Salzsäure und andererseits Ammoniak abschied.

§71.

In neuester Zeit hat H. Sainte-Claire Deville[101] eine Beobachtung veröffentlicht, welche nach seiner Ansicht beweist, dass dieses Zerfallen nicht stattfinde. Er beobachtete, dass Chlorwasserstoff und Ammoniak, bei einer Temperatur von 350°, bei welcher Salmiak gasförmig, also nach der angeführten Ansicht zerfallen ist, zusammengebracht, eine Steigerung der Temperatur bis auf 394,5° bewirkten. Er folgert aus dieser Wärmeentwickelung, dass diese beiden Substanzen {107} eine chemische Verbindung

---

[96] Vergleiche auch Kopp, *Jahresbericht* für 1859 (Giessen, 1860), S. 27.

[97] Cannizzaro, „Nota sulla condensazioni di vapore", im Anhang des citirten „Sunto" (1858), a. a. O. und „Della disassociazione ossia scomposizione dei corpi sotto l'influenza del calore", *Il nuovo cimento* 6 (1857), 428–430.

[98] Kopp, "Zur Erklärung ungewöhnlicher Condensationen von Dämpfen," *Annalen der Chemie* 105 (1858), 390–394.

[99] Kekulé, „Ueber die Constitution und die Metamorphosen der chemischen Verbindungen und über die chemische Natur des Kohlenstoffs", *Annalen der Chemie* 106 (1858), 129–159, hier 143; *Lehrbuch der organischen Chemie*, Bd. 1, S. 443 (1860).

[100] L. Pebal, „Directer Beweis für das Zerfallen des Salmiaks in Ammoniak und Chlorwasserstoff bei dem Uebergang in den gasförmigen Zustand", *Annalen der Chemie* 123 (1862), 199–202.

[101] Deville, „De la dissociation de l'acide carbonique et des densités des vapeurs", *Comptes rendus* 56 (1863), 729–740, hier 733.

eingingen, der gasförmige Salmiak also eine chemische Verbindung, nicht ein Gemenge von Ammoniak und Salzsäure sei. Er giebt aber nicht an, wie er sich bestimmt überzeugt habe, dass nicht doch im ersten Moment des Zusammentrittes sich *fester* Salmiak niedergeschlagen, was trotz der hohen Temperatur sehr wohl geschehen konnte. Aber auch, wenn dies nicht der Fall sein sollte, ist der Versuch nicht beweisend. Deville giebt an, die Dichte des verdampften Salmiaks bei $350° = 1,00$ gefunden zu haben, d. i. circa 7 % grösser als die eines Gemisches aus gleichen Volumen Ammoniak und Salzsäure. Es ist also sehr wohl möglich, dass bei dieser Temperatur der Zerfall noch nicht vollständig ist, dass folglich beim Zusammentreten von Ammoniak und Salzsäure auch bei so hoher Temperatur noch eine theilweise Bildung von Molekeln der Zusammensetzung NH_4Cl und dadurch Entwickelung von Wärme stattfindet.

Mag aber für den Salmiak die Frage noch nicht endgültig entschieden sein, für eine sehr grosse Zahl analog zusammengesetzter Stoffe ist bewiesen, dass sie durch Einwirkung der Wärme zerfallen in eine Verbindung des Typus NH_3 und eine andre des Typus HCl. Namentlich ist dieses der Fall bei Verbindungen, welche an der Stelle einwerthiger einfacher Atome einwerthige zusammengesetzte Radicale enthalten.

§72.

Besonders interessant ist z. B. die Beobachtung Baeyer's[102], dass Einfachchlorkakodyl bei niederer Temperatur sich mit Chlor zu einer krystallisirbaren Verbindung vereinigt:

$$As\begin{cases}CH_3\\CH_3\\Cl\end{cases} + Cl\,Cl = As\begin{cases}CH_3\\CH_3\\Cl\\Cl\\Cl\end{cases}$$

Einfachchlor-   Chlor   Dreifachchlor-
kakodyl   kakodyl

{108} die entstandene Verbindung aber bei einer sehr geringen Erhöhung der Temperatur wieder zerfällt;

$$As\begin{cases}(CH_3)_2\\Cl_3\end{cases} = As\begin{cases}CH_3\\Cl_2\end{cases} + CH_3,\,Cl$$

Trichlorkakodyl Arsenmonomethyl- Chlormethyl
                 bichlorid

Das so entstandene Arsenmonomethylbichlorid zeigt abermals dieselbe Erscheinung, bei sehr niedriger Temperatur (−10°) Verbindung:

---

[102] A. Baeyer, „Ueber die Verbindungen des Arsens mit dem Methyle", *Annalen der Chemie* 107 (1858), 257–293.

$$As \begin{cases} CH_3 \\ Cl_2 \end{cases} + \quad Cl\ Cl = As \begin{cases} CH_3 \\ Cl_4 \end{cases}$$

Arsenmono- Chlor Arsenmonomethylbichlorid   methyltetrachlorid

und bei etwas erhöhter Temperatur (noch unter dem Gefrierpunkte) Zersetzung:

$$As \begin{cases} CH_3 \\ \\ Cl_4 \end{cases} = As \begin{cases} Cl \\ Cl \\ Cl \end{cases} + CH_3, Cl$$

Chlorarsen Chlormethyl.

Diese Beobachtungen zeigen, wie ausserordentlich nahe bei Verbindungen dieser Art die Temperaturen einander liegen können, welche die Bildung der Verbindung erlauben und ihren Zerfall bewirken.

§73.

Verbindungen vom Typus des Salmiaks, d. h. solche, welche aus einem Atom Stickstoff, Phosphor, Arsen oder Antimon einerseits und andererseits aus fünf einwerthigen Atomen oder Radicalen bestehen, sind schon in sehr grosser Zahl bekannt. Aus ihrem Dasein kann allerdings die Berechtigung hergeleitet werden, dem Stickstoff, wie dies Couper gethan hat, und den ihm verwandten Elementen[103] eine fünffache Sättigungscapacität zuzuschreiben.

Diese scheint auch erforderlich, um den inneren Zusammenhang der Atome in allen übrigen Ammoniakver{109}bindungen und den ihnen analogen zu erklären. Die Atomgruppe Ammonium, NH_4, z. B., die sehr häufig als einwertiges Radical in Verbindungen eingeht und bekanntlich dem Kalium analog sich verhält, kann nur unter der Voraussetzung, dass das Stickstoffatom fünfwerthig sei, als in sich zusammenhängendes Radical mit einer noch ungesättigten Verwandtschaft aufgefasst werden.

Man darf aber nicht übersehen, dass man durch diese Veränderung der Auffassung auf einen viel weniger sicheren Boden sich begiebt.[104] Alle im bisherigen ausgeführten Deductionen gehen aus von der Hypothese Avogadro's, dass alle Gase in gleichen Räumen, Gleichheit des Druckes und der Temperatur vorausgesetzt, eine und dieselbe Anzahl von Molekeln enthalten. Aus dieser Hypothese ist die relative Masse der Molekel

---

[103] Zu denen wahrscheinlich auch in dieser Hinsicht das Wismuth und vielleicht auch Bor und sogar Gold gehören.

[104] Schon 1813 hat Berzelius in Thomson's Journal (*Annals of Philosophy*, November 1813, 443–454, hier 450) darauf hingewiesen, dass nur die Gase einen sicheren Anhaltspunkt für die atomistischen Theorien gewähren. Siehe Berzelius, „Sur les proportions déterminée dans lesquelles se trouvent réunis les élémens de la nature organique", *Annales de chimie* 92 (1814), 141–159, hier 141 (Fußnote).

jedes einzelnen Gases gefolgert, und endlich sind aus den so bestimmten Molekulargewichten mittelst der analytisch gefundenen stoechiometrischen Verhältnisse die Atomgewichte der einzelnen Elemente abgeleitet.

Da wir nun für feste und flüssige Stoffe bis jetzt kein der Avogadro'schen Hypothese
gleichwertiges Mittel zur Bestimmung der Molekularmasse haben, so entbehren unsere
Schlussfolgerungen der experimentellen Controle, sobald wir unsre Betrachtungen von
den Gasen und Dämpfen auf flüssige und feste Körper übertragen.

Immerhin aber erscheint es für jetzt nicht unzulässig, dem Stickstoff und seinen
Homologen, ausser ihren drei starken Verwandtschaftseinheiten, noch zwei schwächere
zuzuschreiben, welche zwar im festen und manchmal auch im flüssigen[105] Zustande
ein viertes und fünftes Atom an {110} die Molekel zu fesseln vermögen, welche aber
nicht stark genug sind, diese zwei Atome auch dann noch festzuhalten, wenn die in Form
von Wärme der Substanz zugeführte Bewegung der Theilchen so lebhaft wird, dass die
Substanz in den gasförmigen Zustand übergeht. Man muss dann annehmen, dass die
gesteigerte Wärmebewegung nicht nur die einzelnen Molekeln von einander trennt,
sondern auch von jeder einzelnen Molekel die zwei am wenigsten fest gebundenen
Atome.

§74.

Will man aber für den Stickstoff und seine Homologen diese Anschauung gelten
lassen, so stellt sich sehr bald die Notwendigkeit heraus, auch für andre Elemente solche
schwächere Affinitäten anzunehmen.

Den salpetersauren Salzen sehr ähnlich verhalten sich bekanntlich die chlorsauren.
Aus ersteren oder der Salpetersäure selbst tritt oft die Atomgruppe NO_2 aus und in andre
Verbindungen ein. Man nimmt daher diese als in der Salpetersäure und ihren Salzen
existirend an, in den chlorsauren Salzen entsprechend die Gruppe ClO_2 und drückt die
Constitution z. B. der Kalisalze beider Säuren aus durch die Formeln

$$\left.{NO_2 \atop K}\right\}O \qquad\qquad \left.{ClO_2 \atop K}\right\}O$$

Ist nun in dem ersten Salze das Stickstoffatom dreiwerthig, so erscheint dasselbe auch
für das Chloratom im anderen wahrscheinlich.

Andererseits zeigt das Chlor mit dem Mangan eine gewisse Aehnlichkeit, indem
überchlorsaures und übermangansaures Kali

$$KClO_4 \ und \ KMnO_4$$

---

[105] Es ist bemerkenswerth und wohl nicht zufällig, dass die Verbindungen vom Typus des Salmiak
grossentheils nur in fester Form bekannt sind, da sie beim Erhitzen aus dem festen unmittelbar
in den gasförmigen Zustand übergehen. Einige sind allerdings unter normalen Umständen flüssig,
wie das Antimonchlorid, andere, wie Phosphorchlorid nur unter verstärktem Drucke.

isomorph sind. Ist nun das Mangan mindestens zwei-, vielleicht vierwerthig, so scheinen für das Chlor ähnliche Annahmen erforderlich.

{111} Solche Vermuthungen erhalten ihre Bestätigung durch die Existenz von Verbindungen der sogenannten Salzbildner, Chlor, Brom und Jod, unter einander, die auf ein Atom des einen mehrere Atome des anderen enthalten, von denen die am besten bekannte das Dreifachchlorjod, JCl_3, ist. Die Existenz solcher Verbindungen erscheint nicht möglich, wenn nicht wenigstens eines der verbundenen Elemente mehrwerthig ist; denn, wie wir gesehen haben, ist für einwerthige Elemente das wesentliche Charakteristikum, dass sie sich unter einander nur zu je einem Atom vereinigen. Die Existenz von Verbindungen, die wie das Chlorjod andre Atomverhältnisse als das von 1 : 1 enthalten, spricht also dafür, dass den Salzbildern, die im gasförmigen Zustande nur eine Verwandtschaftseinheit zeigen, im festen und flüssigen Zustande deren mehrere zukommen.

Dasselbe scheint für das Fluor zu gelten. Während dieses Element in gasförmigen Verbindungen das Chlor Atom für Atom ersetzt, also einwerthig ist, erscheint es in festen und flüssigen Verbindungen mehrwerthig. Die einfachste mögliche Formel für das Kieselfluorkalium z. B. ist

$$K_2SiFl_6$$

Eine Molekel dieser Zusammensetzung kann aber durch das vierwerthige Siliciumatom allein nicht zusammen gehalten werden. Da das Kalium immer einwerthig auftritt, so wird es wahrscheinlich, dass das Fluor zum Zusammenhalt der Molekel beitrage, ebenso wie der Sauerstoff im kieselsauren Salze, das durch Ersetzen des Fluors durch die aequivalente Menge Sauerstoff aus jenem entsteht:

$$K_2SiO_3$$

und das dem kohlensauren Salze analog zusammengesetzt ist:

$$K_2CO_3.$$

Ein anderes Beispiel liefert das Blei, das, nach seiner Chlorverbindung $PbCl_2$ beurtheilt, zweiwerthig erscheint. Indessen hat Kekulé[106] aus der Zusammensetzung der Ver{112}bindungen dieses Elementes mit Kohlenwasserstoffradicalen es wahrscheinlich gemacht, dass das Blei als vierwerthig betrachtet werden müsse. Ist dies der Fall, so liegt die Annahme nahe, dass im Bleisuperoxyd, PbO_2, das zweite loser gebundene Atom Sauerstoff durch die beiden im Chlorblei, $PbCl_2$, ungesättigt bleibenden, schwächeren Affinitäten gebunden sei. Diese Ansicht scheint manche Vorzüge zu haben vor der anderen, dass die beiden Sauerstoffatome je eine ihrer Affinitäten durch wechselseitige Wirkung, die andre durch die Verbindung mit dem Blei sättigten:

---

[106] Kekulé, *Lehrbuch der organischen Chemie,* Bd. 1, S. 513 (1861).

$$Pb\diagdown\!\!\begin{array}{c} O \\ | \\ O \end{array}$$

Letztere Ansicht hätte namentlich das gegen sich, dass die beiden O auf ganz gleiche Art gebunden erscheinen, was der Erfahrung nicht zu entsprechen scheint.

Bekennt man sich aber zu der ersteren Ansicht für das Bleisuperoxyd, so kann man ähnliche Ansichten für die sich demselben analog verhaltenden übrigen Superoxyde, Schönbein's Ozonide[107], nicht wohl vermeiden. Die vielfache Aehnlichkeit im chemischen Verhalten, die das Blei mit dem Baryum und den übrigen Metallen der alkalischen Erden zeigt, kann uns veranlassen, auch für die Superoxyde dieser Metalle BaO_2 etc., obwohl sie zu Schönbein's Antozoniden[108] gehören, eine entsprechende Constitution anzunehmen, also auch dem Baryum u. s. w. noch zwei schwächere Affinitäten zuzuschreiben, dasselbe als unter Umständen vierwerthig zu betrachten. Thut man aber dies, so muss man, der nahen Analogie wegen, auch dem Wasserstoff im Wasserstoffsuperoxyde, H_2O_2, eine verdoppelte Sättigungscapacität zuschreiben, denselben also hier als zweiwerthig ansehen. Die Leichtigkeit des Zerfalles erklärt sich dann aus der Schwäche {113} der zweiten Affinität, während, wenn man für das Wasserstoffsuperoxyd die Constitutionsformel:

$$\begin{array}{ccc} & O & H \\ H & O & \end{array}$$

die allen früher aufgestellten Regeln entspräche, annimmt, für die geringe Stabilität der Verbindung ein Grund nicht wohl zu erkennen ist.

Solcher Beispiele liessen sich noch viele anführen; die gegebenen mögen genügen um zu zeigen, dass sich für die Annahme schwächerer, im Gaszustande, also bei isolirten Molekeln, nicht zur Wirkung kommender Affinitäten mancherlei Gründe geltend machen lassen.

§75.

Dass ein Unterschied zwischen den verschiedenen Verwandtschaftseinheiten eines und desselben Atomes stattfinden kann und stattfindet, lässt sich auch für die stärkeren Affinitäten nachweisen, durch welche die Molekeln gasförmiger Stoffe zusammengehalten werden.

Nach den Untersuchungen von Baeyer[109] giebt es zwei in ihren Eigenschaften verschiedene, also nur isomere und nicht identische Verbindungen der Formel CH_3Cl. Diese

---

[107] C. F. Schönbein, „Ueber die gegenseitige Katalyse einer Reihe von Oxyden, Superoxyden und Sauerstoffsäuren und die chemisch gegensätzlichen Zustände des in ihnen enthaltenen thätigen Sauerstoffs", *Annalen der Chemie* 108 (1858), 157–179, hier 169.

[108] Ibid.

[109] Baeyer, „Ueber das Methylchlorür", *Annalen der Chemie* 103 (1857), 181–184.

Verschiedenheit kann nur daher rühren, dass es nicht gleichgültig ist, welche der vier Affinitäten des Kohlenstoffatomes durch Chlor, welche durch Wasserstoff gesättigt wird. Diese vier Affinitäten müssen also unter einander wenigstens zum Theil verschieden sein.

Ebenso giebt es nach Frankland[110] zwei von einander verschiedene Kohlenwasserstoffe der Formel C_2H_6. Der eine, das Dimethyl, entsteht durch die Vereinigung von zwei einwerthigen Radicalen Methyl, CH_3; der andere, der {114} Aethylwasserstoff, durch Vereinigung des ebenfalls einwertigen Radicales Aethyl, C_2H_5, mit einem Atom Wasserstoff, H, Die beiden Kohlenwasserstoffe werden daher gewöhnlich dargestellt durch die Formeln:

$$CH_3, CH_3 \text{ und } C_2H_5, H.$$

Will man aber nach den oben ausgeführten Regeln den Zusammenhang der einzelnen Atome in der Kette darstellen, so bietet sich für beide Stoffe nur das eine Schema:

$$\underbrace{C \; H \; H}_{} \; H$$
$$\overline{H \; \overline{H} \; \overline{H}} \; C$$

Die Verschiedenheit kann nur darauf beruhen, dass die Affinitäten, durch welche die beiden Kohlenstoffatome unter sich zusammenhängen, in beiden Fällen nicht gleichwertig sind.[111]

Dergleichen Isomerien mit Verschiedenheit der Eigenschaften kommen nicht selten vor; manche derselben lassen sich aus anderen Umständen erklären, manche aber, wie es scheint, nur durch die Annahme einer Verschiedenheit zwischen einigen der vier Verwandtschaftseinheiten eines Kohlenstoffatomes.[112]

§76.

In der somit als erwiesen zu betrachtenden Existenz solcher Verschiedenheiten unter den Affinitäten eines und desselben Atomes findet die so eben besprochene Annahme schwächerer, nur unter besonderen Umständen wirksamer Affinitäten eine wesentliche Stütze. Die Berechtigung dieser Annahme lässt sich im allgemeinen nicht bestreiten, zumal auch unter den Stoffen, deren Molekulargewicht sicher bestimmt werden kann,

---

[110] E. Frankland, „Untersuchungen über die organischen Radicale", *Annalen der Chemie* 77 (1851), 221–256, hier 245; vergleiche auch Hofmanns analogen Vorschlag im selben Band auf S. 178.

[111] Zwei Jahre später weist Meyer in „Ueber einige Zersetzungen des Chloräthyls", *Annalen der Chemie* 139 (1866), 282–298, hier 283 Fußnote und ebenfalls 1872 in der zweiten Auflage in der Fußnote auf Seite {160} darauf hin, dass C. Schorlemmer 1864 gezeigt hat, dass die vermeintlichen Isomere „Dimethyl" und „Aethylwasserstoff" identisch sind. Dadurch wurde die weit verbreitete Auffassung widerlegt, dass ein Kohlenstoffatom verschiedene Affinitäten hätte.]

[112] Vgl. besonders noch die interessanten Beispiele unter den Amylverbindungen: Wurtz, „Ueber die Hydrate der Kohlenwasserstoffe", *Annalen der Chemie* 127 (1863), 236–242.

d. h. unter den Gasen, nachweislich Molekeln vorkommen, wie Kohlenoxyd, $\overset{''''}{C}\overset{''}{O}$, und Stickoxyd, $\overset{'''}{N}\overset{''}{O}$, {115} in denen ein Theil der Affinitäten der Atome ungesättigt bleibt.

Indessen ist für die Annahme jener schwächeren, oft ungesättigten Affinitäten in allen Fällen, wo es sich nicht um Gase handelt, die Grösse der Molekeln also sich der direkten Bestimmung entzieht, grosse Vorsicht dringend zu empfehlen, da wir ohne dieselbe jeden Augenblick Gefahr laufen, auf's neue der Willkühr Thür und Thor zu öffnen, die nur zu oft schon in den Theorien der Chemie geherrscht hat.[113]

Wollte man überall da solche accessorische Affinitäten annehmen, wo eine Vereinigung, eine Aneinanderlagerung zweier Molekeln oder auch Atome stattfindet, für welche die Zahl der gewöhnlichen Verwandtschaftseinheiten der Atome nicht ausreicht, so würde man unfehlbar schliesslich auf Absurditäten gerathen.

Es giebt eine sehr grosse Zahl von Fällen, in welchen eine Verbindung zwischen solchen Molekeln stattfindet, welche wir nach den aus Avogadro's Hypothese gezogenen Folgerungen für in sich geschlossene, ohne disponible Affinitäten halten müssen.

§77.

Eine zahlreiche Gruppe solcher Vereinigungen bilden z. B. alle die Stoffe, welche Krystallwasser zu binden vermögen. Wollte man für alle Verbindungen dieser Art besondere Affinitäten der Atome annehmen, so würde man die aus der Betrachtung der Gase hergeleitete, so einfache als elegante Theorie der Affinität durch eine Unzahl unsicherer und nutzloser Hypothesen verdunkeln und verwickeln. Man würde fast so vieler Hypothesen bedürfen, wie man Thatsachen zu erklären hätte.

Man könnte freilich geltend machen, die Vereinigung einer Säure oder eines Salzes mit Krystallwasser trage viel {116} weniger den Charakter einer eigentlich chemischen Verbindung, wie z. B. die Vereinigung von Salzsäure und Ammoniak zu Salmiak. Denn bei jener bleiben die wesentlichsten Eigenschaften der sich verbindenden Stoffe fast ganz ungeändert, während im Salmiak die sauren wie die basischen Eigenschaften der Bestandteile verschwinden. Aber es giebt eine grosse Zahl von Zwischengliedern zwischen diesen beiden extremen Fällen, welche das Ziehen einer scharfen Grenze unmöglich machen. Dahin gehören z. B. viele sogenannte Doppelsalze[114], das Kaliumplatinchlorid, $K_2PtCl_6 = 2\,KCl + PtCl_4$, und andere Doppelchloride, die Doppelcyanüre und -cyanide, wie das gelbe und rothe Blutlaugensalz, $K_4FeCy_6 = 4\,KCy + FeCy_2$ und $K_6Fe_2Cy_{12} = 6\,KCy + Fe_2Cy_6$, und viele andere Verbindungen.

---

[113] Siehe u. a. die beherzigenswerte Warnung von Berzelius in seinem *Jahresbericht* für 1830 (Tübingen 1832), S. 209. Vgl. auch Laurent, *Méthode de chimie,* S. 27–42.

[114] Nicht zu verwechseln mit den ebenfalls „Doppelsalze" genannten Verbindungen mehrbasischer Säuren, welche, wie das saure schwefelsaure Kali, $KHSO_4$, das Seignettesalz, $KNaC_4H_4O_6$, viele Phosphate und andre, in einer und derselben Molekel verschiedene Metallatome enthalten.

Je nachdem der chemische Gegensatz der zusammentretenden Stoffe grösser oder geringer ist, verschwinden in der Verbindung mehr oder weniger die charakteristischen Eigenschaften der Bestandteile, während gleichzeitig die Beständigkeit der Verbindung in der Regel grösser bei scharfem Gegensatze, kleiner bei geringerem ist.

§78.

Statt zur Erklärung der Existenz aller dieser Verbindungen ebenfalls, wie in den vorhergehenden Betrachtungen, zurückzugehen auf die Affinitäten der einzelnen Atome, scheint es in den meisten Fällen, für jetzt wenigstens, gerathener, hier die ältere Anschauung beizubehalten, und die Ursache dieser Vereinigungen mit Berthollet in einer der sogenannten Cohaesionskraft gleichartigen Anziehung zwischen den Molekeln zu suchen.

Wenn auch jedes Atom nur eine begrenzte Anzahl anderer gleichzeitig fest zu binden vermag, so dürfen wir {117} doch nicht annehmen, dass durch die Vereinigung mit denselben seine Wirksamkeit nach aussen vollständig erschöpft oder gelähmt sei. Vielmehr zeigt die Erfahrung, dass auch andere in die Nähe der ersteren kommende Atome eine Anziehung erfahren können. Ist diese grösser als die, durch welche eines der anderen Atome gebunden ist, so wird dieses verdrängt, und das neuhinzugekommene tritt an seine Stelle.

Sind aber die zwischen den Atomen verschiedener Molekeln wirkenden Anziehungen nicht stark genug, um einen wechselseitigen Austausch der Atome, eine chemische Umsetzung hervorzurufen, so kann gleichwohl die Summe aller der Anziehungen, welche die Atome der einen Molekel auf die der andern ausüben, stark genug sein, die beiden Molekeln in gegenseitiger Annäherung festzuhalten, also eine Art Verbindung der Molekeln zu bewirken.

Aendern sich dann die äusseren Umstände, namentlich die Temperatur, so kann es geschehen, dass auch das Verhältniss der verschiedenen Affinitäten geändert wird, und jetzt eine chemische Umsetzung, eine Umlagerung der Atome stattfindet.

Diese Betrachtungsweise wendet z. B. Kekulé[115] auf die Verbindungen vom Salmiaktypus an. Dieselbe findet namentlich darin ihre Stütze, dass nach dem Zerfallen der zuerst entstandenen Verbindung in der Regel die Atome oder Radicale anders in die beiden Molekeln vertheilt sind, als vor der Vereinigung; so bei den oben (in § 72) besprochenen, von Baeyer beobachteten Umsetzungen der Kakodylverbindungen und bei zahlreichen anderen z. B.:

$$N \begin{Bmatrix} H \\ H \\ H \end{Bmatrix} + C_2H_5J \; = \; N \begin{Bmatrix} H \\ H \\ C_2H_5 \end{Bmatrix} + HJ$$

Ammoniak   Jodaethyl   Aethylamin   Jodwasserstoff

---

[115] Kekulé, *Lehrbuch der organischen Chemie*, Bd. 1, S. 145, 443–444 (1859/60).

{118}

§79.

Es ist aber klar, dass zum Zustandekommen einer solchen Aneinanderlagerung nicht erforderlich ist, dass die Molekeln verschiedenartig seien. Es wird auch z. B. der Sauerstoff einer Wassermolekel auf den Wasserstoff einer anderen eine gewisse Anziehung üben, die aber nicht zum Austausche führen kann, wenn sie nicht durch besondere äussere Umstände unterstützt wird. Aus solchen Anziehungen erklärt sich ungezwungen die Zusammenlagerung zu festen Massensystemen, zu festen Körpern, kurz die Erscheinungen, deren Ursache wir mit dem Namen der Cohaesionskraft zu bezeichnen pflegen.

Da von der Anziehung einige Atome anders betroffen werden als andere, so werden die Molekeln, in denen die Atome nicht allseitig symmetrisch angeordnet sind, bestimmte Seiten einander zukehren, bestimmte Richtungen und Stellungen gegen einander einnehmen. Sind aber alle Molekeln eines Körpers in einer bestimmten regelmässigen Weise gegeneinander gestellt und gerichtet, so wird sich auch an endlichen Massen des Körpers eine Verschiedenheit der verschiedenen Richtungen zeigen, mit anderen Worten, der Körper erhält die Eigenschaften eines krystallinischen Mediums.

Von diesem Gesichtspunkte aus erscheint das Krystallisiren einfacher Verbindungen, das Krystallisiren mit Krystallwasser, die Bildung von Doppelsalzen durch Vereinigung verschiedener in sich geschlossener Molekeln, endlich die Bildung von Verbindungen nach dem Typus des Salmiak's und viele andre Erscheinungen alle als Folgen einer und derselben Art von Wirkungen. Diese Vereinigungen entstehen darnach nicht wie die eigentlichen chemischen Verbindungen durch die oben dargelegte kettenartige Aneinanderfügung der Atome, bei der jedes Atom eine bestimmte und begrenzte Zahl anderer zu fesseln vermag, sondern sie werden hervorgerufen durch die Summe der Anziehungen, welche die zu Molekeln vereinigten Atome noch über die Grenzen der Molekeln hinaus zu üben vermögen.

{119}

§80.

Auf den ersten Blick scheint zwar zwischen dem Krystallisiren einer aus lauter gleichartigen Molekeln bestehenden Substanz, z. B. des Chlorkaliums, und der Vereinigung mit Krystallwasser, z. B. beim Chlorcalcium, ein wesentlicher Unterschied zu bestehen. Es ist nämlich schon durch mannigfache Beobachtungen über Lösung, Löslichkeit, übersättigte Lösungen u. a., besonders scharf aber durch die schönen Untersuchungen von Rüdorff[116] über das Gefrieren der Salzlösungen, erwiesen, dass die Verbindung mit Krystallwasser in der Regel den festen Aggregatzustand überdauert und auch noch in der Lösung innerhalb gewisser Grenzen fortbesteht. Man könnte daraus

---

[116] F. Rüdorff, „Ueber das Gefrieren des Wassers aus Salzlösungen", *Annalen der Physik* 114 (1861), 63–81 und 116 (1862), 55–72.

folgern, dass sie doch wesentlich anderer Natur sei, als die Vereinigung der Molekeln zu krystallisirten endlichen Aggregaten. Indessen zwingt uns nichts zu der Annahme, dass bei der Auflösung eines festen Körpers, eines Krystalles von Chlorkalium z. B., derselbe sofort in einzelne Molekeln zerfalle. Im Gegentheil scheint diese Annahme gar nicht zulässig zu sein. Bekanntlich wird die Wärme, welche beim Auflösen eines festen Körpers verschwindet, in der Regel nicht sofort vollständig beim Uebergange in den flüssigen Zustand verschluckt, sondern ein nicht unbeträchtlicher Theil derselben wird noch nachträglich absorbirt, wenn die zuerst entstandene concentrirte Lösung durch weiteren Zusatz des Lösungsmittels verdünnt wird. Dieses nachträgliche Verschwinden von Wärme kann wohl kaum anders gedeutet werden als durch die Annahme, dass zuerst beim Auflösen noch grössere Gruppen von Molekeln ihren Zusammenhang bewahren, bei grösserer Verdünnung der Lösung aber auch dieser durch die Wirkung des Lösungsmittels aufgehoben und dabei Wärme verbraucht werde. Diesen Verbrauch von Wärme selbst kann man wohl nur so auffassen, dass die Theilchen der Flüssigkeit denen des vorher festen Körpers beim Zusammenstosse von ihrer rotirenden, rollenden, oder fortschreitenden Bewegung mittheilen und {**120**} dadurch selbst an Bewegung, und somit an Wärme verlieren.

§81.

Die Annahme grösserer, noch zusammenhängender Gruppen von Molekeln scheint für viele Fälle nothwendig zu sein, namentlich zur Erklärung des Erweichens mancher Stoffe vor dem Schmelzen. Auch der eigenthümliche zwischen Fest und Flüssig in der Mitte stehende Zustand der quellungsfähigen organischen Gewebe und ähnlicher Substanzen scheint sich aus ähnlichen Annahmen erklären zu lassen. Vielleicht auch beruht die Schwierigkeit, mit der gewisse Substanzen, die Graham[117] als Colloide bezeichnet hat, durch poröse Membranen diffundiren, darauf, dass sie aus grösseren zusammenhängenden Aggregaten von Molekeln bestehen.

§82.

Aus diesen und ähnlichen Betrachtungen ist ersichtlich, wie schwierig es ist, für flüssige und feste Stoffe die Masse ihrer Molekeln zu bestimmen. Es ist möglich, dass die fortschreitende Erkenntniss uns mehr und mehr die Mittel liefern wird, auch hier das Problem zu lösen, möglich aber auch, dass, wenigstens in vielen Fällen, der Begriff der Molekeln streng genommen hier nicht mehr dem thatsächlichen Verhältnisse entspricht, eine bestimmte räumliche Abgrenzung solcher kleinen Massensysteme von einander vielmehr häufig gar nicht stattfindet. Jedenfalls ist grosse Vorsicht nöthig, wenn man

---

[117] Graham, „Liquid Diffusion Applied to Analysis", *Philosophical Transactions of the Royal Society* 151 (1861), 183–224 und „Anwendung der Diffusion der Flüssigkeiten zur Analyse", *Annalen der Chemie* 121 (1862), 1–77.

den von den gasförmigen Stoffen abstrahirten Begriff auf feste Körper und Flüssigkeiten übertragen will.

Eine solche Uebertragung ist aber oft nothwendig oder doch wünschenswerth, damit man die chemischen Umsetzungen auch der festen und flüssigen Stoffe in derselben Weise wie die der Gase durch die chemischen Formeln ausdrücken könne. Für diese Umsetzungen gewinnt man den einfachsten Ausdruck, wenn man die Veränderungen betrachtet, {121} welche die einzelnen Molekeln der in Wechselwirkung tretenden Substanzen erfahren. Eine geringere Quantität als eine einzelne Molekel kann bei solchen Wirkungen nicht selbständig auftretend gedacht werden, da ja die Molekel ein in sich zusammenhängendes Massensystem bildet. Man hat dem entsprechend auch wohl die Molekel definirt als die kleinste Masse, welche sich an einer chemischen Zersetzung betheiligt; diese Definition ist aber sehr viel weniger sicher und bestimmt, als die aus der Avogadro'schen Hypothese hergeleitete.

§83.

Diese Unsicherheit wird noch merklich dadurch vergrössert, dass für viele Elemente, für die grösste Zahl der Metalle, zwar das Atomgewicht mittelst der Regel von Dulong und Petit sicher bestimmt werden kann, die Sättigungscapacität des Atomes aber, bei dem Mangel gasförmiger Verbindungen, sich der direkten Bestimmung entzieht.

Auf diese Sättigungscapacität lässt sich zwar aus den Resultaten der stoechiometrischen Untersuchungen ein unmittelbarer Schluss ziehen; aber das Ergebniss eines solchen Schlusses ist, so lange die Molekulargrösse der untersuchten Verbindung unbekannt ist, viel weniger zuverlässig, als es auf den ersten Blick scheinen könnte.

Die analytischen Bestimmungen haben z. B. ergeben, dass in den Verbindungen des Aluminiums mit den sg. Salzbildnern auf jedes Atom des Metalles ($Al = 27,3$) je drei Atome Fluor, Chlor, Brom oder Jod kommen. Die einfachste Folgerung aus diesem empirischen Resultate scheint die Annahme zu sein, die Zusammensetzung der Molekeln jener Verbindungen werde ausgedrückt durch die Formeln:

$AlFl_3$, $AlCl_3$, $AlBr_3$, AlJ_3,

und das Atom des Aluminiums sei folglich dreiwerthig.

Beide Folgerungen sind aber nachweislich unrichtig.[118] Aus den Untersuchungen von Deville und Troost ergiebt {122} sich die Dampfdichte dreier dieser Verbindungen, bezogen auf die der atmosphärischen Luft als Einheit,

für Chloraluminium 9, 35
für Bromaluminium18, 62
für Jodaluminium 27, 0

[118 1872 hielt Meyer das Aluminium für wahrscheinlich dreiwertig und ordnete es entsprechend mit Bor, Indium und Thallium in eine Gruppe ein, siehe S. {299} der zweiten Auflage.]

und daraus (nach §§ 14 und 15) die Molekulargewichte

$$Al_2Cl_6 = 267,4; \; Al_2Br_6 = 534,4; \; Al_2J_6 = 815,4.$$

Hieraus folgt, aus den in § 65 bei Betrachtung des Eisenchlorids angegebenen Gründen, dass das Atom des Aluminiums nicht drei-, sondern mindestens vierwerthig ist, die Constitution der Chlorverbindung z. B. dargestellt wird durch das Schema:

$$\underbrace{Al \overset{Cl}{\;} \overset{Cl}{\;} Cl}_{Cl\,Cl \quad Cl\,Al}$$

Aehnlichen Irrthümern, wie dem hier besprochenen, ist man überall da ausgesetzt, wo der Mangel gasförmiger Verbindungen die Anwendung der Avogadro'schen Hypothese unmöglich macht.

Indessen lässt sich doch wenigstens mit einiger Wahrscheinlichkeit aus den stoechiometrischen Zahlen, mit Hülfe vorsichtig gewählter Analogien, die Sättigungscapacität der meisten Atome erschliessen, wenn auch diesen so erschlossenen Werthen nicht dieselbe Zuverlässigkeit und Sicherheit beigelegt werden kann, wie den aus der Dichte gasförmiger Verbindungen gefolgerten.

§84.

In die nachstehende, nach der Sättigungscapacität der Atome geordnete Uebersicht der Elemente habe ich demgemäss auch die grosse Mehrzahl derer aufgenommen, auf welche die Avogadro'sche Hypothese bisher zur Bestimmung der Sättigungscapacität nicht angewandt werden konnte. Dieselben sind durch den Atomzeichen beigefügte Sternchen unterschieden, und zwar bezeichnet ein einfaches Sternchen * {123} diejenigen, für welche wenigstens das Atomgewicht als mit Sicherheit festgestellt angesehen werden darf[119], ein Doppelsternchen ** dagegen diejenigen, deren Atomgewicht sowohl, als dessen Sättigungscapacität nur aus den stoechiometrischen Zahlen nach Analogien erschlossen werden kann, da weder die Dichte gasförmiger Verbindungen, noch die Wärmecapacität der Atome bekannt ist.

Als *einwerthig* (oder wenigstens in der Regel einwerthig[120]) erscheinen die Atome der Elemente:

Wasserstoff	H	=	1	Lithium	*Li	=	7,03
Fluor	Fl	=	19,0	Natrium	*Na	=	23,05
Chlor	Cl	=	35,46	Kalium	*Ka	=	39,13
Brom	Br	=	79,97	Rubidium	**Rb	=	85,4 (Bunsen, Piccard)
Jod	J	=	126,8	Caesium	**Cs	=	133,0 (Johnson und Allen)
Silber	*Ag	=	107,94	Thallium	**Tl	=	204 (Lamy)

---

[119] Deren Atomgewicht also in einer der in den §§ 20, 21, 28 und 32 mitgetheilten Tabellen enthalten ist.

[120] Vgl. § 73.

Dreiwerthig[121] sind:

Bor	B	=	11,0
Stickstoff	N	=	14,04
Phosphor	P	=	31,0
Arsen	As	=	75,0
Antimon	Sb	=	120,6
Wismuth	Bi	=	208,0
Gold	*Au	=	196,7

Zweiwerthig treten auf:

Sauerstoff	O	=	16,00	Zink	Zn	=	65,0
Schwefel	S	=	32,07	Beryllium	**Be	=	9,3 (Awdejew)
Selen	Se	=	78,8	Magnesium	*Mg	=	24,0
Tellur	Te	=	128,3	Calcium	*Ca	=	40,0
Quecksilber	Hg	=	200,2	Strontium	*Sr	=	87,6
Kupfer	*Cu	=	63,5	Baryum	*Ba	=	137,1
Cadmium	*Cd	=	111,9				

{124} *Vierwerthige* Atome scheinen einer grossen Zahl von Elementen zuzukommen; nämlich:

Kohlenstoff	C	=	12,0
Kiesel	Si	=	28,5
Zirkon	Zr	=	90
Titan	Ti	=	48,1
Tantal	**Ta	=	137,6 (H. Rose)
Zinn	Sn	=	117,6

Blei	*Pb	=	207,0	Kobalt	*Co	=	58
Palladium	*Pd	=	106,0	Nickel	*Ni	=	58,74
Ruthenium	**Ru	=	104,3 (Claus)	Mangan	*Mn	=	55,14
Rhodium	*Rh	=	104,3	Eisen	Fe	=	56,05
Platin	*Pt	=	197,1	Aluminium	Al	=	27,3
Iridium	*Ir	=	197,1	Chrom	*Cr	=	52,6
Osmium	*Os	=	199,0				

---

[121] Vgl. übrigens § 72.

Von diesen Elementen werden aber einige, namentlich Pb, Pd, Co, Ni, Mn, Fe und auch Cr, in vielen ihrer Verbindungen zweckmässiger als zweiwerthig betrachtet, wobei man es unentschieden lassen kann, ob in diesen Verbindungen zwei der Verwandtschaftseinheiten des Atomes ungesättigt bleiben oder durch die Verbindung mit einem anderen Atome derselben Art gesättigt werden.[122]

Vielleicht findet in manchen Fällen das eine, in anderen das andre statt. Der Isomorphismus des mangansauren und chromsauren Kali mit dem schwefelsauren und selensauren z. B. scheint für die erst erwähnte Möglichkeit zu sprechen.

Einige der als vierwerthig aufgeführten Metalle besitzen vielleicht noch eine schwache fünfte und sechste Affinität, wenn anders die Angaben richtig sind, nach welchen Ir, Os, Mn und Cr mit mehr als vier Atomen Chlor Verbindungen von freilich sehr geringer Stabilität bilden.

Sie würden in diesem Falle den Uebergang bilden zu den Elementen mit *sechsfacher* Sättigungscapacität {125} des Atomes.[123] Als solche *sechswerthige* Elemente müssen höchst wahrscheinlich angesehen werden:

Molybdän	*Mo	=	92,0
Vanadin	**Vd	=	137 (Berzelius)
Wolfram	*Wo	=	184

Ausser den hier besprochenen Elementen sind noch sechs stoechiometrisch untersucht, nämlich Cer, Lanthan, Didym, Niobium, Thorium und Uran. Es scheint mir aber noch zu gewagt, aus deren empirisch gefundenen Mischungsgewichten auf die wahren Atomgewichte derselben und deren Sättigungscapacität Schlüsse zu ziehen.

Ausserdem ist noch die Existenz von fünf oder sechs Elementen nachgewiesen oder behauptet, für welche aber bis jetzt auch das empirische Mischungsgewicht noch nicht festgestellt wurde.

§85.

Von der so bestimmten Sättigungscapacität der Atome ausgehend, kann man nun weiter schliessen auf das Molekulargewicht und die Constitution auch nicht gasförmiger Verbindungen, indem man für beide die von den gasförmigen Verbindungen abstrahirten Regeln als gültig betrachtet. Diese Schlüsse haben ebenfalls eine oft ziemlich grosse Unsicherheit. Bleibt man sich aber dessen bewusst, und legt man daher auf diese Folgerungen nicht mehr Gewicht, als sie verdienen, so ist diese Ausdehnung und

---

[122]Vgl. in den §§ 65 ff. das vom Eisenchlorür Gesagte, das sich leicht auf entsprechende Verbindungen übertragen lässt.

[123]Es scheint bemerkenswerth, dass, wo ein Element in verschiedenen Fällen verschiedene Sättigungscapacität zu zeigen scheint, dieselbe in der Regel variirt entweder von 1 : 3 : 5 oder von 2 : 4 : 6. Ersteres z. B. bei Jod und Stickstoff (vergleiche §§ 72 und 73), letzteres bei Blei, Chrom etc. (vgl. auch § 74). Es erinnert dies an die Eigenschaften zusammengesetzter Radicale, § 57.

Verallgemeinerung jener für die Gase geltenden Gesetze durchaus ungefährlich; für die Betrachtung und Darstellung der chemischen Vorgänge aber ist dieselbe von grossem praktischen Werthe.

{126} Bei diesen weiter gehenden Folgerungen ist natürlich die möglichste Vorsicht und Umsicht sehr geboten, damit man sich nicht gar zu weit vom sicheren Boden der Thatsachen entferne.

Um zunächst die Molekularmasse einer nicht im gasförmigen Aggregatzustande bekannten Verbindung zu bestimmen, nimmt man in der Regel eine möglichst nahe verwandte Verbindung von bekanntem Molekulargewicht zum Ausgangspunkte, wo möglich eine solche, aus welcher sich jene dadurch ableiten lässt, dass ein oder einige wenige Atome oder Radicale durch andre ersetzt werden. Man setzt das gesuchte Molekulargewicht dem bekannten möglichst entsprechend, lässt die vom Austausch nicht betroffenen Theile ungeändert und fügt die neu eintretenden an Stelle der ausgeschiedenen hinzu.

§86.

In dieser Weise pflegt man z. B. aus dem bekannten Molekulargewicht der Säuren das ihrer Salze und analogen Verbindungen (Aether etc.) herzuleiten, indem man den sogenannten „basischen" oder „typischen"[124] Wasserstoff durch Metallatome oder zusammengesetzte Radicale ersetzt.

Sind die für denselben eintretenden Atome oder Radicale ebenfalls, wie der Wasserstoff, einwerthig, so gestaltet sich die Sache äusserst einfach; der Wasserstoff wird durch dieselben Atom für Atom vertreten; z. B.:

aus HCl	wird	KCl
(Salzsäure)		(Chlokalium)
aus HNO_3	wird	KNO_3
(Salpetersäure)		(Kalinitrat)
aus H,CHO_2	wird	K,CHO_2
(Ameisensäure)		(Kaliformiat)

{127} Ebenso bei den aus dem Wasser abzuleitenden Verbindungen.

$$\left.\begin{matrix} H \\ H \end{matrix}\right\}O \qquad \left.\begin{matrix} K \\ H \end{matrix}\right\}O \qquad \left.\begin{matrix} Na \\ H \end{matrix}\right\}O \qquad \left.\begin{matrix} Ag \\ Ag \end{matrix}\right\}O$$

(Wasser)   (Kalihydrat) (Natronhydrat) (Silberoxyd)

---

[124] „Typisch" nennt man den durch Metalle ersetzbaren Wasserstoff, indem man die Säure aus dem Wasser (oder Wasserstoff) als Typus entstanden denkt. Es ist derjenige Wasserstoff, welcher dann von dem ursprünglichen Typus noch übrig ist; z. B.:

$$\left.\begin{matrix} H \\ H \end{matrix}\right\}O \qquad \left.\begin{matrix} NO_2 \\ H \end{matrix}\right\}O \qquad \left.\begin{matrix} CHO \\ H \end{matrix}\right\}O$$

Wasser   Salpetersäure   Ameisensäure

Die Atome vieler anderen Metalle sind aber, wie wir im vorigen gesehen haben, zweiwerthig und ersetzen daher in den Säuren je zwei Atome Wasserstoff. Sind nun in der Molekel einer Säure zwei solche durch Metalle ersetzbare Wasserstoffatome vorhanden, wie z. B. im Schwefelwasserstoff, H_2S, so führt man für diese in die Molekel geradezu das zweiwerthige Metallatom ein, wie z. B.:

Schwefelzink: ZnS.

Ebenso wird aus Wasser: H_2O, Zinkoxyd: ZnO.

Ist aber in der Säure nur ein durch Metalle zu ersetzendes Wasserstoffatom vorhanden, so muss man, um nicht halbe Atome zu erhalten, die Molekularformel verdoppeln; so z. B. wird aus zwei Molekeln Chlorwasserstoff, 2 HCl, eine Molekel

Chlorzink: $ZnCl_2$

Ganz dieselben Betrachtungen finden ihre Anwendung auf die Säuren, welche ausser dem Wasserstoff, nicht wie HCl und H_2S, nur einfache Atome, Cl und S, sondern Atomgruppen enthalten. So z. B. wird

aus	H_2,C_2O_4[125]	Zn,C_2O_4;	aus	H_2SO_4[126]	Zn,SO_4
	Oxalsäure	Zinkoxalat		Schwefelsäure	Zinksulphat
aus	$2(H,CHO_2)$	$Zn,2(CHO_2)$;	aus	$2(H,NO_3)$	$Zn,2(NO_3)$
	Ameisensäure	Zinkformiat		Salpetersäure	Zinknitrat

Bei noch höherer Sättigungscapacität der in die Molekel einzuführenden Atome kann die Sache noch ver{128}wickelter werden. Die gegebenen Beispiele werden aber genügen, um auch für diese Fälle den Weg zu zeigen.

Auch für solche Verbindungen, welche nicht auf einfache Weise aus solchen von bekanntem Molekulargewicht durch Vertauschung weniger Atome oder Radicale abgeleitet werden können, kann man durch Anwendung der für die kettenartige Vereinigung der Atome geltenden Regeln (§51 ff.) häufig das Molekulargewicht mit einiger Wahrscheinlichkeit richtig bestimmen.

So lange es an sicheren Mitteln zur Bestimmung des Molekulargewichtes fester und flüssiger Stoffe fehlt, wird man es dabei als Regel betrachten, die Ausdrücke für diese Molekulargewichte so einfach zu wählen wie möglich, also die Molekulargewichte nicht grösser anzunehmen als es zur Vermeidung von Bruchtheilen von Atomen erforderlich ist.

---

[125] Das Molekulargewicht der zwei- und mehrbasischen Säuren, d. h. solcher, die zwei und mehr durch Metalle ersetzbare Wasserstoffatome enthalten, lässt sich in der Regel nicht direct bestimmen, da diese Säuren meist nicht ohne Zersetzung flüchtig sind. Man leitet es ab aus dem Molekulargewicht ihrer Aether, d. h. solcher Verbindungen, in welchen Wasserstoff durch aus Kohlenstoff und Wasserstoff bestehende Radicale ersetzt ist.

[126] Siehe vorhergehende Fußnote.

§87.

Auch für die Constitution der Molekeln fester und flüssiger Verbindungen, für die Lagerung der Atome in denselben dürften mit geringen Modificationen, deren einige oben[127] besprochen, dieselben Regeln Gültigkeit haben wie für die gasförmigen Verbindungen, also die kettenartige Vereinigung u. s. f. Der Einfluss dieser Constitution auf die Eigenschaften der Stoffe, der bei den Gasen sehr vielfach sich der Beobachtung entzieht, tritt gerade bei festen und flüssigen Stoffen in sehr vielen Fällen deutlich hervor.

In den physikalischen Eigenschaften der Gase macht sich, ausser der Gesammtmasse der Molekel, dem Molekulargewicht, in der Regel keine andere von der Natur der Molekeln abhängende Grösse geltend. Die physikalischen Erscheinungen, welche gasförmige Substanzen zeigen, scheinen wesentlich und in erster Linie abzuhängen von der geradlinig fortschreitenden Bewegung der Molekeln, auf welcher das eigentümliche des gasförmigen Aggregatzustandes beruhet, und diese geradlinig fortschreitende Bewegung wird, {129} ausser durch die Temperatur, bestimmt durch die Masse der Molekeln.

Sie ist proportional der absoluten Temperatur und der Quadratwurzel aus dem Molekulargewicht; für gleiche Temperatur verhalten sich also die Geschwindigkeiten der Molekeln zweier Gase wie die Quadratwurzeln aus den Dichtigkeiten.[128] Die Constitution und Natur der Molekeln zeigt keinen, oder nur einen untergeordneten Einfluss auf die Bewegung der Molekeln und somit auf die äusseren Eigenschaften der Gase.

Nur die grössere oder geringere Leichtigkeit der Verdichtung, die Tension der Dämpfe, hängt ab von den wechselseitigen Anziehungen der Molekeln, von deren Natur und den ihnen innewohnenden Kräften und damit auch von der Atomlagerung in denselben. Vorzugsweise aber geben über die letztere die chemischen Umwandlungen, die Verbindungen und Zersetzungen Aufschluss.

Anders bei den flüssigen und festen Stoffen, bei denen auch die äusserlich hervortretenden physikalischen Eigenschaften wesentlich gerade durch die Art der Atomgruppirung in den Molekeln bedingt werden. Obschon wir in der Erkenntniss dieser Abhängigkeit über einen viel versprechenden Anfang bisher kaum hinausgekommen, so ist doch schon viel interessantes über dieselbe bekannt geworden.

Der grösste und fruchtbarste auf diesem Gebiete errungene Erfolg ist wohl die Mitscherlich'sche Entdeckung des Isomorphismus und Polymorphismus.

Die Ergebnisse dieser wichtigen Entdeckung sind so allgemein bekannt, dass es genügen wird, wenn wir hier derselben nur erwähnen, ohne weiter auf den Gegenstand einzugehen.

Auch in der Betrachtung anderer gesetzmässiger Beziehungen zwischen der atomistischen Constitution und den Eigenschaften der Stoffe wollen wir uns hier darauf beschränken, einige der auffallendsten Beispiele anzuführen.

---

[127] Siehe §§ 64 ff.

[128] Siehe das Nähere in den oben angeführten Abhandlungen von Clausius.

{130}

§88.

Der Raum, welchen den Molekulargewichten proportionale Quantitäten der verschiedenen Verbindungen im flüssigen und festen Zustande erfüllen, hängt ab nicht nur von der Zahl und Art der vereinigten Atome, sondern auch von der Art und Weise, in welcher dieselben mit einander vereinigt sind. Diese Abhängigkeit ist, trotz vielfacher Untersuchungen, weit entfernt vollständig erkannt zu sein; aber es ist schon jetzt, besonders durch die umfangreichen Untersuchungen von H. Kopp[129], mancher interessante Einblick gewonnen. Kopp hat u. a. gezeigt, dass auf die Raumerfüllung der Kohlenstoffverbindungen die in dieselben eingehenden Atome des Sauerstoffes[130] und des Stickstoffes[131] einen verschiedenen Einfluss ausüben, je nachdem die Affinitäten eines dieser Atome alle durch ein und dasselbe Kohlenstoffatom oder durch zwei, resp. drei, verschiedene Atome gesättigt werden. Das sogenannte „specifische" oder „Atom-", besser „Molekularvolum", d. h. der Raum, welcher von dem Molekulargewichte erfüllt wird, ist ein anderer, je nachdem Sauerstoff oder Stickstoff in der einen oder anderen Weise mit dem Kohlenstoff verbunden sind.

Kopp hat gezeigt, dass die flüssigen Kohlenstoffverbindungen in ihrer Dichtigkeit, resp. Raumerfüllung, nur dann gesetzmässige Beziehungen hervortreten lassen, wenn man dieselben bei Temperaturen vergleicht, bei welchen die Dampfspannung aller dieser Flüssigkeiten dieselbe ist, also z. B. bei den Temperaturen, bei welchen sie bei mittlerem Barometerstande sieden, also bei ihren Siedpunkten.

Wählt man zur Gewichtseinheit das Gramm, und zur Raumeinheit das Cubikcentimeter, so wird, nach Kopp, das Molekularvolum eines flüssigen Kohlenwasserstoffes der {131} Formel C_x, H_y für die Temperatur des Siedpunktes annähernd ausgedrückt durch die Relation:

$$V = 11,0\,x\, +\, 5,5\,y$$

z. B.:	berechnet:	beobachtet:
Benzol $= C_6H_6$;	$V = 11,0 \cdot 6 + 5,5 \cdot 6 = 99$;	$V = 96$ bei 80°C
Cymol $= C_{10}H_{14}$;	$V = 11,0 \cdot 10 + 5,5 \cdot 14 = 187$;	$V = 183–185$ bei 175°C

Enthält die Verbindung ausser Kohlenstoff und Wasserstoff noch Sauerstoff, so wächst für jedes hinzutretende Sauerstoffatom das Molekularvolumen beim Siedpunkte

---

[129] Diese wurden seit 1841 in den *Annalen der Chemie* veröffentlicht.

[130] Kopp, „Ueber die specifischen Volume flüssiger Verbindungen", *Annalen der Chemie* 92 (1854), 1–32, insbesondere 24–29; „Ueber die specifischen Volume flüssiger Verbindungen, welche nur Kohlenstoff, Wasserstoff und Sauerstoff enthalten", ibid., 96 (1855), 153–185, hier 180.

[131] Kopp, „Ueber die specifischen Volume stickstoffhaltiger Verbindungen", *Annalen der Chemie* 97 (1856), 374–376.

um 12,2 CC, wenn beide Affinitäten des Sauerstoffatomes durch ein und dasselbe Kohlenstoffatom gesättigt werden[132], dagegen nur um 7,8 CC, wenn das Sauerstoffatom mit zwei verschiedenen Atomen verbunden ist.[133]

So haben wir z. B. für:

	berechnet:	beobachtet:
Aldehyd $= C_2H_4O$;	$V = 11 \cdot 2 + 5,5 \cdot 4 + 12,2 = 56,2$;	$V = 56,0$–$56,9$ bei $21\,°C$
Alkohol $= C_2H_6O$;	$V = 11 \cdot 2 + 5,5 \cdot 6 + 7,8 = 62,8$;	$V = 61,8$–$62,5$ bei $78\,°C$
Essigsäure $= C_2H_4O_2$;	$V = 11 \cdot 2 + 5,5 \cdot 4 + 12,2 + 7.8 = 64,0$;	$V = 63,5$–$63,8$ bei $118\,°C$

Für jedes in eine Kohlenwasserstoffverbindung eingehende Stickstoffatom vergrössert sich das Molekularvolum um 2,3 CC, wenn die drei Verwandtschaftseinheiten jenes Atomes durch drei verschiedene Atome (Kohlenstoff oder Wasserstoff) gesättigt werden, dagegen um 17,0 CC, wenn alle drei Einheiten auf die Verbindung mit einem und demselben Kohlenstoffatom verwandt werden[134]; z. B.:

	berechnet:	beobachtet:
Anilin $= C_6H_7N$;	$V = 11 \cdot 6 + 5,5 \cdot 7 + 2,3 = 106,8$;	$V = 106,4$–$106,8$ bei $184\,°C$
Benzonitril $= C_7H_5N$;	$V = 11 \cdot 7 + 5,5 \cdot 5 + 17,0 = 121,5$;	$V = 121,6$–$121,9$ bei $191\,°C$

{132} Aehnliche Beziehungen zwischen der atomistischen Constitution und den physikalischen Eigenschaften der Stoffe werden voraussichtlich noch in sehr grosser Zahl aufgefunden werden.

§89.

Dass auch die eigentlich chemischen Eigenschaften der Verbindungen nicht nur von der Natur, sondern auch von der Art der Vereinigung ihrer Bestandteile abhängen, ist seit langer Zeit bekannt. Ueberall auf chemischem Gebiete trifft man auf Thatsachen, welche diesen Satz beweisen.

Die Art und Weise dieser Abhängigkeit lässt sich für viele Fälle schon aus den im vorigen ausgeführten Betrachtungen herleiten. So z. B. müssen isomere Verbindungen

---

[132] Der so genannte „Sauerstoff im Radical."

[133] „Sauerstoff ausserhalb des Radicales".

[134] Es erscheint bemerkenswerth, dass, wenn zwei Atome sich mit mehr als je einer Verwandtschaftseinheit verbinden, also eine innigere Verbindung, die in der That auch schwieriger zerlegt wird, eingehen, das Volumen der Verbindung *grösser* und nicht etwa kleiner wird. Ueber die Ursache dieser auffallenden Thatsache kann man bis jetzt nur Vermuthungen aufstellen. Vgl. auch § 59.

häufig verschiedene Zersetzungsproduckte geben, weil die Atome in der Kette in verschiedener Weise aneinander gereiht sind, beim Zerreissen der Kette daher verschiedene Atomgruppen abgesondert werden.

Es scheint aber die Ordnung und Reihenfolge der Atome in den Verbindungen auch dadurch einen wesentlich bestimmenden Einfluss auf das chemische Verhalten der Stoffe auszuüben, dass die Affinitäten der einzelnen Atome durch die Natur ihrer Nachbaratome, mit denen sie in unmittelbarer Verbindung sich befinden, oft erheblich modificirt werden. Namentlich macht sich in dieser Weise der Einfluss in denjenigen Eigenschaften der Atome geltend, welche man als die elektrochemischen zu bezeichnen pflegt.

Ist ein Atom mehrfacher Sättigungscapacität verbunden mit einem oder mehreren Atomen von ausgeprägt elektropositivem oder negativem Charakter, oder mit Radicalen, welche vorwiegend solche Atome enthalten, so wird es geneigt, seine noch übrigen Affinitäten durch Atome von entgegengesetztem Charakter zu befriedigen. Die Vereinigung mit Atomen oder Radicalen von positivem Charakter vergrössert die Affinität zu solchen von negativem und vermindert die zu positiven, und umgekehrt.

Wird z. B. von den zwei Wasserstoffatomen, welche im Wasser an das Sauerstoffatom durch dessen zwei Ver{133}wandtschaftseinheiten gebunden sind, das eine durch ein Atom eines elektropositiven Metalles ersetzt, so wird dadurch der Austausch des anderen Wasserstoffatomes gegen ein Atom oder Radical von negativem Charakter erleichtert. Während der Austausch eines Wasserstoffatomes im Wasser gegen ein Chloratom, wodurch unterchlorige Säure entstehen würde, jedenfalls nur schwierig, wenn überhaupt, stattfindet, geschieht derselbe sehr leicht, nachdem ein Wasserstoffatom des Wassers durch ein Atom Kalium ersetzt worden.

$$\text{Aus } \left.\begin{matrix} H \\ H \end{matrix}\right\} O \text{ wird nicht (oder schwierig) } \left.\begin{matrix} H \\ Cl \end{matrix}\right\} O$$
$$\text{\small Wasser} \qquad\qquad\qquad\qquad \text{\small unterchlorige Säure}$$

$$\text{aus } \left.\begin{matrix} K \\ H \end{matrix}\right\} O \text{ wird leicht } \ldots\ldots \left.\begin{matrix} K \\ Cl \end{matrix}\right\} O$$
$$\text{\small Kalihydrat} \qquad\qquad\qquad \text{\small unterchlorigsaures Kali.}$$

§90.

Solche Aenderungen der Verwandtschaften durch den Einfluss der benachbarten Atome scheinen sehr oft oder vielleicht überall vorzukommen. Eines der auffälligsten und allgemeinsten Beispiele ist die Abhängigkeit der Sättigungscapacität der organischen Säuren von der Art der Vertheilung der Sauerstoffatome in den Molekeln derselben. Das allgemeine Gesetz, welches diese Abhängigkeit beherrscht, wurde 1858, wenn auch in etwas unbestimmter Form, von A. S. Couper ausgesprochen[135], klar und scharf aber

---

[135] Couper, a. a. O., S. 115 der englischen und S. 485 der französischen Publication.

von Kekulé[136] aufgestellt, der schon früher[137] die Aufmerksamkeit der Chemiker {134} auf die Thatsachen gelenkt hatte, welche dieses Gesetz zu beweisen besonders geeignet erscheinen.

Ist ein Wasserstoffatom mit einem Sauerstoffatome verbunden, das durch seine zweite Verwandtschaftseinheit mit einem Atom Kohlenstoff in Verbindung steht, so hängt es von der Natur der ausserdem mit diesem Kohlenstoffatome verbundenen anderen Atome ab, ob jenes Wasserstoffatom leichter durch elektropositive oder negative Atome oder Radicale ersetzt wird. Ist mit dem Kohlenstoffatome, ausser dem ersten, noch ein zweites Sauerstoffatom direct verbunden, so zeigt jenes erste die Neigung, sein Wasserstoffatom gegen elektropositive Atome oder Radicale auszutauschen, die ganze Verbindung erhält den Charakter einer Säure. Ist aber jenes Kohlenstoffatom, ausser mit jenem ersten und einzigen Sauerstoffatome, nur mit Wasserstoff- oder Kohlenstoffatomen verbunden, so wird das mit dem Sauerstoffatome vereinigte Atom Wasserstoff leichter gegen elektronegative als gegen positive Atome oder Radicale ausgetauscht; die ganze Verbindung hat den Charakter, welcher gewöhnlich als der eines Alkohols bezeichnet wird.[138]

So wird z. B. nach den im vorigen ausgeführten Regeln die atomistische Constitution des Alkohols, der Essigsäure und der Glycolsäure ausgedrückt durch die Schemata:

{135} Im Alkohol wird das an Sauerstoff gebundene (sogenannte „typische") Wasserstoffatom leichter durch negative Radicale oder Atome, in der Essigsäure dasselbe leichter durch positive, und endlich in der Glycolsäure das eine (links) vorzugsweise durch positive, das andre (rechts) durch negative ersetzt.

---

[136] In der ersten Lieferung von Kekulés *Lehrbuch der organischen Chemie* (1859), insbesondere S. 130–131 und S. 174–175; ferner „Note sur l'action du brome sur l'acide succinique", *Bulletin de l'Académie Royale de Belgique,* [2] 10 (1860), 63–72; „Ueber die Bromsubstitutionsproducte der Bernsteinsäure", *Annalen der Chemie* 117 (1861), 120–129, hier 129 und „Untersuchungen über organische Säuren", ibid., 130 (1864), 1–31, hier 11.

[137] Kekulé, „Ueber die Bildung der Glycolsäure aus Essigsäure", *Verhandlungen des naturhistorischmedicinischen Vereins zu Heidelberg* 1 (8. Februar 1858), 105–107; *Heidelberger Jahrbücher der Literatur* 51:1 (1858), 339–342.

[138] Siehe auch J. Wislicenus, „Untersuchungen über die durch negative Radicale ersetzbaren Wasserstoffatome mehräquivalentiger organischer Säuren", *Annalen der Chemie* 129 (1864), 175–200.

Eine organische Säure ist „ein-, zwei- oder dreibasisch" u. s. f., je nachdem die Gruppe.

$$\underbrace{H}_{O} \underbrace{C}_{\parallel O} \cdot$$

ein-, zwei-, drei- oder mehrmal in der Molekel derselben enthalten ist.

Aehnliche Verhältnisse scheinen sich auch bei anderen Elementen zu finden; doch ist die Erkenntniss des Einflusses, welchen die Anordnung der Atome auf die Art und Stärke ihrer Affinitäten ausübt, kaum über die ersten Anfänge hinaus entwickelt, immerhin aber weit genug, um die sichere Hoffnung auf die Erweiterung unserer Einsicht in die Constitution der chemischen Verbindungen auch nach dieser Seite hin zu gewähren.

§91.

Aber nicht bloss die Art der Wechselwirkung der chemischen Atome ist Gegenstand der Speculation geworden, sondern auch die eigenste Natur dieser Atome selbst. Die eigenthümlichen regelmässigen Beziehungen, welche seit lange zwischen den Atomgewichten der verschiedenen Elemente aufgefunden wurden, haben, namentlich in den letzten Jahren, wiederholt die Behandlung der Frage veranlasst, ob nicht unsere Atome selbst wieder Vereinigungen von Atomen höherer Ordnung, also Atomgruppen oder Molekeln seien.[139] In der That hat letztere Ansicht eine ausserordentlich grosse

{136} Wahrscheinlichkeit für sich, da die Atomgewichte gewisser Gruppen unter einander nahe verwandter Elemente ganz ähnliche Beziehungen unter einander darbieten, wie z. B. die Molekulargewichte gewisser Reihen organischer Verbindungen analoger Constitution. So hat man z. B.:

Atome:	Molekeln:			Radicale:		
Li = 7,03	Holzgeist	=	$CH_4O = 32$	Methyl	=	$CH_3 = 15$
Diff. 16,02			$CH_2 = 14$			$CH_2 = 14$
Na = 23,05	Weingeist	=	$C_2H_6O = 46$	Aethyl	=	$C_2H_5 = 29$
Diff. 16,08			$CH_2 = 14$			$CH_2 = 14$
K = 39,13	Propylgeist	=	$C_3H_8O = 60$	Propyl	=	$C_3H_7 = 43$

Es liegt nahe anzunehmen, die Differenz der Atomgewichte dieser Metalle rühre, wie bei den angeführten und ähnlichen organischen Verbindungen oder Radicalen, ebenfalls

---

[139] Siehe besonders Gmelins *Handbuch* (1852), a. a. O., S. 47–50; M. Pettenkofer, „Ueber die regelmässigen Abstände der Aequivalentzahlen der einfachen Radicale", *Gelehrte Anzeigen der königlichen bayerischen Akademie der Wissenschaften* 30 (1850), 261–272, später abgedruckt in *Annalen der Chemie* 105 (1858), 187–202; Dumas, „Mémoire sur les équivalents des corps simples", *Comptes rendus* 45 (1857), 709–712, Übersetzung in *Annalen der Chemie* 105 (1858), 74–108 u. a.

von einer Differenz in der Zusammensetzung ihrer s. g. Atome her. Letztere würden demnach nicht untheilbare Grössen, vielmehr wiederum Verbindungen von Atomen höherer Ordnung, also zusammengesetzte Radicale sein. Die Analogie in ihrem Verhalten mit dem der jetzt schon als zusammengesetzt erkannten Radicale würde nach dieser Ansicht eine sehr naturgemässe Erklärung finden.

Den angegebenen ähnliche Zahlenrelationen zwischen den Atomgewichten finden sich vielfach. Die verschiedenen Autoren, die sich mit dem Gegenstande beschäftigt, haben solche in der verschiedensten Weise dargestellt. Nachstehende Tabelle giebt solche Relationen für sechs als zusammengehörig wohl charakterisirte Gruppen von Elementen. {137}

	4 werthig	3 werthig	2 werthig	1 werthig	1 werthig	2 werthig
	—	—	—	—	Li = 7,03	(Be = 9,3?)
Differenz =	—	—	—	—	16,02	(14,7)
	C = 12,0	N = 14,04	O = 16,00	Fl = 19,0	Na = 23,05	Mg = 24,0
Differenz =	16,5	16,96	16,07	16,46	16,08	16,0
	Si = 28,5	P = 31,0	S = 32,07	Cl = 35,46	K = 39,13	Ca = 40,0
Differenz =	$\frac{89,1}{2}$ = 44,55	44,0	46,7	44,51	46,3	47,6
	—	As = 75,0	Se = 78,8	Br = 79,97	Rb = 85,4	Sr = 87,6
Differenz =	$\frac{89,1}{2}$ = 44,55	45,6!	49,5	46,8	47,6	49,5
	Sn = 117,6	Sb = 120,6	Te = 128,3	J = 126,8	Cs = 133,0	Ba = 137,1
Differenz =	89,4 = 2.44,7	87,4, = 2.43,7	—	—	(71 = 2.35,5)	—
	Pb = 207,0	Bi = 208,0	—	—	(Tl = 204?)	—

{138} Man sieht, dass die erste (resp. die erste und zweite) Differenz in jeder Verticalreihe überall ungefähr 16 ist, ausser zwischen dem noch sehr unsicher bekannten Atomgewichte des Berylliums und dem des Magnesiums. Die beiden folgenden Differenzen schwanken um 46 etwa; die letzte ist annähernd doppelt so gross, nämlich 87–90, wenn wir hier wieder von dem noch nicht hinreichend sicheren Atomgewichte des Thalliums absehen, das vielleicht auch (wie bis vor kurzem, nach einer vorläufigen, mit der kaum entdeckten Substanz ausgeführten Bestimmung, das des Caesiums) etwas zu niedrig angenommen ist.

In der Nähe von 46 liegende Differenzen zeigen ferner die Gruppen:

	4 werthig	6 werthig
	Ti = 48	Mo = 92
Differenz =	42	45
	Zr = 90	Vd = 137
Differenz =	47,6	47
	Ta = 137,6	W = 184.

Die vorletzte und die letzte Differenz der ersten Tabelle finden sich noch in nachstehenden Gruppen, von denen nur die letzte Glieder ungleicher Sättigungscapacität enthält.

	4 werthig	4 werthig	4 werthig	2 werthig	
	$\begin{cases} Mn=55,1 \\ Fe=56,0 \end{cases}$	Ni = 58,7	Co=58,7	Zn=65,0	Cu=63,5
Differ. =	$\begin{cases} 49,2 \\ 48,3 \end{cases}$	45,6	47,3	46,9	44,1
	Ru=104,3	Rh =104,3	Pd=106,0	Cd=111,9	Ag=107,94
Differ. =	92,8=2·46,4	92,8=2·46,4	93,0=2·46,5	88,3=2·44,2	88,8=2·44,4
	Pt=197,1	Jr =197,1	Os =199,0	Hg=200,2	Au =196,7

{139} Von den Metallen der s. g. Eisengruppe (Fe, Co, Ni etc.) weicht das Aluminium in seinem Atomgewichte (Al = 27,3) um ungefähr dieselbe Grösse ab, wie das Li vom K, nämlich um etwas weniger als $32 = 2 \cdot 16$.

Es ist wohl nicht zu bezweifeln, dass eine bestimmte Gesetzmässigkeit in den Zahlenwerthen der Atomgewichte waltet. Indessen ist es doch ziemlich unwahrscheinlich, dass dieselbe so einfach sei, wie sie erscheint, wenn man absieht von den verhältnissmässig kleinen Abweichungen in den Werthen der auftretenden Differenzen. Zum Theil allerdings können diese Abweichungen mit Fug und Recht angesehen werden, als hervorgebracht durch unrichtig bestimmte Werthe der Atomgewichte. Bei allen dürfte indess dies kaum der Fall sein; und ganz sicherlich ist man nicht berechtigt, wie das nur zu oft geschehen ist, um einer vermeintlichen Gesetzmässigkeit willen die empirisch gefundenen Atomgewichte willkürlich zu corrigiren und zu verändern, ehe das Experiment genauer bestimmte Werthe an ihre Stelle gesetzt hat.

§92.

Es liegt eine grosse Gefahr in dem natürlichen und innerhalb bestimmter Grenzen gerechtfertigten Bestreben, die Resultate der Beobachtungen nach theoretischen Gesichtspunkten zu deuten und zu corrigiren. Diese Gefahr ist fast ausnahmslos mit der Aufstellung jeder Hypothese, ja mit jedem theoretischen Streben verbunden. Auch die beiden Hypothesen, auf welche sich die in dieser Schrift geschilderte neueste Entwickelung der chemischen Statik gründet, die Hypothese von Avogadro über die Molekulargrösse der Gase und die von Dulong und Petit über die Wärmecapacität der Atome, haben diese Gefahr, oder wenigstens die Besorgniss vor derselben, hervorgerufen. Dies gilt wenigstens sicher von der zuletzt genannten Hypothese, deren vermeintliche oder zu weit getriebene Consequenzen, im Bunde mit unsicheren und unrichtigen Beobachtungen, mehr als einmal drohten, den aus anderen, besseren

Beobachtungen gezogenen Schlüssen Gewalt anzu{**140**}thun und so die erkannten Thatsachen zu entstellen und die richtige Einsicht in dieselben zu trüben.

Jetzt indessen ist wohl nicht zu bezweifeln, dass die Geltung dieser Hypothese auf das richtige Maass eingeschränkt worden, und dem entsprechend alle aus ihr gezogenen Folgerungen mit den übrigen Resultaten der Forschung in vollständiger Uebereinstimmung sich befinden.

Letzteres gilt ebenfalls von der Hypothese Avogadro's, gegen deren Berechtigung, ausser dem in den §§ 68–71 besprochenen, niemals ein irgend erheblicher Einwurf gemacht wurde.[140]

Trotzdem kann man bis jetzt keine von beiden Hypothesen als ganz allgemein, wenigstens nicht als ausdrücklich anerkannt betrachten.[141] Sie werden von sehr vielen Chemikern weder bestritten, noch anerkannt, vielmehr einfach ignorirt. In Lehrbüchern und Vorträgen kommt in der Regel nur ein kleiner Theil ihrer Consequenzen zur Geltung.

Es erscheint dies um so auffallender, wenn man die eleganten aus diesen Hypothesen heraus entwickelten und so allseitig durch die Beobachtung bestätigten Theorien der atomistischen Statik betrachtet. Man würde aber sehr irren, wollte man aus dieser anscheinenden Geringschätzung und Nichtberücksichtigung dieser Hypothesen und Theorien den Schluss ziehen, dass dieselben an sich werthlos seien und keine besondere Berücksichtigung verdienten.

Es lässt sich vielmehr nicht verkennen, dass in der heutigen Chemie die Neigung, auf theoretische Betrachtungen ein besonderes Gewicht zu legen, auffallend gering ist. Man sucht, oft mit einer gewissen Aengstlichkeit, selbst wohl begründete Theorien von der Betrachtung der Thatsachen so lange fern zu halten, als man ihrer irgend entbehren und ohne sie das reiche empirische Material in übersichtlicher Ordnung erhalten kann.

Andererseits contrastirt damit auf das lebhafteste die Hartnäckigkeit und Zähigkeit, mit welcher einmal in die Wissenschaft eingeführte Hypothesen und Theorien, selbst nachdem sie unhaltbar geworden, gerade von den umsichtigsten und erfahrensten Forschern aufrecht erhalten wurden. {**141**} So hat der Glaube an die Existenz des Phlogiston lange Zeit hindurch in jetzt kaum begreiflicher Weise hoch verdiente Chemiker gehindert, die Richtigkeit und Berechtigung der Schlussfolgerungen Lavoisier's zu erkennen. Seiner Theorie der Massenwirkung zu Liebe erhob Berthollet den lebhaftesten Widerspruch gegen die Anerkennung der stoechiometrischen Gesetze. Berzelius widerstrebte lange und hartnäckig der Davy'schen Lehre von der Einfachheit des Chlores, weil sie mit

---

[140 In der zweiten Auflage §§25–31.]
[141 In der zweiten Auflage konstatiert Meyer in einer Fußnote auf S. {353}: „Dies hat sich seitdem sehr wesentlich geändert, 1872."]

seiner elektrochemischen Theorie unvereinbar sei[142] und das System der Chemie ver-
unstalte.[143] Aus denselben oder ähnlichen Gründen versagte er der von Dumas, Laurent
u. a. vertheidigten Lehre von der Substitution seine Anerkennung, selbst nachdem fast alle
übrigen Chemiker dieselbe angenommen, und erklärte, wie mit ihm viele andere Autoritäten, die sogenannte dualistische Ansicht von der Constitution der chemischen Verbindungen[144] für allein berechtigt, gegenüber der von Laurent, Gerhardt u. a. vertretenen
sogenannten unitaren oder typischen Anschauungsweise. Beispiele dieser Art hat die
Geschichte der Chemie in grosser Zahl aufzuweisen.

Es wird aber einem verständigen Kritiker schwerlich einfallen, den Grund des scheinbaren oder wirklichen Widerspruches zwischen der bald zu grossen, bald zu geringen
Werthschätzung der Hypothesen und theoretischen Betrachtungen in einer Unsicherheit
des Urtheils zu suchen. In einer Wissenschaft, die eine so grosse Zahl so ausgezeichneter
Forscher aufzuweisen hat, konnte und kann unmöglich ein Irrthum herrschen über den
Werth oder Unwerth der Hypothesen und Theorien. Die Stellung und Geltung derselben
in der Chemie ist vielmehr lediglich eine nothwendige Folge des bisherigen und des
gegenwärtigen Zustandes der Chemie selbst.

{142} Der Werth der Hypothesen[145] ist wesentlich zweifacher Art. Er beruht zunächst
auf einem rein praktischen Nutzen, den sie bringen; denn auf der Aufstellung der Hypothesen, ihrer Begründung oder Widerlegung durch das Experiment beruht der Fortschritt
der Wissenschaft. Dieser Nutzen hat sich von Anfang an im allerreichsten Maasse in der
Chemie gezeigt; so sehr, dass fasst überall, wo in chemischen Schriften der Werth der
Hypothesen erwähnt wird, nur dieses Vortheils gedacht zu werden pflegt. In der That ist
derselbe gross genug, um für sich allein die Aufstellung der Hypothesen zu rechtfertigen.

Aber der Werth und Nutzen der Hypothesen liegt nicht allein in der Anregung
zu neuen, zu ihrer Begründung, Prüfung oder Widerlegung unternommenen Untersuchungen. Die einfache Erkenntniss der Dinge, wie sie sind oder erscheinen,
genügt dem forschenden Geiste des Menschen nicht; er strebt auch, den ursächlichen
Zusammenhang der Dinge, alles Werdens und Geschehens zu ergründen. Dieses Ziel
wird zwar nie erreicht werden; unsere Vorstellungen werden niemals mit dem Wesen der
Dinge identisch sich decken; aber sie können sich demselben mehr und mehr nähern,

---

[142] Berzelius, „Versuch einer Vergleichung der älteren und der neueren Meinungen über die Natur
der oxydirten Salzsäure"' *Annalen der Physik* 20 (1815), 356–446, insbesondere 367, 410 und
445.

[143] Berzelius, „Zwei Schreiben … an den Professor Gilbert", *Annalen der Physik* 12 (1812), 276–
298, hier 288.

[144] Siehe § 63.

[145] Vgl. besonders die ausgezeichnete Kritik in Berthollets *Essai de statique chimique,* Bd. 1,
S. 4–10.

wie der Schatten schärfer und schärfer die Gestalt des Gegenstandes wiederzugeben vermag. Um aber unsere Vorstellungen dem Wesen der Dinge mehr und mehr anzupassen, müssen wir zunächst Hypothesen aufstellen, die Consequenzen derselben als Theorie mit oder ohne Hülfe der Rechnung logisch entwickeln, und die Resultate dieser Entwicklung mit den unserer Beobachtung zugänglichen Erscheinungen vergleichen. Je grösser die Uebereinstimmung von Theorie und Beobachtung, desto grösser ist die Wahrscheinlichkeit, dass unsere Hypothese uns vom Wesen der Dinge eine annähernd richtige, der Wirklichkeit wenigstens parallel gehende, wenn auch nicht mit ihr zusammenfallende Vorstellung gebe. Diese Wahrscheinlichkeit ist das höchste {143} Ziel, das die Naturforschung zu erreichen vermag; die wachsende Wahrscheinlichkeit kann sich der Gewissheit mehr und mehr nähern, ohne indess jemals selbst in absolute Gewissheit überzugehen.

In dieser Bedeutung der Hypothesen und Theorien liegt aber gerade die Gefahr, welche sie bereiten können; diese beruht in der Schwierigkeit, den Grad der Wahrscheinlichkeit zu beurtheilen und Wahrscheinlichkeit und Gewissheit überall streng zu unterscheiden. Besonders in einer so jungen Wissenschaft, wie die exacte, die messende Chemie noch ist, gelingt es oft nur schwierig, diejenigen Theile der Theorien, welche nur der abstracte Ausdruck der Beobachtungen sind, denen also der höchste Grad der Sicherheit zukommt, der den Wahrnehmungen unserer Sinne überhaupt zugeschrieben werden kann, streng zu sondern von den wirklich hypothetischen Annahmen, welche in die Betrachtung eingeführt wurden.

Unterbleibt aber diese Sonderung, so verwachsen Thatsachen und Hypothesen so sehr, dass es schwierig wird, auch sehr unwahrscheinlich gewordene Hypothesen aufzugeben. Sie werden daher leicht länger beibehalten, als sie sollten; und wird endlich eine solche in das Lehrgebäude aufgenommene Hypothese als ganz unhaltbar verlassen, so wird dadurch leicht die Wissenschaft bis in die Grundfesten erschüttert. Solche mehr oder weniger heftige Erschütterungen hat die Chemie schon eine nicht geringe Zahl erfahren, vom Sturze der phlogistischen Lehre bis auf die Durchführung der Classification nach Reihen und Typen.

Je öfter aber sich die Umwälzungen wiederholten, ein desto grösserer Schatz sicher festgestellter Resultate ist zurückgeblieben, und desto mehr ist dieser Kern der Wissenschaft unabhängig geworden von den gerade herrschenden Theorien und subjectiven Meinungen.

Gerade der gegenwärtige Zustand der Chemie ist geeignet zu zeigen, wie gross diese Unabhängigkeit bereits geworden. Von den verschiedensten Gesichtspunkten aus gelingt es, das reiche Material zu überschauen und geordnet darzustellen. Die Ordnung ist durch die Thatsachen selbst her{144}gestellt, sie braucht nicht mehr durch die Theorie hineingetragen zu werden.

Je mehr noch die Wissenschaft fortschreitet, desto mehr wird es möglich sein, den schädlichen Einfluss der Hypothesen und Theorien fern zu halten. Auch in der Chemie wird man mehr und mehr, wie jetzt in der Physik, im Stande sein, stets den Zusammenhang zwischen jeder Hypothese und den aus ihr und den Resultaten der Beobachtung hergeleiteten theoretischen Folgerungen im Auge zu behalten. Man wird mit der zu Grunde gelegten Hypothese die nothwendigen Verbesserungen, Einschränkungen oder Erweiterungen sofort vornehmen können, sobald die aus ihr gezogenen Consequenzen mit den Resultaten der Beobachtung nicht mehr im Einklang sind.

Es wird auch in der Chemie gelingen, jede Hypothese nur solange beizubehalten, als sie geeignet erscheint die Thatsachen zu erklären, sie aber sofort aufzugeben, sobald dies nicht mehr der Fall ist. Man wird alsdann auch die fundamentalste Aenderung in den Voraussetzungen ebenso glatt und ungefährlich durchführen können, wie in der Physik z. B. der Uebergang von der Emanations- zur Undulationstheorie bewerkstelligt wurde.

Je mehr die systematische Ordnung der Chemie sich befestigt, desto mehr wird es erlaubt sein, die Speculation dem Empirismus gleichberechtigt an die Seite zu stellen. Es wird dann zum Ausbau des theoretischen Systems voraussichtlich noch manche Hypothese, ausser den schon jetzt eingebürgerten, in die Wissenschaft eingeführt werden müssen und, ohne Schaden zu stiften, auch eingeführt werden können. Die Methode der Chemie wird dadurch der physikalischen sich wieder erheblich annähern, wenngleich jeder der beiden Disciplinen ein ihr eigenthümlicher Charakter bewahrt bleiben wird.

§93.

Die Einführung einiger weniger neuer Hypothesen dürfte schon jetzt, oder doch in nicht allzuferner Zukunft erforderlich werden. Insbesondere scheint es, dass viele der den chemischen nahe verwandten und daher in den fast aus{145}schliesslichem Besitz der Chemie übergegangenen Gebiete der Molekularphysik mit Erfolg nicht bearbeitet werden können, ohne die mehrfach erwähnten gegenwärtig besonders von Clausius vertretenen und entwickelten theoretischen Betrachtungen und Hypothesen, welche die verschiedenen Zustände und Erscheinungsformen der Materie erklären durch die Annahme verschiedener Formen von Bewegungen der körperlichen Molekeln.

Nur von diesen, aus den Grundprincipien der Mechanik, und besonders der mechanischen Wärmetheorie, hervorgegangenen Ansichten aus scheint es möglich zu sein, mit der Forschung einzudringen in das Wesen des Einflusses, den die chemische Natur der Stoffe, die atomistische Constitution der Molekeln ausübt auf die Aenderungen des Aggregatzustandes, Schmelzen und Erstarren, Verdunsten und Verdichten, auf die Spannung der Dämpfe, auf die Erscheinungen der Diffusion, Absorption, Lösung, Krystallisation, Imbibition, Endosmose und alle ähnlichen Vorgänge. Auch die

Elektrolyse, und somit das ganze Gebiet der Elektrochemie scheint einer erfolgreichen theoretischen Untersuchung nur von dieser Seite aus zugänglich zu sein.[146] Vielleicht wird man auch bei der Betrachtung aller rein chemischen Vorgänge, der chemischen Zersetzung und Verbindung, bald jene Anschauungen nicht mehr entbehren können; sind doch denselben höchst ähnliche, unabhängig von jenen, aus der Betrachtung rein chemischer Vorgänge entsprungen.[147]

Es ist sogar nicht unwahrscheinlich, dass der Betrachtung der Bewegungen der kleinsten materiellen Theilchen ein noch viel weitergehender Einfluss auf die chemischen Theorien gestattet sein wird. Man hat bereits die sogenannte Gravitation der Himmels-körper ohne die in der {146} Vorstellung schwierige Annahme einer durch den Raum in die Ferne wirkenden Anziehung zu erklären vermocht mittelst der einzigen Voraus-setzung eines den Weltenraum erfüllenden Mediums, des Aethers, dessen Theilchen mit einer sehr lebhaften Bewegung begabt seien.[148] Man wird vielleicht dahin gelangen, auch die Voraussetzung anderer jetzt allgemein angenommener Anziehungskräfte, der Affini-tät, Cohaesion etc. zu entbehren und die den Wirkungen derselben zugeschriebenen Erscheinungen als nothwendige Consequenzen abzuleiten aus den als Wärme, Licht etc. den kleinsten Theilen der Materie zukommenden Bewegungen.

Aber auch wenn wir nicht dahin gelangen sollten, wird die Betrachtung dieser Bewegungen ein nothwendiges und nützliches Hülfsmittel sein für jede tiefer eingehende Theorie der chemischen Vorgänge.

§94.

Durch die Einführung dieser Betrachtungen, die Einführung ferner der atomistischen Hypothese mit den auf sie gegründeten Lehren von Avogadro und von Dulong und Petit, dann der jetzigen, sogenannten mechanischen Ansichten über die Natur von Licht und Wärme und wohl später auch von Elektricität und Magnetismus, wird die chemische Statik Berthollet's eine vielfach veränderte Gestaltung empfangen. Aber obwohl fast alle Anschauungen und Voraussetzungen, von denen Berthollet ausging, sehr tiefgreifende Aenderungen erfahren haben, ist das von ihm erstrebte Ziel von keiner Wandelung berührt worden; es ist ungeändert dasselbe geblieben, die Anwendung der allgemeinen Gesetze der Statik und Mechanik auf die chemischen Erscheinungen.

---

[146] Vgl. Clausius, „Über die Electricitätsleitung in Electrolyten", *Annalen der Physik* 101 (1857), 338–360.

[147] Vgl. Williamson, „Theory of Etherification", *Philosophical Magazine*, [3] 37 (1850), 350–356; übersetzt in *Annalen der Chemie* 77 (1851), 37–49.

[148] G. L. Le Sage, *Deux traités de mechanique physique* (Genf, 1818); P. Prévost, *De l'origine des forces magnétiques* (Genf, 1788), Kapitel 2: „Principes physiques."

{147} In dieser Unwandelbarkeit des Zieles liegt der beste Beweis der Berechtigung für Berthollet's Streben. Wenn es einst möglich sein wird, den lange unterbrochenen Bau seiner chemischen Statik neu zu beginnen, so wird die Arbeit eine verhältnissmässig leichte sein. Der unveränderte Rahmen wird ausgefüllt werden mit dem neuen Materiale, das die blühende Entwickelung der Wissenschaft seither geliefert hat und noch täglich vergrössert. Der Ausbau des Werkes wird viel Zeit und Kraft erfordern; aber er wird die Mühe reichlich lohnen. Er vermag ein würdiges Denkmal zu errichten für den erhabenen Geist seines Gründers.

Lothar Meyer, „Die Natur der chemischen Elemente als Function ihrer Atomgewichte" (1869/1870), vollständiger Text.

3

{354}
Lothar Meyer,
„Die Natur der chemischen Elemente als Function ihrer Atomgewichte",
Annalen der Chemie und Pharmazie, **Suppl.-Bd. 7 (17. März 1870), 354–64**
(Hierzu Tafel III)

Dass die bis jetzt unzerlegten chemischen Elemente absolut unzerlegbare Stoffe seien, ist gegenwärtig mindestens sehr unwahrscheinlich. Vielmehr scheint es, dass die Atome der Elemente nicht die letzten, sondern nur die näheren Bestandtheile der Molekeln sowohl der Elemente wie der Verbindungen bilden, die Molekeln oder Molecule als Massentheile erster, die Atome als solche zweiter Ordnung anzusehen sind, die ihrerseits wiederum aus Massentheilchen einer dritten höheren Ordnung bestehen werden.

Die Natur dieser Bestandtheile der Atome auch ohne eine analytische Zerlegung der letzteren zu erschliessen, ist schon sehr bald nach der allgemeinen Annahme der Dalton'schen Atomtheorie versucht worden. Prout's Hypothese jedoch, nach welcher das Wasserstoffatom der gemeinschaftliche Bestandtheil der Atome, wenn nicht aller, so doch vieler Elemente sein sollte, hat die vermuthete Bestätigung {355} durch die Erfahrung nicht gefunden. Diese ergab, dass die Zahlenwerthe der Atomgewichte in der Regel nicht, wie jene Hypothese voraussetzt, genaue Vielfache von dem Atomgewichte des Wasserstoffs sind.

G. Boeck und A. J. Rocke, *Lothar Meyer,* Klassische Texte der Wissenschaft,
https://doi.org/10.1007/978-3-662-63933-7_3

Als später in der organischen Chemie die Systematik der Reihen mit so grossem Erfolge durchgeführt wurde, fand man in den schon frühzeitig bemerkten[1] Regelmässigkeiten in den Zahlenwerthen der Atomgewichte verwandter Elemente eine Analogie zwischen diesen und den Moleculargewichten organischer Verbindungen, nach welcher jene wie diese als zusammengesetzte Massentheile erschienen. Betrachtungen dieser Art sind von Pettenkofer, Dumas u. a. veröffentlicht worden.[2]

Die zwischen den Zahlenwerthen der Atomgewichte bestehenden regelmässigen Beziehungen sind von verschiedenen Autoren nicht nur zwischen sehr verschiedenen Elementen gesucht, sondern auch sehr verschieden dargestellt worden. Seit man nicht mehr die Gmelin'schen sogenannten Aequivalente, sondern die nach den Regeln von Avogadro und von Dulong und Petit bestimmten Atomgewichte der Betrachtung zu Grunde legt, hat sich die Darstellung dieser Regelmässigkeiten erheblich vereinfachen lassen. Schon 1864 konnte ich die bis dahin in verschiedenen Familien chemischer Elemente gefundenen Regelmässigkeiten unter ein und dasselbe Schema bringen.[3] Durch richtigere Ermittelung verschiedener Atomgewichte ist es seitdem möglich geworden, sämmtliche bis jetzt hinreichend bekannten Elemente demselben Schema einzuordnen. Vor Kurzem hat Mendelejeff gezeigt,[4] dass man eine solche Anordnung {356} schon dadurch erhält, dass man die Atomgewichte aller Elemente ohne willkürliche Auswahl einfach nach Grösse ihrer Zahlenwerthe in eine einzige Reihe ordnet, diese Reihe in Abschnitte zerlegt und diese in ungeänderter Folge an einander fügt. Die nachstehende Tabelle ist im Wesentlichen identisch mit der von Mendelejeff gegebenen.

---

[1] Gmelin, *Handbuch der Chemie*, 5. Aufl., Bd. 1 (Heidelberg, 1852), S. 48.

[2] Für die Literatur verweise ich auf den Artikel „Atomgewichte" in den beiden Registerbänden von Kopp und Will, *Jahresbericht über die Fortschritte der Chemie* und zwar: Register für 1847–1856 (Giessen, 1858), 189–190 und Register für 1857–1866 (Giessen, 1868), 263.

[3] L. Meyer, *Die modernen Theorien der Chemie* (Breslau, 1864), S. 137.

[4] D. I. Mendeleev, „Ueber die Beziehungen der Eigenschaften zu den Atomgewichten der Elemente", *Zeitschrift für Chemie*, 12 (1869), 405–406.

I.	II.	III.	IV.	V.	VI.	VII.	VIII.	IX.
	B = 11,0	Al = 27,3		—		? In = 113,4		Tl = 202,7
				—		—		
	C = 11,97	Si = 28		—		Sn = 117,8		Pb = 206,4
			Ti = 48		Zr = 89,7			
	N = 14,01	P = 30,9		As = 74,9		Sb = 122,1		Bi = 207,5
			V = 51,2		Nb = 93,7		Ta = 182,2	
	O = 15,96	S = 31,98		Se = 78		Te = 128?		—
			Cr = 52,4		Mo = 95,6		W = 183,5	
—	F = 19,1	Cl = 35,38		Br = 79,75		J = 126,5		—
			Mn = 54,8		Ru = 103,5		Os = 198,6?	
			Fe = 55,9		Rh = 104,1		Ir = 196,7	
		Co = Ni = 58,6			Pd = 106,2		Pt = 196,7	
Li = 7,01	Na = 22,99	K = 39,04		Rb = 85,2		Cs = 132,7		—
			Cu = 63,3		Ag = 107,66		Au = 196,2	
? Be = 9,3	Mg = 23,9	Ca = 39,9		Sr = 87,0		Ba = 136,8		—
			Zn = 64,9		Cd = 111,6		Hg = 199,8	

Differenz von I. zu II. und von II. zu III. ungefähr = 16.
Differenz von III. zu V., IV. zu VI., V. zu VII. schwankend um 46.
Differenz von VI. zu VIII., von VII. zu IX. = 88 bis 92,

{357} Die Tabelle enthält, nach steigenden Atomgewichten geordnet, mit alleiniger Ausnahme des Wasserstoffs, der eine Ausnahmestellung zu beanspruchen scheint, alle Elemente, deren Atomgewichte aus der Gasdichte ihrer Verbindungen oder aus ihrer Wärmecapacität bis jetzt bestimmt worden, und ausserdem Be und In mit vermuthungsweise aus dem Aequivalentgewicht abgeleiteten Atomgewichten, im ganzen 56 Elemente. Es fehlen ausser H nur Y, Eb, (Tb?), Ce, La, Di, Th, U, Jg (Jargonium), für welche alle das Atomgewicht, für einige sogar das Aequivalentgewicht unbekannt ist.[5] Diese Elemente werden voraussichtlich später, z. Th. wenigstens, die Lücken aus-

---

[5 DieseTabelle enthält nur 55 Elemente. „Jargonium" bezieht sich auf das angeblich neu gefundene Element, über das H. C. Sorby im Jahr 1869 berichtete. Doch schon nach einem Jahr hatte dieser festgestellt, dass es sich um einen Irrtum handelte, das machte er auch publik. In der zweiten Auflage des Buches *Moderne Theorien* taucht Jargonium nicht mehr auf. Die zu den sog. Seltenen Erden zählenden Elemente Yttrium, Erbium (heute mit dem Symbol Er), Terbium, Cer, Lanthan und „Didym" sind in den Jahren 1839–1843 von C. G. Mosander genauer untersucht und teilweise getrennt worden, doch bis in die 1860er-Jahre hinein gab es noch viele Unklarheiten bezüglich dieser Elemente. Er und Tb wurden häufig verwechselt, „Didym" wurde später als ein Gemisch aus zwei neuen Elementen erkannt, nämlich Praseodym und Neodym, die auch zu den

füllen, welche sich in der Tabelle jetzt noch finden. Andere Lücken werden möglicherweise durch später zu entdeckende Elemente ausgefüllt werden; vielleicht auch wird durch künftige Entdeckungen das eine oder andere Element aus seiner Stelle verdrängt und durch ein besser hinein passendes ersetzt werden.

Während durch die neun Verticalreihen von der ersten bis zur letzten die Elemente nach der Grösse der Atomgewichte fortlaufen, enthalten die Horizontalreihen natürliche Familien. Um diese Anordnung zu erhalten, mussten nur einige Elemente, deren Atomgewichte nahe gleich gefunden wurden und z. Th. nicht als sehr sicher bestimmt gelten können, etwas umgestellt werden, das Tellur vor das Jod, das Osmium vor das Iridium und Platin und diese vor das Gold. Ob diese Umstellung der Reihenfolge der richtig bestimmten Atomgewichte entspricht, müssen spätere Untersuchungen lehren.

Ich will den Bemerkungen, welche Mendelejeff zu seiner Tabelle macht, hier nur die eine hinzufügen, dass die in den Verticalreihen IV., VI. und VIII. stehenden Elemente mit denen der nächst vorhergehenden Horizontalreihe vielfach durch Isomorphismus verbunden sind, so Ti und Zr mit {358} Si, V mit P, Cr und Mo mit S, Mn mit Cl, Ag mit Na, Zn mit Mg u. s. w.

Für die Frage nach der möglichen Zusammensetzung der bis jetzt unzerlegten Atome macht die Tabelle S. 356 besonders eine wichtige Folgerung anschaulich. Gehen wir von der Annahme aus, die Atome seien Aggregate einer und derselben Materie und nur verschieden durch ihre verschieden grosse Masse, so können wir die Eigenschaften der Elemente in ihrer Abhängigkeit von der Grösse ihres Atomgewichtes betrachten, sie geradezu als Functionen des Atomgewichtes darstellen. Für diese Auffassung entnehmen wir aus der Tafel, dass die Eigenschaften der Elemente grossentheils *periodische* Functionen des Atomgewichtes sind. Dieselben oder ähnliche Eigenschaften kehren wieder, wenn das Atomgewicht um eine gewisse Grösse, die zunächst 16, dann etwa 46 und schliesslich 88 bis 92 Einheiten beträgt, gewachsen ist. Diess gilt in allen Fällen, von welchem Elemente man auch ausgehen mag.

Wie auffallend und anziehend aber diese Bemerkung auch sei, sie lässt uns vollkommen im Unklaren über die Wandelung der Eigenschaften innerhalb der Periode, an deren Ende die am Anfange vorhanden gewesenen Eigenschaften wiederkehren. Gehen wir z. B. vom Li aus, so finden wir nach einem Zuwachs von nahezu 16 Einheiten dessen wesentlichste Eigenschaften im Na, und nach abermals 16 Einheiten im K wieder; auf dem Wege dahin aber treffen wir in buntester Reihe erst die Elemente Be, B, C, N, O, F, und dann wieder Mg, Al, Si, P, S, Cl, scheinbar ohne alle Vermittelung der Uebergänge. Nur die Sättigungscapacität der Atome steigt und fällt regelmässig und gleich in beiden Intervallen:

Seltenen Erden gerechnet wurden. Thorium und Uran waren zu jener Zeit auch noch unvollständig untersucht gewesen. Für weiterführende Informationen siehe M. Fontani, M. Costa und M. V. Orna, *The Lost Elements: The Periodic Table's Shadow Side* (Oxford University Press, 2014).]

1-werthig	2-werthig	3-werthig	4-werthig	3-werthig	2-werthig	1-werthig
Li	Be	B	C	N	O	F
Na	Mg	Al	Si	P	S	Cl

{359} Wollen wir aber die Natur der Elemente in ihrer Abhängigkeit von der Grösse ihres Atomgewichtes darstellen, so müssen wir die Aenderung jeder Eigenschaft von Element zu Element schrittweise verfolgen. Hierfür einen Ausgangspunkt zu gewinnen, ist der Zweck nachfolgender Betrachtungen.

Eine der Eigenschaften, welche mit dem Atomgewicht ziemlich regelmässig sich ändert, ist die Raumerfüllung der Elemente, das Atomvolumen. Tafel III [siehe Abb. 3.1] giebt eine graphische Darstellung seiner Aenderungen in ihrer Abhängigkeit von den Aenderungen der Atomgewichte. Als Abscissen einer Curve sind den Atomgewichten proportionale Längen, als Ordinaten solche, welche den zugehörigen Atomvoluminibus der Elemente im festen Zustande (nur für das Chlor im flüssigen), also den Quotienten aus Atomgewicht und Dichte proportional sind, aufgetragen. Als Einheiten sind das Atomgewicht des Wasserstoffs und die Dichte des Wassers genommen. Die Endpunkte der aufeinander folgenden Ordinaten sind durch eine fortlaufende Curve verbunden worden, um die Aenderungen, welche das Atomvolumen mit wachsendem Atomgewicht erleidet, deutlicher ersichtlich zu machen. Wo die Kenntniss des Atomvolumens eines oder mehrerer Elemente mangelt, ist die Curve punktirt gezeichnet, und die Atomzeichen der in dieselbe fallenden Elemente sind in Cursivschrift, sonst in stehender Druckschrift angegeben.

Man sieht aus dem Verlaufe der Curve sofort, dass die Raumerfüllung der Elemente, eben so wie ihr chemisches Verhalten, eine periodische Function der Grösse ihres Atomgewichtes ist. Wie das Atomgewicht wächst, nimmt das Atomvolumen regelmässig ab und zu. Die Curve, welche seine Aenderungen darstellt, wird durch fünf Maxima in sechs Abschnitte zerlegt, welche etwa die Form an einander gereihter Kettenlinien zeigen, von denen die zweite und {360} dritte und eben so die vierte und fünfte einander ziemlich ähnlich sind und nahezu gleichen Stücken der Abscissenaxe entsprechen.

Da die Atomvolumina von H, N, O, F und Ti im festen Zustande unbekannt sind, so bleibt der Abschnitt I und die zweite Hälfte von II vor der Hand unbestimmt. Aus dem durch die Transpiration bestimmten Molecularvolumen der drei ersten dieser Elemente im gasförmigen Zustande[6] und aus dem der festen Fluor- und Titanverbindungen, verglichen mit dem verwandter Stoffe, lässt sich aber mit ziemlicher Sicherheit folgern, dass die Curve der Atomvolumina der Elemente im festen Zustande im ersten und zweiten Abschnitte ungefähr den auf Taf. III gezeichneten Verlauf haben wird.

---

[6] Meyer, „Ueber die Molecularvolumina chemischer Verbindungen", *Annalen der Chemie* Suppl.- Bd. 5 (1867), 129–147.

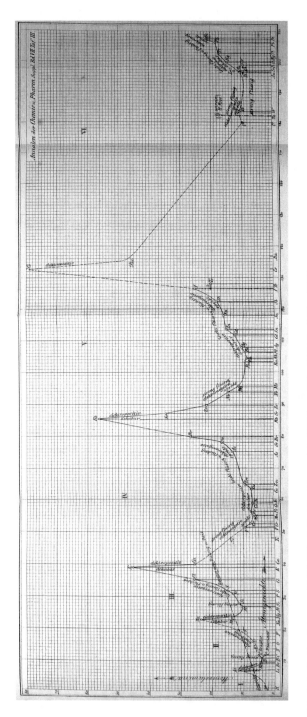

Abb. 3.1 Lothar Meyers „Tafel III", datiert im Dezember 1869, veröffentlicht im März 1870

Aehnliches gilt vom Ende des Abschnittes V und dem Anfange von VI, zwischen denen die Curve unzweifelhaft im Cs ein Maximum erreichen wird.

Betrachtet man nun die Stellung der Elemente auf der Curve, so findet man an entsprechenden Stellen der einander ähnlichen Curvenstücke Elemente mit ähnlichen Eigenschaften. Dass die Maxima der Curve durch leichte, die drei letzten Minima durch schwere Metalle gebildet werden, kann nicht besonders auffallen, da man längst weiss, dass jene sehr grosse, diese sehr kleine Atomvolumina haben. Aber sehr bemerkenswerth erscheint es, dass auch bei gleichem oder nahezu gleichem Atomvolumen die Eigenschaften sehr verschieden sind, je nachdem das Element auf steigendem oder fallendem Curvenast liegt, je nachdem ihm also ein kleineres oder ein grösseres Atomvolumen zukommt, als dem Elemente mit nächst grösserem Atomgewicht. Auf Taf. III sind diese Verschiedenheiten z. Th. durch einzelne beigeschriebene Worte angedeutet worden. Sie finden sich z. Th. in allen, {361} z. Th. nur in den sich paarweise entsprechenden Curvenabschnitten regelmässig wieder.

Alle *leicht flüssigen*, *flüchtigen* und *gasförmigen* Elemente finden sich auf den *aufsteigenden* Curvenästen; die *strengflüssigen* dagegen in II und III im oder nahe am Minimum, in IV, V, VI auf den *absteigenden* Aesten, die besonders schwer schmelzbaren auf diesen nahe dem Minimum. Die Elemente also, deren Molecule sich leicht von einander trennen, sind solche, welche ihr Volumen vergrössern würden, wenn sie durch Vergrösserung ihres Atomgewichtes in das nächstfolgende Element übergehen könnten. Umgekehrt sind diejenigen Elemente strengflüssig und schwer flüchtig, welche ihr Atomvolumen verkleinern würden, wenn es möglich wäre, sie durch Vergrösserung ihres Atomgewichtes in das sich zunächst anschliessende Element zu verwandeln.

Die *dehnbaren* Metalle liegen: die *leichten* in den *Maximal*punkten und den an diese sich *unmittelbar anschliessenden absteigenden* Curvenstücken; die *schweren* in den *Minimal*stellen des IV., V. und VI. Abschnittes und den *aus diesen emporsteigenden* Stücken der Curve. *Spröde* Schwermetalle stehen in IV und V und wohl auch in VI (falls die Atomgewichte von Ir und Os etwas kleiner sind, als jetzt angenommen) *kurz vor dem Minimum* auf *absteigender* Curve. *Spröde* und *nicht metallisch* sind auch die Elemente auf allen *aufsteigenden* Theilen der Curve, *die dem Maximum vorhergehen*.

Das *electrochemische* Verhalten wechselt regelmässig in II und III je einmal, in IV., V. und VI. je zweimal. In jenen sind die Elemente auf *fallender* Curve *positiv*, auf *steigender* *negativ;* in diesen, den grösseren Abschnitten, im *Maximum* und *Minimum* und *zunächst nach* beiden *positiv, kurz vor* dem *Minimum* und *Maximum* dagegen *negativ*.

{362} Die Regel von Dulong und Petit für die *specifische Wärme* gilt für alle Elemente, mit Ausnahme derer, welche in I, II und III in der *Nähe des Minimums* stehen. Diese lassen sich durch eine in Taf. III gezogene Gerade von den übrigen trennen. Sie stehen alle unterhalb derselben.

Wenn diese und ähnliche Regelmässigkeiten unmöglich reines Spiel des Zufalles sein können, so müssen wir uns andererseits gestehen, dass wir mit der empirischen Ermittelung derselben noch keineswegs den Schlüssel zur Erkenntniss ihres inneren ursächlichen Zusammenhanges gefunden haben. Aber es scheint wenigstens ein

Ausgangspunkt gewonnen zu sein für die Erforschung der Constitution der bis jetzt unzerlegten Atome, eine Richtschnur für fernere vergleichende Untersuchung der Elemente.

Einiger Anwendungen sind auch die vorliegenden dürftigen Anfänge bereits fähig. Sie können z. B. dienen zur Prüfung eines gefundenen Atomgewichtes oder zur Ermittelung eines solchen für Elemente, deren Aequivalent und Dichtigkeit zwar bekannt, deren Wärmecapacität aber noch unermittelt ist. Fällt das dem gefundenen Atomgewicht entsprechende Atomvolumen nicht in die regelmässige Bahn der Curve, so wird ein Fehler in der Bestimmung wahrscheinlich. So ergeben sich die Atomgewichte des Tellurs, des Platins, Iridiums und Osmiums als wahrscheinlich etwas zu gross gefunden, wie es auch schon aus der Tabelle S. 356 gefolgert wurde.

Das Aequivalent des Indiums ist nach den neueren, mit denen von Reich und Richter[7] ziemlich übereinkommenden Bestimmungen von Cl. Winkler[8] In = 37,8. Da die Dichte des Metalles = 7,42 gefunden wurde, so folgt das Aequivalentvolum = 5,1. Dieses kann nicht das {363} Atomvolumen sein, da es ganz ausserhalb der Curve liegen würde. Nimmt man In = 75,6 zweiwerthig an, so steht es zwischen As und Se, wohin das dehnbare electropositive Metall so wenig passt, wie das zugehörige Atomvolumen 10,2 in den Gang der Curve. Setzt man dagegen In = 3 × 37,8 = 113,4, wie Al scheinbar dreiwerthig, eigentlich vierwerthig, so fällt es zwischen Cd und Sn mit dem Atomvolumen = 15,3, das ziemlich gut in die Curve sich einfügt.

Durch ähnliche Betrachtungen ergiebt sich, dass mit der für das Uranmetall gefundenen Dichte = 18,4[9] weder das Atomgewicht U = 60, noch U = 120 vereinbar ist, wohl aber U = 180 mit dem Atomvolumen = 9,8, nahe dem des Wolframs. Durch Annahme dieses Atomgewichtes würde das schwarze Oxyd U_2O_3, das grüne UO_2 werden.[10]

Weniger bestimmte Anhaltspunkte ergaben sich in anderen Fällen. Für das Cer z. B., dessen specifische Wärme und demnach auch das Atomgewicht noch nicht ermittelt ist, ergeben verschiedene der möglichen Annahmen einigermassen in die Curve hinein passende Atomvolumina. Ist die Dichte des reinen Metalles dieselbe, welche Wöhler[11] an einem kleinen Stücke des für nicht ganz rein gehaltenen bestimmte, so kommt dem

---

[7] F. Reich und T. Richter, „Ueber das Indium", *Journal für praktische Chemie* 92 (1864), 480–485.

[8] C. Winkler, „Beiträge zur Kenntniss des Indiums", *Journal für praktische Chemie* 102 (1867), 273–297, hier 282.

[9] E. Péligot, „Note sur la préparation de l'uranium", *Comptes rendus* 42 (1856), 73–74.

[10] Regnault fand 1840 die specifische Wärme des damals für Metall gehaltenen schwarzen Oxydes = 0,062. Für U = 180 wird daraus die Molecularwärme = 0,062. U_2O_3 = 25,3 nahe übereinstimmend mit der von Fe_2O_3, Cr_2O_3, As_2O_3, Sb_2O_3 und Bi_2O_3. Siehe dazu Kopp, „Ueber die specifische Wärme der starren Körper," *Annalen der Chemie* Suppl.-Bd. 3 (1865), 289–342, hier 294. [Das Atomgewicht von Uran ist heute 238; das schwarze Oxid ist UO_2, das grüne U_3O_8.]

[11] F. Wöhler, „Zur Kenntniss des Ceriums", *Annalen der Chemie* 144 (1867), 251–255, hier 253.

Aequivalent Ce = 46 das Volumen 8,4 zu, das nicht in den Lauf der Curve zu passen scheint. Ce = 92 mit dem Volumen 16,7 würde hinein passen; doch fiele das dehnbare Metall zwischen Zr und Nb. Es ist auffallend, dass kein Vielfaches des Aequivalentes in eines der Intervalle {364} trifft, in welchen die Atomgewichte aller anderen dehnbaren Metalle liegen. Es wäre denkbar, dass die Oxyde und Salze des Cers mehr Sauerstoff enthielten, als wir annehmen.

Es würde voreilig sein, auf so unsichere Anhaltspunkte hin eine Aenderung der bisher angenommenen Atomgewichte vorzunehmen. Ueberhaupt darf man für jetzt Argumenten der angegebenen Art kein allzugrosses Gewicht beilegen, noch von ihnen eine so sichere Entscheidung erwarten, wie sie die Bestimmung der specifischen Wärme oder der Dampfdichte zu geben vermag. Aber sie dürfen schon jetzt unsere Aufmerksamkeit auf zweifelhafte und unsichere Annahmen lenken und zu einer erneuten Prüfung derselben auffordern. Diese Prüfung wird rückwärts wieder dazu dienen, die dürftigen Anfänge unserer Kenntnisse der Atome zu läutern und zu erweitern.

Carlsruhe, im December 1869.

Lothar Meyer, *Moderne Theorien der Chemie*, Auswahl von Texten der zweiten Auflage (1872)

4

Die

modernen Theorien

der

Chemie

und ihre Bedeutung für die

chemische Statik

von

Dr. Lothar Meyer,

ord. Prof. d. Chemie am Polytechnikum zu Carlsruhe.

Zweite umgearbeitete und sehr vermehrte Auflage

Breslau.

Verlag von Maruschke & Berendt.

1872.

Herrn Prof. Dr. R. W. Bunsen, Gr. Bad. Geh. Rath in Heidelberg, in dankbarer Verehrung

gewidmet vom Verfasser.

G. Boeck und A. J. Rocke, *Lothar Meyer,* Klassische Texte der Wissenschaft, https://doi.org/10.1007/978-3-662-63933-7_4

Vorrede zur zweiten Auflage

{VII} Als ich vor zehn Jahren die Ausarbeitung der ersten Auflage dieser Schrift begann, liess ich mich von der Absicht und der Hoffnung leiten, durch deren Veröffentlichung zur Beseitigung der Unklarheiten und Zweifel, welche sich in den damals um die Beherrschung der Chemie streitenden Ansichten und Theorien so zahlreich nachweisen liessen, mein Scherflein beizutragen. Ich war der Meinung, dass die Verworrenheit der Polemik jener Zeit in der Hauptsache auf falschen Auffassungen der Bedeutung der Hypothesen und Theorien beruhe, denen die Einen einen gar zu grossen, die Anderen einen viel zu geringen Werth beizulegen geneigt waren. Die Hypothesen und die auf sie gegründeten Theorien als nothwendige Hülfsmittel auch der chemischen Forschung darzustellen, ihre Geltung aber auf das Maass einzuschränken, welches ihnen in der theoretischen Physik seit lange zugestanden wird, war der Hauptzweck meines Unternehmens. Ich hoffte damit der weiteren Entwickelung der theoretischen Chemie die Wege zu ebnen und zugleich die neueren Ergebnisse derselben weiteren Kreisen zugänglich zu machen. Als ich aber zwei Jahre später nach dreimaliger Bearbeitung das Manuscript dem Drucke übergab, glaubte ich zwar noch den der Chemie ferner stehenden Naturforschern einen Dienst zu erweisen; aber meine Hoffnung, der Chemie selbst und manchem ihrer Vertreter einigen Nutzen zu bringen, war einem bangen Zweifel gewichen. Dazu erschien mir mein Schriftchen zu wenig eingehend {VIII} und zu arm an positivem Inhalte, so sehr, dass ich nicht mehr wagte, es, wie ich beabsichtigt hatte, meinem verehrten Lehrer zu widmen.

Die freundliche Aufnahme, welche dasselbe auch bei den Chemikern, ich darf wohl sagen, aller Richtungen und Parteien gefunden, hat mir zu meiner Freude gezeigt, dass meine Zweifel einer, wenn auch nicht ganz ungerechtfertigten, so doch übertriebenen Besorgniss entsprungen waren. Gerade eine gedrängte, durch unparteiische Kritik gesichtete Zusammenstellung der herrschenden oder um die Herrschaft streitenden Theorien war, wie mir vielfach versichert wurde, auch den Chemikern zu jener Zeit sehr erwünscht und wurde daher freundlich aufgenommen. Ob sie wirklich, wie ich gehofft, zum besseren Verständnisse und damit zur Ausgleichung der einander scheinbar oder wirklich widerstreitenden Ansichten beigetragen, steht zu beurtheilen nicht mir zu.

Das Ziel indessen, das die erste Auflage sich steckte, auf die nothwendige Klärung der gährenden Meinungen der Chemiker hinzuwirken und zugleich auch den anderen Naturforschern die kürzlich erfolgte Umwälzung des chemischen Systemes verständlich zu machen, dieses Ziel war ein wesentlich ephemeres, das seinen Charakter auch der Form der Schrift aufdrückte. Es konnte zweifelhaft erscheinen, ob jemals eine zweite Bearbeitung derselben nöthig, ja räthlich sein würde. Da indessen das seit Jahren vergriffene Buch auch jetzt noch fortwährend in seiner ersten Gestalt begehrt ist, so habe ich, dem Wunsche der Verlagshandlung nachgebend, in die Herstellung einer zweiten Auflage gewilligt. Um diese den seither veränderten Verhältnissen anzupassen, war eine durchgreifende Umarbeitung erforderlich, bei welcher ich einerseits bestrebt war, auch die neueste Entwickelung der chemischen Theorien zur Darstellung zu bringen, andererseits aber glaubte, durch Einfügung der wichtigsten empirischen Daten das

Verständniss der aus denselben gezogenen theoretischen Schlussfolgerungen erleichtern und ihre Begründung besser hervorheben zu sollen. Durch diese Vermehrung des Beobachtungsmateriales hat sich das Buch der Form eines Lehr- und Handbuches mehr genähert; es ganz in eine solche zu {**IX**} bringen, schien mir, zur Zeit wenigstens, nicht rathsam. Um seine Brauchbarkeit als Hand- und Nachschlagebuch zu erhöhen, habe ich die in der früheren Auflage äusserlich nicht hervorgehobene Eintheilung durch Zerlegung des ganzen Buches, ausser Einleitung und Schlusswort, in neun bestimmte Abschnitte deutlich hervortreten lassen. Von diesen beschäftigen sich die ersten vier mit den Regeln zur Bestimmung der Atomgewichte, V, VI und VII mit den Verbindungsformen der Atome, VIII und IX endlich mit der Natur der Atome selbst.

Es wird dem aufmerksamen Leser nicht entgehen, dass diese beiden letzten Abschnitte, welche zwei der wichtigsten Tagesfragen der Chemie, die Frage nach dem chemischen Werthe der Elemente und die nach der Systematik der anorganischen Chemie, behandeln, manches wieder in Frage stellen, was in den vorhergehenden Abschnitten als wohlbegründete Theorie erschien. Dies rührt allerdings zum Theile daher, dass bei der verhältnissmässig geringen zu Arbeiten dieser Art geeigneten Musse, die mir meine Lehrthätigkeit lässt, die verschiedenen Abschnitte zu ziemlich weit aus einander liegenden Zeiten bearbeitet werden mussten; hauptsächlich aber ist diese Ungleichförmigkeit dadurch entstanden, dass ich glaubte, die zur Zeit zwar in einigen Punkten angefochtene, aber durchaus nicht widerlegte Theorie der Atomverkettung möglichst einheitlich und vollständig darstellen und die gegen sie gemachten Einwürfe erst nachträglich behandeln zu sollen. Es ist nicht unwahrscheinlich, dass diese Theorie einer gewissen Einschränkung oder vielleicht auch einer Erweiterung bedarf; aber die Grenzen ihrer Gültigkeit sind noch nicht näher zu bestimmen; und so lange dieses nicht gelingt, ist es besser, einer auf einem gewissen Felde bewährten Theorie eine vielleicht etwas zu weit gehende Ausdehnung zu geben, als zur vermeintlichen Erklärung einiger ihr widerstrebenden Beobachtungen neue Hypothesen von geringer Tragweite aufzustellen oder sich mit einer Scheintheorie zu begnügen, welche nur eine Umschreibung der beobachteten Verhältnisse ist. Nur müssen wir uns stets der hypothetischen Grundlage unserer Theorien {**X**} bewusst bleiben und eingedenk sein, dass jede Theorie nur ein Versuch zur Erkenntniss der Dinge, nicht diese selbst ist. Diesem Verhältnisse ist von den Chemikern oft, zum Schaden der Wissenschaft, nicht die ihm gebührende Anerkennung und Berücksichtigung zu Theil geworden; nur zu oft hat man eine einseitige Interpretation der Beobachtungen für die absolute Erkenntniss des innersten Wesens der Erscheinungen gehalten und ausgegeben. Um diesen Irrweg möglichst zu verschliessen und ebenso sehr vor Ueberschätzung wie vor Verachtung der Theorien den Leser zu bewahren, habe ich mich überall bemüht, die wesentlichsten Grundlagen jeder der besprochenen Theorien, soweit es der Raum irgend gestattete, darzulegen, damit der Grad des Vertrauens, das jede der Theorien verdient, aus der Darstellung selbst möglichst hervorgehe.

Ich habe diese Theorien „*die modernen Theorien der Chemie*" genannt und diese Bezeichnung auch für die zweite Auflage beibehalten, obschon gegen dieselbe Bedenken erhoben worden sind. Ich brauche wohl kaum zu sagen, dass ich bei diesem Titel nicht an Modesachen gedacht, sondern den Ausdruck „modern" im Gegensatze zu „antik" oder „alt" in dem Sinne gebraucht habe, wie er in der Geschichte von Kunst und Wissenschaft gebraucht wird. Ein solcher Gegensatz bestand vor acht Jahren, als die erste Auflage erschien, ganz unbedingt, ein Gegensatz von derselben Schroffheit, wie er nur je zwischen antiker und moderner Kunst und Bildung bestanden hat. Wenn ich demnach noch heute glaube, dass der Ausdruck nicht unpassend gewählt war, so bin ich doch nie damit einverstanden gewesen, das spätere Autoren das Beiwort „modern", das ich von den *Theorien* gebraucht hatte, auf die *Chemie* selbst übertrugen; denn meines Erachtens war keine der in den letzten hundert Jahren eingetretenen Aenderungen der Chemie, mit alleiniger Ausnahme vielleicht des Ueberganges vom phlogistischen zum antiphlogistischen Systeme, so durchgreifend, dass man sie als Grenzpunkt einer alten und einer neuen oder modernen Chemie anzusehen befugt wäre. Der Uebergang vom dualistischen zum unitaren Systeme, so viel Aenderungen er auch mit sich bringen {**XI**} mochte, berechtigt dazu gewiss nicht; denn der wesentlichste Inhalt der Wissenschaft, die wichtigsten Forschungsmethoden sind ungeändert geblieben oder haben sich allmählich und stetig weiter entwickelt. Dass von einer Anzahl längst vorhandener Hypothesen einige zurückgedrängt, andere zu allgemeiner Anerkennung gelangt sind, ist gewiss kein genügender Grund, die heutige Chemie der vor zwanzig Jahren gelehrten als eine neue, moderne Wissenschaft entgegenzustellen, während allerdings zwischen den heute und den vor zwei Decennien *herrschenden Theorien* ein sehr scharf ausgesprochener Gegensatz besteht. Aus diesen Gründen war ich schon bei einer früheren Gelegenheit im Begriffe, mich gegen die Uebertragung der Bezeichnung „modern" von den Theorien auf die Chemie selbst auszusprechen, habe dieses aber unterlassen, weil ich fand, dass dieselbe Uebertragung bei dem Uebergange von dem phlogistischen zum antiphlogistischen Systeme schon einmal dagewesen ist. Lavoisier gab sein antiphlogistisches System heraus unter dem Titel: *Traité élémentaire de chimie, présenté dans un ordre nouveau et d'après les découvertes modernes,* während einige Jahre später Fourcroy seine *Philosophie chimique ou vérités fondamentales de la chimie moderne* veröffentlichte. Beide Arten der Anwendung des Wortes „modern" haben also eine gewisse historische Berechtigung, die um so eher beachtet zu werden verdient, als eine gewisse Aehnlichkeit zwischen den letztvergangenen beiden Jahrzehnten und dem Ende des vorigen Jahrhunderts nicht zu verkennen ist.

Um ein weiter eingehendes Studium der behandelten Gegenstände zu erleichtern, sind, wie in der ersten Auflage, auch in dieser die wichtigsten Literaturnachweise gegeben worden. In diesen habe ich mir indessen eine gewisse Beschränkung auferlegen müssen, da es unmöglich war, bei jedem Gegenstande jeden Autor zu citiren, der sich erfolgreich mit demselben beschäftigt hat. Bei empirischen Daten, die aus den Hand- und Lehrbüchern oder den *Jahresberichten*[1] leicht entnommen werden

---

[1 Diese Angabe bezieht sich auf die Reihe *Jahresbericht über die Fortschritte der Chemie,* die von H. Kopp und anderen ab 1849 herausgegeben wurde und die die Fortsetzung der von Berzelius 1821 begonnenen Reihe darstellt.]

können, habe ich in der Regel jedes Citat weggelassen, bei weniger leicht auf{**XII**}zu-findenden dagegen die Quellen möglichst vollständig angegeben. Theoretische Ansichten bin ich gewissenhaft bestrebt gewesen auf ihren wirklichen Urheber zurückzuführen, ohne indessen bei jedem benutzten Satze anzugeben, wann und wo er zuerst gedruckt worden. Ich habe geglaubt, dass, wo allgemeine Regeln und leitende Grundsätze in die Wissenschaft eingeführt wurden, es genüge, die Autoren anzugeben, welche dieselben zuerst ausgesprochen, erweitert oder den Umfang ihrer Geltung klar bezeichnet haben, dass es dagegen nicht nur unnöthig, sondern ganz unthunlich sei, auch alle die Schrift-steller zu citiren, welche diese Grundsätze im einzelnen zur Anwendung gebracht haben. So z. B. habe ich die Arbeiten angeführt, welche zu der Feststellung der jetzt für die Bestimmung der Atomgewichte maassgebenden allgemeinen Regeln wesentlich bei-getragen, nicht aber auch, so werthvoll sie sein mögen, alle diejenigen, welche für die Anerkennung dieser Regeln und die Anwendung derselben auf die einzelnen Elemente gewirkt haben. Ebensowenig habe ich, einige besonders hervorzuhebende Fälle aus-genommen, geglaubt, für jede einzelne Anwendung des Atomverkettungsgesetzes erforschen und angeben zu sollen, wo dieselbe zum ersten Male benutzt wurde. Voll-ständigkeit in Citaten dieser Art zu erreichen, würde kaum möglich und volle Sicher-heit jedenfalls nur mit einem ganz unverhältnissmässig grossen Aufwande von Zeit und Mühe zu gewinnen gewesen sein. Wenn ich vielleicht hoffen darf, in den meisten Abschnitten im grossen und ganzen das richtige Maass eingehalten zu haben, so bin ich doch etwas in Zweifel, ob auch der V. und VI. Abschnitt in dieser Hinsicht die Billigung meiner Fachgenossen finden werden. Der Ursprung und die Entstehung der Mehrzahl der besprochenen Theorien, z. B. der atomistischen Dalton's, der Avogadro's und der von Dulong und Petit, ist leicht zu übersehen und einfach in kurzen Zügen historisch darzu-stellen. Nicht so die Entwickelung des typischen Systemes und der Theorie der Atom-verkettung, welche weder das Ergebniss einer bestimmten Reihe von Beobachtungen sind, noch auch in scharfen Zügen in einem einzigen Gusse geschaffen wurden. Sie waren und {**XIII**} sind vielmehr die langsam gereifte Frucht zahlreicher experimenteller Arbeiten wie theoretischer Speculationen. Sie entstanden, wuchsen und erstarkten nicht nur durch die Untersuchungen und Argumente ihrer Begründer und Vertheidiger, sondern fast ebenso sehr durch die ihrer bedingten oder unbedingten Gegner und Widersacher, so dass fast sämmtliche Chemiker, welche am Fortschritte der Chemie, besonders der organischen, arbeiteten, mittelbar oder unmittelbar die Entwickelung der genannten Theorie vorbereiten oder befördern halfen. Dieses Verhältniss ist zwar im Texte nicht ganz unerwähnt geblieben, aber weder im einzelnen ausgeführt, noch aus den gegebenen Citaten ersichtlich. Nach diesen könnte es vielmehr scheinen, als hätten Männer, deren grosse Verdienste um die Entwickelung der Chemie sie an die Spitze grosser Laboratorien an den frequentesten Hochschulen geführt haben, an der Aus-bildung der chemischen Theorien nicht den mindesten oder doch nur einen sehr geringen Antheil. Obschon ich glaube, dass wenigstens die Chemiker unter meinen Lesern mir eine so einseitige Auffassung nicht zutrauen werden, habe ich doch versucht, auch den bösen Schein zu tilgen; allein ohne den gewünschten Erfolg zu gewinnen. Um eine auch nur sehr flüchtige Skizze von der Entwickelungsgeschichte der Typen- und Atomverkettungstheorie geben zu können, hätte ich das vielleicht jetzt schon zu reichlich aufgenommene Material chemischer Beobachtungen noch sehr erheblich vermehren und viel ausführlicher besprechen müssen. Eine ganz besondere Schwierigkeit aber würde sich aus der sehr verschiedenen Stellung ergeben haben, welche die einzelnen Chemiker theoretischen Betrachtungen gegenüber eingenommen haben und zum Theil noch einnehmen. Manche Beobachter, deren experimentelle Arbeiten ganz neue Gebiete erschlossen, auf denen auch die theoretische Chemie reiche Früchte erntete, zogen es vor, die Speculationen, von denen sie sich in ihren Untersuchungen hatten leiten lassen, entweder gänzlich zu unterdrücken oder doch nur leise anzudeuten und dem Leser zu überlassen, die fast mit Nothwendigkeit sich ergebenden theoretischen Folgerungen aus den neuen Entdeckungen selbst zu ziehen. Andere {XIV} bedienten sich für ihre theoretischen Betrachtungen ihnen eigenthümlicher, manchmal nicht ohne Mühe zu erfassender Ausdrücke und Formeln; die chemische Terminologie war längere Zeit hindurch in einer der Auflösung nahen Verwirrung, in der dasselbe Wort bei verschiedenen Parteien oft ganz entgegengesetzte Bedeutung erhielt. Es würde daher eine eingehende Discussion der Ausdrucksweise verschiedener Zeiten und Systeme und eine Uebersetzung derselben in die heutige Sprache erforderlich gewesen sein. Zudem entstanden und verschwanden die Gegensätze nicht allein in der literarischen Polemik, sondern oft auch im persönlichen Austausche der Meinungen, über welchen keine Literatur Auskunft giebt. Alle diese Verhältnisse lassen eine historisch vollkommen treue Darstellung der Entwickelungsgeschichte der Atomverkettungstheorie als eine zwar höchst anziehende, aber auch ganz ausserordentlich schwierige Aufgabe erscheinen, die, wenn auch für die gegenwärtige Generation nicht mehr unlösbar, doch jedenfalls um so schwieriger gründlich zu lösen ist, je kürzer und knapper sie gefasst werden soll. In dieser Erwägung bin ich von dem Versuche, eine Skizze dieser Geschichte zu geben, wieder abgestanden und habe, wie in der ersten Auflage, in der allgemeinen Darstellung nur die Forscher erwähnt, von welchen die Theorie eine ganz bestimmte, genau anzugebende Form empfing, andere dagegen nur da, wo ich einzelne Beispiele ihren Arbeiten entnahm. Diese Beschränkung ist mir nicht ganz leicht geworden; ob sie gerechtfertigt ist, überlasse ich billig der Beurtheilung des kundigen Lesers. Mir genügt es auszusprechen, dass sie aus Zurückhaltung und nicht etwa aus mangelndem Verständnisse oder gar aus Unterschätzung der einen oder anderen für die allseitige Entwickelung der Wissenschaft unentbehrlichen Richtung entsprang.

Eine andere grosse und fühlbare Beschränkung habe ich aus der ersten Auflage herübergenommen, indem ich nur die Statik, nicht aber die Mechanik der Atome, die Lehre vom chemischen Umsatze behandelte. Ausser dem jetzt schon fast verdreifachten Umfange des Buches hielt mich von der Aufnahme auch der {XV} chemischen Mechanik besonders der unfertige und ungleichförmige Zustand derselben ab, welcher einer gedrängten Darstellung wenig günstig ist. Die einzelnen Theile derselben, die Beziehungen der chemischen Verbindungen und Zersetzungen, also der Ortsänderungen der Atome, zu Licht, Wärme, Elektricität, zum Aggregatzustande, zu der Masse und der

Qualität des Stoffes fordern in ihrem gegenwärtigen Zustande mehr zu monographischer Bearbeitung als zu encyclopädischer Darstellung auf.

Auch die Herleitung und Begründung der für die *Atomgewichte der Elemente* angenommenen Zahlenwerthe habe ich nicht mit aufgenommen. Dieselben sind durchweg aus den Angaben der Originalabhandlungen neu berechnet und auf die bewundernswerthen Bestimmungen von J. S. Stas, die unzweifelhaft genauesten, welche wir besitzen, bezogen worden. Vielleicht wird es mir möglich sein, die Zusammenstellung der empirischen Daten, der Berechnungen und theoretischen Betrachtungen, welche den angenommenen Werthen zu Grunde liegen, an anderer Stelle zu veröffentlichen, um den wenig befriedigenden Zustand eines grossen Theiles dieses der Bearbeitung sehr bedürftigen Gebietes darzulegen. Etliche der angenommenen Atomgewichte können um mehrere Procente ihres Werthes unrichtig sein; bei einigen ist dies sogar fast unzweifelhaft. Ich glaube indessen, in den meisten der zweifelhaften Fälle die zuverlässigsten unter den vorhandenen Bestimmungen zur Geltung gebracht zu haben. Nur für das Atomgewicht des Wismuthes, das grösste von allen bis jetzt bestimmten, ist es mir nachträglich wahrscheinlich geworden, dass der angenommene Werth Bi $= 207,5$ etwas zu klein ist, und Bi $= 210$ der Wahrheit näher kommen dürfte. Ich habe aber diese Aenderung im Texte nicht mehr durchführen können.

Das Manuscript wurde im wesentlichen zu Ostern d. J. abgeschlossen. Die wichtigsten der während der Bearbeitung und auch noch einige der während des Druckes erschienenen Arbeiten sind jedoch, soviel es mir möglich war, noch berücksichtigt worden. Doch konnte eine vollkommene Gleichförmigkeit in der Benutzung {**XVI**} derselben nicht erreicht werden, wenn ich nicht das Erscheinen des Buches sehr verzögern wollte.

Für die zum Theile sehr mühsame erste Correctur des Druckes, so wie für manchen mir für die Bearbeitung des Textes werthvollen Rath bin ich meinem Bruder Oskar Emil Meyer in Breslau verpflichtet. Auch Herr Dr. Paul Liechti, Docent am Polytechnikum in Carlsruhe, hatte die Gefälligkeit, einen Theil der Revisionsbogen zu lesen.

Carlsruhe i[n] B[aden] im August 1872.

Der Verfasser.

{289}

IX. Das Wesen der chemischen Atome

§153.

Die im vorigen Abschnitte behandelte Frage nach dem chemischen Werthe ist nur ein Theil der allgemeineren Frage nach dem Wesen der Atome überhaupt, deren Beantwortung, ja Besprechung von den Chemikern selten gesucht, meistens umgangen oder ganz vermieden worden ist. Es ist in der That das, was wir über das Wesen der Atome bis jetzt mit einiger Bestimmtheit aussagen können, ausserordentlich wenig; doch ist allmählich ein, wenn auch kleiner Anfang gewonnen worden, von dem ausgehend wir hoffen dürfen später zu einer entwickelungsfähigen Hypothese über das Wesen der Atome zu gelangen, deren theoretische Consequenzen sich mit den Ergebnissen der Beobachtung werden vergleichen lassen.

Wie schon § 3 angeführt wurde, entziehen sich die Atome der unmittelbaren Beobachtung; sie sind nur hypothetisch angenommene Grössen. Da jedoch ohne die atomistische Hypothese eine grosse Zahl nicht nur chemischer, sondern auch physikalischer Erscheinungen einer theoretischen Erklärung gänzlich ermangeln würde, so hat diese Hypothese einen sehr hohen Grad der Wahrscheinlichkeit gewonnen. Wenn aber auch die Annahme discreter Massentheilchen von bestimmtem, unveränderlichen Gewichte für {290} die chemische wie für fast jede physikalische Theorie die unerlässliche Grundlage bildet, so bleibt doch noch ein weiter Spielraum für die Vorstellungen, welche man sich über die sonstigen Eigenschaften dieser elementaren Massentheilchen oder Atome bilden will.

Während den Atomen nothwendig Gewicht beigelegt werden muss, ist die Frage nach der räumlichen Ausdehnung derselben vielfach in der Schwebe gehalten worden. Wie die Vertreter der theoretischen Physik im 17ten und der ersten Hälfte des 18ten Jahrhunderts ihren Betrachtungen und Entwickelungen in der Regel die Annahme zwar sehr kleiner, aber doch noch räumlich ausgedehnter Massentheilchen zu Grunde gelegt hatten, so schrieb auch Dalton, der Urheber unserer chemischen Atomtheorie, seinen Atomen ganz bestimmt eine räumliche Ausdehnung zu.[2] Später ist wohl auch hie und da mit mehr oder weniger Bestimmtheit angenommen worden, die Atome seien „unendlich klein" oder auch, bestimmter ausgedrückt, sie entbehrten gänzlich der räumlichen Ausdehnung und seien nur sogenannte Kraftcentra, d. i. Punkte, nach welchen gewisse Kräfte oder Bewegungen gerichtet seien. Diese Auffassung hat an Boden verloren in Folge der neueren Untersuchungen auf verschiedenen Gebieten der Molekularphysik, welche gezeigt haben, dass wenigstens die *Molekeln* eine räumliche Ausdehnung besitzen müssen, da aus der Annahme unendlich kleiner Molekeln sich Folgerungen ergeben, welche mit den beobachteten Thatsachen nicht in Einklang zu bringen sind. Es ist sogar möglich geworden, aus der theoretischen Untersuchung der verschiedensten

---

[2] So z. B. in seinem *System of Chemical Philosophy* in der deutschen Übersetzung von F. Wolff (Berlin, 1812), Bd. 1, S. 164.

Molekularwirkungen Folgerungen zu ziehen, welche eine ungefähre Schätzung der Grenzen erlauben, innerhalb welcher die Dimensionen der Molekeln verschiedener Stoffe liegen müssen. Diese Folgerungen sind vor einiger Zeit von William Thomson in einem populären Vortrage[3] zusammengestellt und dabei gezeigt worden, dass zwischen den aus sehr verschiedenen Untersuchungen gezogenen Folgerungen eine über alle Erwartung grosse Uebereinstimmung besteht, durch welche die Wahrscheinlichkeit, dass jene Folgerungen nicht unrichtig seien, ausserordentlich erhöht wird. Dieselben ergeben, dass der Durchmesser keiner Molekel irgend einer gasförmigen Substanz kleiner sein kann, als der funfzigmillionste Theil eines Millimeters.
{291}

§154.

Welche Dimensionen nun aber den *Atomen* zuzuschreiben seien, die eine Molekel zusammensetzen, lässt sich zunächst nicht angeben; doch können diese Dimensionen der Atome nicht wohl so gering sein, dass sie im Verhältnisse zu denen der Molekeln als verschwindend klein erscheinen würden. Zwar wissen wir nicht, wie gross die absolute Anzahl der zu einer Molekel irgend einer Verbindung vereinigten Atome ist, z. B. nicht, ob in einer Molekel Salzsäure ein Atom Wasserstoff mit einem Atome Chlor, oder zwei mit zweien, oder ob drei mit dreien u. s. w. vereinigt sind; aber wir dürfen behaupten, dass eine Molekel Salzsäure nicht etwa funfzig oder hundert einfache Atome enthält. Wären in derselben z. B. funfzig Atome Wasserstoff mit funfzig Atomen Chlor vereinigt, so möchte es leicht geschehen, dass auch einmal ein oder einige Atome an dieser Zahl fehlen könnten, ohne dass das Gleichgewicht des ganzen Systemes aufgehoben würde. Das Fehlen eines einzigen Chloratomes würde aber das Gewichtsverhältniss der beiden Bestandtheile um fast ein halbes Procent seines Werthes verändern, eine Aenderung, welche weit ausserhalb der Grenzen liegen würde, innerhalb welcher sich die Fehler unserer stöchiometrischen Bestimmungen bewegen. Die Frage, ob das Verhältniss der Bestandtheile chemischer Verbindungen constant oder variabel sei, hat Stas bei seinen umfangreichen Untersuchungen über die Atomgewichte der Elemente einer besonderen Prüfung unterworfen.[4] Die zu diesem Zwecke dienenden Versuche wurden mit der allen von Stas ausgeführten stöchiometrischen Bestimmungen eigenen ausserordentlichen Genauigkeit angestellt, so dass sie auch ganz ungemein kleine Schwankungen in den Atomgewichten der Elemente hätten erkennen lassen, wenn solche überhaupt vorkämen. In den Versuchen z. B., in welchen geprüft wurde, ob das Verhältniss des Atomgewichtes

---

[3] W. Thomson, „The Size of Atoms", *Nature* 1 (31. März 1870), 551–553; „On the Size of Atoms", *American Journal of Science and Arts* [2] 50 (1870), 38–44; „Ueber die Grösse der Atome", *Annalen der Chemie* 157 (1871), 54–66.

[4] Stas, „Nouvelles recherches sur les lois des proportions chimiques: I", *Mémoires de l'Académie Royale des Sciences, des lettres et des beaux-arts de Belgique* 35 (1865), 27–108; *Untersuchungen über die Gesetze der chemischen Proportionen, über die Atomgewichte und ihre gegenseitigen Verhältnisse,* Übersetzung von L. Aronstein (Leipzig, 1867), S. 29–107.

des Jodes zu dem des Silbers im Jodüre dasselbe sei wie im Jodate, hätten selbst Veränderungen von nur einem Hunderttausendtheile des Werthes einer dieser Grössen der Beobachtung nicht entgehen können.[5] Da sie nicht beobachtet wurden, dürfen wir schliessen, dass jenes Verhältniss mindestens bis auf 1/100 000 seines Werthes und wahrscheinlich absolut constant sei. Diese Constanz des Verhältnisses, in welchem sich beide Stoffe vereinigen, würde schwerlich vorhanden sein, {292} wenn die Anzahl der zusammentretenden Atome eine sehr grosse wäre. Wir können also annehmen, dass die Zahl der zu einer Molekel vereinigten Atome nicht sehr gross, die Masse des Atomes also im Verhältniss zur Masse der Molekel nicht verschwindend klein ist.

Da die Atome jedenfalls lebhafte Bewegungen ausführen, so ist es so gut wie unzweifelhaft, dass der Raum, den die Molekel umfasst, nicht völlig durch die Masse der Atome erfüllt werde; andererseits aber ist es auch nicht wahrscheinlich, dass der Raum, den die Atome wirklich einnehmen, gegen den von der Molekel eingenommenen Raum verschwindend klein sei. Wir dürfen also schliessen, dass der von den Atomen erfüllte Raum zwar sehr klein, aber doch nicht unendlich klein sei.

§155.

An die Frage nach der Raumerfüllung der Atome schliesst sich sehr nahe die Frage an, ob sie wirkliche ἄτομοι, wirklich untheilbare Massentheilchen und damit die letzten Elemente seien, in welche die Materie aufgelöst werden kann. Diese Frage ist bis jetzt nicht mit Bestimmtheit zu beantworten, doch lassen sich manche Gründe für die Ansicht geltend machen, dass die Atome zwar Massentheilchen einer höheren Ordnung als die Molekeln, aber doch noch nicht die letzten, kleinsten Massentheilchen seien. Es scheint vielmehr, dass, wie die Massen von grösserer, unseren Sinnen wahrnehmbarer Ausdehnung aus Molekeln, die Molekeln oder Massentheilchen erster Ordnung aus Atomen oder Massentheilchen zweiter Ordnung sich zusammensetzen, so auch die Atome wiederum aus Vereinigungen von Massentheilchen einer dritten, höheren Ordnung bestehen.

Zu dieser Ansicht leitet zunächst schon die Erwägung, dass, wenn die Atome unveränderliche, untheilbare Grössen wären, wir ebenso viele Arten von durchaus verschiedenen Elementarmaterien annehmen müssten, als wir chemische Elemente kennen. Die Existenz von einigen sechzig oder noch mehr grundverschiedenen Urmaterien ist aber an sich wenig wahrscheinlich. Sie wird noch unwahrscheinlicher durch die Kenntniss gewisser Eigenschaften der Atome, unter denen besonders die wechselseitigen Beziehungen, welche die Atomgewichte der verschiedenen Elemente zu einander zeigen, Beachtung verdienen.

Schon kurz nach der allgemeinen Anerkennung der Daltonschen Atomtheorie stellte Prout im Jahre 1815 die Ansicht auf, die Urmaterie, aus welcher alle Elemente zusammengesetzt seien, {293} sei der Wasserstoff, und demgemäss seien die Atomgewichte aller Elemente ganze Vielfache vom Atomgewichte dieses Urelementes. Diese namentlich von Th. Thomson und später von Dumas vertheidigte Ansicht befindet sich mit unseren genauesten stöchiometrischen Bestimmungen nicht im Einklange. Die eigens zu ihrer Prüfung ausgeführten Untersuchungen von Berzelius, Turner, Marignac

---

[5] Daselbst, „Nouvelles recherches", 68–77; Übersetzung S. 69–77.

und Stas haben ergeben, dass die Atomgewichte vieler Elemente zwar nahezu, aber nicht genau rationale Vielfache von dem des Wasserstoffes sind, also nicht genau durch *ganze Zahlen* ausgedrückt werden, wenn das Atomgewicht des Wasserstoffes zur Einheit genommen wird,[6] noch auch unter sich in rationalen Verhältnissen stehen.

Es ist indessen sehr bemerkenswerth, was besonders Marignac a. a. O. hervorgehoben hat, dass unter den bestbestimmten Atomgewichten die ganz überwiegende Mehrzahl *nahezu* mit rationalen Vielfachen vom Atomgewichte des Wasserstoffes zusammenfällt, was nicht wohl auf reinem Zufalle beruhen kann. Es ist wohl denkbar, dass die Atome aller oder vieler Elemente doch der Hauptsache nach aus kleineren Elementartheilchen einer einzigen Urmaterie, vielleicht des Wasserstoffes, bestehen, dass aber ihre Gewichte darum nicht als rationale Vielfache von einander erscheinen, weil ausser den Theilchen dieser Urmaterie etwa noch grössere oder geringere Mengen der vielleicht nicht ganz gewichtlosen den Weltraum erfüllenden Materie, welche wir als Lichtäther zu bezeichnen pflegen, in die Zusammensetzung der Atome eingehen. Es ist das eine Hypothese, die nicht unzulässig erscheint, und deren weitere Ausführung, obwohl sie zur Zeit weder erwiesen noch widerlegt werden kann, vielleicht in der Zukunft lohnende Früchte zu tragen vermag, wenn sich auch für den Augenblick die Gewinnung solcher noch nicht erwarten lässt.

{294}

§156.

Unsere Forschung nach dem Wesen und der möglichen Zusammensetzung der Atome muss zunächst darauf gerichtet bleiben, das empirisch gewonnene Material zu vermehren, kritisch zu prüfen, zu berichtigen und systematisch zu ordnen. Damit ist allerdings schon ein viel versprechender Anfang gemacht worden. Die fast alle bekannten Elemente umfassenden, meist schon sehr genauen Atomgewichtsbestimmungen von Berzelius sind für manche Elemente durch noch genauere Bestimmungen berichtigt und ersetzt worden. Nachdem C. Marignac schon vor fast dreissig Jahren eine ganz ausserordentliche Genauigkeit und Sicherheit in seinen systematisch zusammengreifenden stöchiometrischen Bestimmungen erreicht hatte, hat neuerdings Stas durch seine mit dem grössten Aufwande von Scharfsinn, Kühnheit, Sorgfalt und Geduld und mit unerhört grossen materiellen Opfern ausgeführten Arbeiten[7] die Methoden der Atomgewichtsbestimmung so vervollkommnet, dass die Atomgewichtszahlen einer ganzen Reihe von Elementen bis auf den tausendsten, einige sogar bis auf den zehntausendsten Theil ihres Werthes sicher bestimmt sind. Dieser Erfolg erscheint um so grösser, wenn man bedenkt, dass die Atomgewichte mancher Elemente, die bisher nicht nach so ausgezeichneten Methoden unter-

---

[6] Zur Geschichte der Prout'schen Hypothese und ihrer Prüfung vgl. besonders: Kopp, *Geschichte der Chemie*, Bd. 2 (Braunschweig, 1844), S. 391–393; Berzelius, *Lehrbuch der Chemie*, a. a. O., 5. Aufl., Bd. 3, S. 1173–1179; Stas, *Recherches sur les rapports réciproques des poids atomiques* (Bruxelles, 1860), S. 6–13 und 131–134 (die Einleitung findet sich wörtlich übersetzt in *Annalen der Chemie*, Suppl.-Bd. 4 (1866), 168–201); Marignacs Review der Arbeit von Stas in *Bibliothèque universelle* 9 (1860), 97–107, hier 101 und ibid., 24 (1865), 371–376, hier 375 und Marignac, „Ueber die Atomgewichte der Elemente", *Annalen der Chemie*, Suppl.-Bd. 4 (1866), 201–206.

[7] Siehe die vorhergehende Fußnote.

sucht wurden, nachweislich Fehler enthalten, welche bei vielen mehrere Hunderttheile, bei einigen vielleicht sogar Zehntheile ihres Werthes betragen können. Erst wenn die Atomgewichte aller oder doch der meisten Elemente mit einer wenigstens annähernd ebenso grossen Genauigkeit und Sicherheit bestimmt sein werden, wird es möglich sein, die gesetzmässigen Beziehungen, in denen die Atomgewichte der verschiedenen Elemente zu einander stehen, genau festzustellen, ihre ursächlichen Momente aufzusuchen und damit einen tieferen Einblick in das Wesen der Atome zu gewinnen.

Obschon diese Beziehungen gegenwärtig sich meist nur ungefähr und mit geringer Sicherheit und Genauigkeit ermitteln lassen, verdienen sie doch schon als erster Ausgangspunkt der Forschung auf diesem noch wenig bebauten Felde die aufmerksamste Beachtung.

Schon seit geraumer Zeit ist es aufgefallen, dass in den Zahlenwerthen der Atomgewichte einander verwandter Elemente sich gewisse Regelmässigkeiten zeigen. So haben manche einander ähnliche Elemente nahezu gleiche Atomgewichte; in vielen Gruppen von je {295} drei verwandten Elementen, welche Döbereiner[8] als *Triaden* bezeichnet hat, ist das Atomgewicht des einen Elementes nahezu das arithmetische Mittel aus dem der beiden anderen. Nachdem schon seit 1826 Leopold Gmelin in allen Auflagen seines Handbuches[9] auf Regelmässigkeiten dieser Art aufmerksam gemacht hatte, sind dieselben von vielen Chemikern, insbesondere von Max Pettenkofer, J. J. [sic, J. B.] Dumas, P. Kremers, J. H. Gladstone, J. P. Cooke, [D.] Low, W. Odling, E. Lenssen, J. Mercer, M. C. Lea, J. A. R. Newlands u. A.[10] zusammengestellt und besprochen worden und haben wiederholt die Behandlung der Frage veranlasst, ob nicht unsere Atome selbst wieder Vereinigungen von Atomen höherer Ordnung, also Atomgruppen oder Molekeln seien. In der That hat letztere Ansicht eine ausserordentlich grosse Wahrscheinlichkeit für sich, da die Atomgewichte gewisser Gruppen unter einander nahe verwandter Elemente ganz ähnliche Beziehungen unter einander darbieten, wie z. B. die Molekulargewichte gewisser Reihen organischer Verbindungen analoger Constitution. So hat man z. B.:

Atome:	Molekeln:			Radicale:		
$Li = 7{,}01$	Holzgeist	$=$	$CH_4O = 31{,}93$	Methyl	$=$	$CH_3 = 14{,}97$
Diff. 15,98			$CH_2 = 13{,}97$			$CH_2 = 13{,}97$
$Na = 22{,}99$	Weingeist	$=$	$C_2H_6O = 45{,}90$	Aethyl	$=$	$C_2H_5 = 28{,}94$
Diff. 16,05			$CH_2 = 13{,}97$			$CH_2 = 13{,}97$
$K = 39{,}04$	Propylgeist	$=$	$C_3H_8O = 59{,}87$	Aethyl	$=$	$C_3H_7 = 42{,}91$

---

[8] J. W. Döbereiner, „Versuch zu einer Gruppirung der elementaren Stoffen nach ihrer Analogie", *Annalen der Physik* 15 (1829): 301–307.

[9] Gmelin, *Handbuch der Chemie*, 3. Aufl., Bd. 1 (Heidelberg: Winter, 1826), S. 35; 4. Aufl., Bd. 1 (1843), S. 50–53; 5. Aufl., Bd. 1 (1852), S. 47–50.

[10] Für die Literatur verweise ich auf Kopp und Will, *Jahresbericht über die Fortschritte der Chemie* für 1851, S. 291–292; für 1852, S. 294; für 1853, S. 312; für 1854, S. 284–285; für 1857, S. 27–30 und 36; für 1858, S. 13–14; für 1859, S. 1 und 7; für 1860, S. 5; für 1862, S. 7; für 1863, S. 13; für 1864, S. 16 und für 1865, S. 17.

Es liegt nahe anzunehmen, die Differenz der Atomgewichte dieser Metalle rühre, wie bei den angeführten und ähnlichen organischen Verbindungen oder Radicalen, ebenfalls von einer Differenz in der Zusammensetzung ihrer s. g. Atome her. Letztere würden demnach nicht untheilbare Grössen, vielmehr wiederum Verbindungen von Atomen höherer Ordnung, also zusammengesetzte Radicale sein. Die Analogie in ihrem Verhalten mit dem der jetzt schon als zusammengesetzt erkannten Radicale würde nach dieser Ansicht eine sehr naturgemässe Erklärung finden.

{296} Den angegebenen ähnliche Zahlenrelationen zwischen den Atomgewichten finden sich vielfach. Die verschiedenen Autoren, die sich mit dem Gegenstande beschäftigt, haben aber solche in der verschiedensten Weise dargestellt, besonders so lange für die Bestimmung der Atomgewichte noch keine einheitliche Regel gewonnen war, und die Atomgewichte noch fort und fort mit den Aequivalentgewichten verwechselt wurden. Vielfach wurden numerische Regelmässigkeiten gesucht, wo sie schwerlich vorhanden sind, und, was das bedenklichste war, die durch den Versuch gefundenen Zahlen häufig willkürlich so abgeändert, dass sie Regelmässigkeiten zeigten, welche aus den unmittelbaren Ergebnissen der Beobachtungen nicht hervorgingen.

Indem die meisten der genannten Forscher zugleich der Prout'schen Hypothese huldigten und demgemäss die empirisch gefundenen Atomgewichte auf die nächstliegenden ganzen Zahlen abrundeten, erhielten sie natürlich auch für die Differenzen je zweier Atomgewichte ganze Zahlen, die nicht selten Vielfache der Zahl 8 waren oder diesen doch nahe kamen. Die am häufigsten für die Darstellung der Regelmässigkeiten gebrauchte Form war daher der Ausdruck $A = a + n \cdot 8$, wo A das Atomgewicht und a und n ganze, meist nicht sehr grosse Zahlen bedeuten. Es ist bis jetzt nicht erwiesen, ja sogar mindestens sehr unwahrscheinlich, dass sich die richtigen Werthe der Atomgewichte durch Ausdrücke dieser oder ähnlicher Form darstellen lassen.

§157.

Erst nachdem Cannizzaro[11] den vermeintlichen Widerspruch zwischen den Regeln von Avogadro und von Dulong und Petit durch den Nachweis, dass erstere zunächst nur das Molekulargewicht, letztere dagegen das Atomgewicht bestimme, gehoben und dadurch beiden Regeln ihre gegenwärtig allgemein anerkannte, im II. und III. Abschnitte dargelegte Bedeutung beigelegt hatte, gewannen die Beziehungen zwischen den Zahlenwerthen der Atomgewichte eine viel grössere Gleichförmigkeit. Als in der ersten Ausgabe dieser Schrift der damalige Stand unserer Kenntniss darzulegen war, konnte bereits gezeigt werden, dass die Differenzen der Atomgewichte zwar nicht, wie man bis dahin oft angenommen, ganze Zahlen sind, dass aber dieselben in den bestuntersuchten natürlichen Familien der Elemente nahezu die gleichen sind. Sechs {297} dieser Familien liessen sich schon damals[12] zu der in nachstehender Tafel wieder abgedruckten

---

[11] Siehe § 32, S. {73} [dieser zweiten Auflage], oben.

[12] Meyer, *Moderne Theorien*, 1. Aufl., S. 137. [Die folgende Tabelle wurde im Folgenden genauso wie in der ersten Aufgabe wiedergegeben. Dabei gab es zwei Ausnahmen, die in den nächsten beiden Fußnoten dargelegt werden.]

Zusammenstellung vereinigen, in welcher die Verticalspalten je eine natürliche Familie enthalten, deren einander entsprechende, in gleicher Horizontale stehende Glieder je eine nach der Grösse ihrer Atomgewichte[13] fortlaufende Reihe bilden. Es konnte zugleich darauf aufmerksam gemacht werden, dass der chemische Werth der Elemente von jeder Familie zur nächst folgenden in regelmässiger Stufenfolge sich ändert.[14]

	4werthig	3werthig	2werthig	1werthig	1werthig	2werthig
	—	—	—	—	Li $= 7{,}01$	(Be) $= (9{,}3)$
Differenz =					15,98	(14,6)
	C $= 11{,}97$	N $= 14{,}01$	O $= 15{,}96$	Fl $= 19{,}1$	Na $= 22{,}99$	Mg $= 23{,}94$
Diff. =	16	16,95	16,02	16,3	16,05	15,96
	Si $= 28$	P $= 30{,}96$	S $= 31{,}98$	Cl $= 35{,}37$	K $= 39{,}04$	Ca $= 39{,}90$
Diff. = ½.90 — 45		43,9	46	44,38	46,2	47,3
	—	As $= 74{,}9$	Se $= 78$	Br $= 79{,}75$	Rb $= 85{,}2$	Sr $= 87{,}2$
Diff. = ½.90 45		47	50	46,78	47,5	49,6
	Sn $= 117{,}8$	Sb $= 122$	Te $= 128$	J $= 126{,}53$	Cs $= 132{,}7$	Ba $= 136{,}8$
Diff. =	88,6	85,5				
	Pb $= 206{,}4$	Bi $= 207{,}5$	—	—	—***)	—

Der Versuch, *alle* Elemente von bekanntem Atomgewichte in diese Zusammenstellung aufzunehmen, gelang damals noch nicht. {298} Es konnte nur angeführt werden, dass dieselben Differenzen, welche in den zusammengestellten Familien sich

---

[13] Die Zahlenwerthe der Atomgewichte haben seitdem durch die oben citirten Arbeiten von Stas u. a. einige Aenderungen erfahren, die aber das Wesen der Sache nicht merklich beeinflussen.

[14] Die folgende Fußnote bezieht sich auf *** in der letzten Reihe der folgenden Abbildung.] In der Reihe der Alkalimetalle war damals als letztes Glied vermuthungsweise (Tl = 204?) aufgeführt. Doch wurde die Richtigkeit dieser Stellung durch Einklammerung und ein beigesetztes ? angezweifelt und erscheint heute noch weniger als damals gerechtfertigt.

zeigen, besonders die grösseren, auch in anderen natürlichen Gruppen unter sich meist gleichwerthiger Elemente vorkommen. Diese Gruppen wurden a. a. O. S. 138 zusammengestellt, liessen sich aber der obigen Tafel ohne Zwang nicht einfügen. Es ist gewiss bemerkenswerth, dass, wie sich später herausstellte, die Einreihung derselben so wie aller übrigen Elemente nur darum nicht möglich war, weil die Atomgewichte des Vanadin's, Niob's und Tantal's ganz irrig bestimmt waren, und zufällig auch die irrthümlich dem Vanadin und Tantal beigelegten Werthe von den Atomgewichten verwandter Elemente um die häufig vorkommende Differenz von 45 bis 48 Einheiten abwichen, also scheinbar in das System passten, doch nicht an richtiger Stelle. Nachdem durch die Untersuchungen von Marignac und Roscoe für jene drei Elemente die richtigen Atomgewichte ermittelt worden, liessen sich diese und alle übrigen Elemente, deren Atomgewichte sicher bestimmt sind, in jenes selbe Schema einordnen; gewiss ein überzeugender Grund zu der Annahme, dass jene Zusammenstellung nicht eine willkürlich gewählte Schablone, sondern der Ausdruck thatsächlich vorhandener Beziehungen zwischen den Atomgewichten der Elemente ist, welche mit der Natur der Elemente in einem nahen ursächlichen Zusammenhange stehen.

§158.

Eine nach nahezu demselben Schema geordnete Zusammenstellung aller Elemente, einschliesslich sogar derer mit noch ganz unsicher bestimmtem Atomgewichte, hat zuerst Mendelejeff[15] veröffentlicht und den bereits früher gewonnenen einige neue interessante Gesichtspunkte hinzugefügt. Besonders hob er entschiedener, als solches bis dahin geschehen war, hervor, dass die Eigenschaften der Elemente von der Grösse ihrer Atomgewichte abhängen, derart, dass in einer lediglich nach dieser geordneten, vom kleinsten zum grössten Atomgewichte fortlaufenden Reihe der Elemente nahezu dieselben Eigenschaften in regelmässiger Periodicität wiederkehren, in Folge dessen sich die ganze Reihe in eine Anzahl von einzelnen Abschnitten zerlegen lässt, deren jeder aus Gliedern derselben natürlichen Familien in derselben Reihenfolge gebildet wird. Solche einander analoge Perioden zeigt bereits die auf voriger Seite abgedruckte {299} Tafel in ihren Horizontalreihen, während die Verticalreihen aus den Gliedern natürlicher Familien gebildet sind. Nach der Berichtigung der Atomgewichte von Vanadin, Niob und Tantal liessen sich diese Reihen vervollständigen durch Hinzufügung der meisten der schon früher aufgestellten Gruppen und einer Anzahl neuer Familien, denen allen aber, mit einer einzigen Ausnahme, die ersten durch eine Differenz von etwa 16 Einheiten unterschiedenen Glieder fehlten.

---

[15] Mendeleev, „Ueber die Beziehungen der Eigenschaften zu den Atomgewichten der Elemente", *Zeitschrift für Chemie*, 12 (1869), 405–406, hier 405; nach Mendeleev, „Sootnošenie svoistv s atomnym vesom elementov", *Žurnal Russkogo Chimičeskogo Obščestva* 1(1869) 60–77.

An die linke Seite obiger Tafel fügte sich nun die nachstehende als zweite, mit Bor, Aluminium,[16] Indium und Thallium an die Familie Kohlenstoff, Silicium, Zinn und Blei sich anschliessend.[17]

4werthig	5w.?	6w.?	4w.?	4w.?	4w.?	1-,2-,3w.	2w.	3werthig
—	—	—	—	—	—	—	—	B $= 11,0$
Diff. =								16,3
—	—	—	—	—	—	—	—	Al^*) $= 27,3$
Diff. =								43?
Ti 48	*V* 51,2	*Cr* 52,4	*Fe***)** 55,9	*Co* = 58,6	*Ni* = 58,6	*Cu* = 63,3	*Zn* = 64,9	—
Diff. — 42	43	43,2	47,6	45,5	47,6	44,4	46,7	43?
Zr 90	*Nb* 91	*Mo* 95,6	*Ru* 103,5	*Rh* 104,1	*Pd* 106,2	*Ag* 107,66	*Cd* 111,6	*In* 113,4
Diff.	88	88,4	95,1	92,6	90,5	88,5	88,2	89,3
—	*Ta* 182	*W* 184	*Os* 198,6	*Ir* 196,7	*Pt* 196,7	*Au* 196,2	*Hg* 199,8	*Tl* 202,7

Auch in dieser zweiten Tafel folgen sich in den Horizontalreihen die Elemente nach der Grösse ihrer Atomgewichte, während die Verticalreihen von Gruppen verwandter Elemente gebildet werden. Zur Herstellung letzterer Regelmässigkeit musste indessen die Reihenfolge der Elemente Gold, Platin, Iridium und Osmium geradezu umgekehrt werden, gerade so wie in der ersten Tafel das Tellur vor das Jod gestellt werden musste, obschon {300} sein Atomgewicht etwas grösser gefunden worden als das des Jodes. Die Atomgewichte von Platin und Gold dürfen zwar als ziemlich genau bestimmt gelten, jedoch nicht so genau, dass nicht der zwischen ihnen gefundene Unterschied von einer halben Einheit innerhalb der Grenzen der möglichen Fehler läge. Die bisherigen Bestimmungen der Atomgewichte des Iridium's, des Osmium's so wie des

---

[16] Die folgende Fußnote bezieht sich auf den * in der Tabelle.] Al *scheinbar* 3werthig; vgl. § 132 und 137.

[17] Die folgende Fußnote bezieht sich auf ** in der Tabelle.] Oder: Mn = 54,8.

Tellur's erreichen aber noch nicht den Grad der Sicherheit, dass sie nicht noch Fehler von mehren Einheiten enthalten könnten, welche Vermuthung weiter unten § 179 näher besprochen werden soll. Da das Jod unzweifelhaft zu Chlor und Brom, Osmium zum Ruthenium, Iridium zum Rhodium und Platin zum Palladium gehört, so stellen wir sie in die in die Tafel aufgenommene Reihenfolge, obschon die jetzt geltenden Zahlenwerthe ihrer Atomgewichte eine andere Ordnung zu verlangen scheinen.

Mendelejeff's Zusammenstellung wich von der hier gegebenen nicht unerheblich ab. Zu Bor und Aluminium stellte er damals nicht Indium und Thallium, sondern willkürlich Gold und Uran, während er das Thallium in der Familie der Alkalimetalle beliess. Ausserdem suchte er noch die Elemente Erbium, Yttrium, Cer, Lanthan, Didym, Thorium in seine Tafel einzufügen, über deren noch nicht sicher bestimmte Atomgewichte er willkürliche und meist unhaltbare Annahmen machte. Durch Einreihung dieser Elemente, so wie durch die des Indiums mit dem damals allgemein angenommenen, aber unrichtigen Atomgewichte In = 75,6 und durch unnöthige Umstellungen der Reihenfolge und Vertauschung der Elemente störte er selbst wieder die Ordnung seiner Tafel und verdunkelte dadurch das derselben zu Grunde gelegte richtige Princip in nicht unerheblichem Grade. Diese störenden Zusätze mussten so bald als möglich wieder beseitigt werden, um so mehr, als wir, um auf diesem noch so wenig bebauten und sehr unsicheren Gebiete den richtigen Weg zu finden, uns zunächst nur an die sicher bestimmten Grössen zu halten und unnöthige Hypothesen möglichst zu meiden haben.

§159.

Ziehen wir nun die beiden alle sicher bestimmten Atomgewichte, mit alleiniger Ausnahme des Wasserstoffes, enthaltenden Tafeln zu einer einzigen zusammen, so muss es uns vor allem auffallen, dass den ersten acht in der letzten Tafel S. 299 zusammengestellten {301} Gruppen die ersten, durch Differenzen von etwa 16 Einheiten unterschiedenen Glieder fehlen.

Ich habe nun schon früher[18] die Aufmerksamkeit darauf gelenkt, dass dies wahrscheinlich nicht zufällig ist, vielmehr darin seinen Grund zu haben scheint, dass die meisten dieser dreigliedrigen Gruppen als *verwandte Nebenlinien* sich den sechs in der ersten Tabelle aufgeführten Familien einordnen lassen. Wie Titan und Zirkon dem Silicium, so ist das Vanadin dem Phosphor verwandt, besonders durch den vollständigen Isomorphismus analoger Verbindungen. In gleicher Weise sind Chrom und Molybdän mit Schwefel und Selen, das Mangan mit dem Chlor, das Silber mit dem Natrium und

---

[18] Meyer, „Die Natur der chemischen Elemente als Function ihrer Atomgewichte", *Annalen der Chemie*, Suppl.-Bd. 7 (1870), 354–364, hier 357.

das Zink mit dem Magnesium und Calcium verwandt durch den Isomorphismus ihrer entsprechenden Verbindungen. Ordnet man demgemäss diese Elemente jenen ersten Familien ein, so bleiben nur die drei Gruppen, welche das Eisen und das Platin mit den ihnen verwandten Elementen enthalten, als eine grosse, der niederen Glieder entbehrende Familie übrig, der aber vielleicht der Wasserstoff als erstes Glied angehört. Ob das Ruthenium und Osmium in diese Familie oder zum Mangan[19] zu stellen sind, bleibt einstweilen unentschieden. Stellen wir sie in die Eisengruppe, so ergiebt sich nachstehende systematische Uebersicht aller Elemente von bekanntem Atomgewichte.

I.											
II.	B 11,0	C 11,97	N 14,01	O 15,96	F 19,1				H 1	Li 7,01	Be 9,3
III.	Al 27,3	Si 28	P 30,96	S 31,98	Cl 35,37					Na 22,99	Mg 23,94
IV.	? 47?	Ti 48	V 51,2	Cr 52,4	Mn 54,8	Fc 55,9	Co 58,6	Ni 58,6		K 39,04	Ca 39,90
V.	? 70?	? 72?	As 74,9	Se 78	Br 79,75					Cu 63,3	Zn 64,9
VI.	? 88?	Zr 90	Nb 94	Mo 95,6	? 98?	Ru 103,5	Rh 104,1	Pd 106,2		Rb 85,2	Sr 87,2
VII.	In 113,4	Sn 117,8	Sb 122	Te 128	J 126,53					Ag 107,66	Cd 111,6
VIII.	? 173?	? 178?	Ta 182	W 184,0	? 186?	Os 198,6	Ir 196,7	Pt 196,7		Cs 132,7	Ba 136,8
IX.	Tl 202,7	Pb 206,4	Bi 207,5							Au 196,2	Hg 199,8

[19] Meyer erwähnt hier nicht, dass Mangan in keiner der Tabellen auf den Seiten {297} und {299} auftaucht. Er geht nur auf den möglichen Ersatz der Position des Eisens durch Mangan ein, was aber dazu führen würde, dass Eisen keinen Platz hätte, vgl. dazu seine Fußnote 178. Die vollständige Tabelle, die durch die Kombination beider Tabellen entsteht, wurde nicht extra abgebildet, sie ist aber leicht zu konstruieren, wenn man der Instruktion von Meyer auf Seite {299} folgt. Sie ist in Abbildung 4 des Kommentars dargestellt. Auch einige andere wichtige Unterschiede zwischen dieser vorläufig vollständigen, aus den Abbildungen auf den Seiten {297} und {299} konstruierten Tabelle und der nun folgenden „systematischen Übersicht" fehlen. Vergleiche dazu auch die Diskussion dieser Punkte im Kommentar.]

{302} Durch die neun Horizontalreihen dieser Tafel folgen sich, nach der Grösse ihrer Atomgewichte geordnet, die 56 Elemente, deren Atomgewichte bis jetzt sicher bestimmt wurden,[20] so dass das erste Glied jeder Horizontalreihe unmittelbar an das letzte der vorhergehenden Reihe sich anschliesst, B an Be, Al an Mg u. s. w. Denkt man sich die Tafel auf einen senkrecht stehenden Cylinder so aufgerollt, dass die mit Bor und Aluminium beginnende Gruppe sich an die der alkalischen Erdmetalle, Beryllium, Magnesium, Calcium u. s. w. so anreiht, dass die im Atomgewichte einander folgenden Elemente sich unmittelbar an einander schliessen, so erhält man, wie leicht ersichtlich, eine *spiralförmig angeordnete*[21] *nach der Grösse der Atomgewichte continuirlich fortlaufende Reihe aller Elemente.* Die bei dieser Anordnung über einander stehenden Elemente bilden eine natürliche Familie oder Gruppe, deren Glieder jedoch in sehr ungleichem Grade einander ähnlich sehen. Die auffallendsten Aehnlichkeiten zeigen in den meisten Gruppen die Glieder, welche in der III., V., VII. und IX. Horizontalen stehen, unter sich so wie auch, wenngleich in etwas geringerem Grade, mit den in der I. und II. Horizontalen stehenden. Geringer und weniger in den Eigenschaften der Elemente selbst als in denen ihrer Verbindungen hervortretend ist ihre Aehnlichkeit mit die IV., VI. und VIII. Horizontale einnehmenden Gliedern, die dafür unter sich wieder sehr grosse Aehnlichkeit besitzen.

Um diese regelmässige Anordnung zu erhalten, mussten, wie schon erwähnt, einige Elemente, deren Atomgewichte nahe gleich gefunden wurden und meist nicht als sicher bestimmt gelten können, etwas umgestellt werden, das Tellur vor das Jod, das Osmium vor das Iridium und Platin und diese vor das Gold. Ob diese Umstellung der Reihenfolge der richtig bestimmten Atomgewichte entspricht, müssen spätere Untersuchungen lehren.

Durchläuft man die Reihe der Elemente der Grösse der Atomgewichte nach, so zeigt sich die Periodicität der Eigenschaften in {303} ihrer Abhängigkeit von der Grösse des Atomgewichtes sehr deutlich. Während die Unterschiede der unmittelbar auf einander folgenden Atomgewichte keinem einfachen Gesetze zu gehorchen scheinen, zeigen

---

[20] Eigentlich nur 55, da für Be die specifische Wärme unbekannt ist.

[21] Statt dieser einfachen, sich wie von selbst ergebenden spiralförmigen Anordnung hat kürzlich H. Baumhauer eine solche auf der Ebene des Papieres disponirte Spirale veröffentlicht (H. Baumhauer, *Die Beziehungen zwischen dem Atomgewichte und der Natur der chemischen Elemente* (Braunschweig, 1870)), die aber zu viel Willkür enthält, als dass sie als unbefangener Ausdruck der Thatsachen gelten könnte. Noch viel künstlicher und sehr schwer verständlich ist eine schon früher von P. Kremers gegebene graphische Darstellung der Atomgewichte der Elemente (P. Kremers, *Physikalisch-chemische Untersuchungen* (Wiesbaden, 1869/1870)).

sich zwischen den Atomgewichten der Glieder einer und derselben Familie ganz regelmässige Beziehungen. Gehen wir z. B. vom Li aus, so finden wir nach einem Zuwachse
von nahezu 16 Einheiten dessen wesentlichste Eigenschaften im Na, und nach abermals
16 Einheiten im K wieder; nach einem weiteren Zuwachse von 46 Einheiten finden sie
sich nochmals im Rb und nach 47 Einheiten endlich im Cs wieder. Nahezu dieselben
Differenzen finden sich, wie vorstehende Tafeln zeigen, auch in den anderen Familien
zwischen Gliedern von ähnlichen Eigenschaften. Zwischen je zwei solchen aber
trifft man auf eine bunte Reihe verschiedener Elemente, z. B. zwischen Li und Na die
Elemente Be, B, C, N, O, F und zwischen Na und K die entsprechenden Glieder Mg, Al,
Si, P, S, Cl, in deren Reihe die Eigenschaften scheinbar recht schroff und unregelmässig
wechseln. Bei näherer Betrachtung zeigt sich indessen auch hier Regel und Gesetz, die
besonders an dem Wechsel der physikalischen Eigenschaften der Elemente deutlich
erkannt werden können. *Die Eigenschaften der Elemente stehen in nahem Zusammen-*
hange mit dem Atomgewichte; sie sind Functionen, und zwar periodische Functionen der
Grösse des Atomgewichtes.

§160.

Eine der wenigen Eigenschaften, welche bisher für die meisten Elemente mit einiger
Genauigkeit gemessen wurden, ist die *Dichtigkeit derselben im starren Zustande;* und
diese erweiset sich deutlich als eine periodische Function des Atomgewichtes, indem
sie mit steigendem Atomgewichte regelmässig ab- und zunimmt. Ihre Abhängigkeit
von demselben lässt sich am übersichtlichsten darstellen, wenn man nicht die Dichte
selbst, sondern das Verhältniss des Atomgewichtes zur Dichte betrachtet; wenn man, mit
anderen Worten, nicht die Masse, welche in der Raumeinheit enthalten ist, sondern den
Raum, welchen die Masse des Atomes erfüllt, zur Darstellung bringt.

Diesen Raum, das *Atomvolumen,* können wir bis jetzt nach absolutem Maasse
nicht messen, wohl aber nach einer relativen Maasseinheit, indem wir die Räume vergleichen, welche von den Atomgewichten proportionalen Massen der verschiedenen
Elemente {304} erfüllt werden. Nimmt man, wie gebräuchlich, zur Einheit der Dichtigkeit die des flüssigen Wassers und zur Einheit der Raumerfüllung den Raum, welcher
von der Gewichtseinheit des Wassers erfüllt wird, so werden die Zahlenwerthe der Atomvolumina dargestellt durch den Quotienten des Atomgewichtes durch die Dichtigkeit des
betreffenden Elementes. Das Atomgewicht des Lithiums z. B. ist $Li = 7,01$, die Dichte
dieses Metalles gegen Wasser ist 0,59, das Atomvolumen also $V = 7,01/0,59 = 11,9$.
Nach metrischem Maass und Gewicht ausgedrückt, sagt diese Zahl, dass 7,01 g Lithium
einen Raum von 11,9 Cubikcentimetern erfüllen.

Berechnet man in gleicher Weise die Atomvolumina für alle Elemente, deren Atomgewichte so wie ihre Dichtigkeiten im starren Zustande bekannt sind, so findet man
bei der Vergleichung dieser Volumina mancherlei Regelmässigkeiten. Aehnliche

Elemente haben oft gleiche oder nahezu gleiche Atomvolumina. So ist z. B. für Cl, Br, J das Volumen nahezu gleich, nämlich ungefähr $V = 26$; für Mn, Fe, Co, Ni ist ebenso V etwa $= 7$, für Ru, Rh, Pd, Os, Ir, Pt ungefähr $V = 9$, für Ag und Au $V = 10$. In anderen Gruppen wächst V mit wachsendem Atomgewichte. So haben wir z. B. für die Atomvolumina der Familien des Phosphors und des Schwefels:

$V(P) = 13{,}5; V(As) = 13{,}2; V(Sb) = 18{,}2; V(Bi) = 21{,}1;$

$V(S) = 15{,}7; V(Se) = 18{,}1; V(Te) = 20{,}5.$

Diese Zunahme mit wachsendem Atomgewichte ist in der Gruppe der Alkalimetalle sehr stark; man hat

$V(Li) = 11{,}9; V(Na) = 23{,}7; V(K) = 45{,}4; V(Rb) = 56{,}1,$

welche Zahlenwerthe unter sich in dem einfachen Verhältnisse von

$1 : 2 : 4 : 5$

stehen.

Diese ganz verschiedenartigen Beziehungen erschienen ohne inneren Zusammenhang, bis das Verhältniss zwischen Atomvolumen und Atomgewicht unter einen einheitlichen Gesichtspunkt gebracht, das Atomvolumen als Function des Atomgewichtes allgemein dargestellt wurde.[22] Untersucht man die Veränderungen, welche das Atomvolumen mit wachsendem Atomgewichte erfährt, so zeigt sich eine ganz auffällige Periodicität. In der nach der Grösse der Atomgewichte geordneten Reihe der Elemente nimmt das Atom{305}volumen periodisch und allmählich ab und zu. Seine Maxima gehören den Alkalimetallen, Li, Na, K, Rb und wahrscheinlich auch dem Cs, an, die Minima dagegen solchen Elementen, deren Atomgewichte ungefähr in der Mitte zwischen denen von je zwei Alkalimetallen liegen.

Nachstehende Tafel enthält die Elemente nach der Grösse ihrer Atomgewichte geordnet in derselben Reihenfolge wie die Tafel in § 159; nur sind die Horizontalreihen so abgebrochen, dass die Elemente, deren Atomvolumen ein Maximum ist, in die erste Verticalreihe kommen.[23]

---

[22] Meyer, „Natur der chemischen Elemente", a. a. O., 354–364.

[23] [Die folgenden Angaben beziehen sich auf die Verweise in der Tabelle.] 1) Diamant; für Graphit ist $D = 2{,}15$, $V = 5{,}58$. 2) schwarz, krystallisirt. 3) 2gliedrig, krystallisirt. 4) Dichte des tropfbaren Chlores. 5) Dichte des tropfbaren Bromes bei 40 C. 6) die Dichte von Niob und Tantal wurde von H. Rose an unreinem Materiale bestimmt; daher D wahrscheinlich zu klein und V zu gross.

	Li	*Be*	*B*	*C*¹⁾	*N*	*O*	*F*			
D	0,59	2,1	2,68	3,3	?	?	?			
V	11,9	4,4	4,1	3,6	?	?	?			
	Na	*Mg*	*Al*	*Si*	*P*²⁾	*S*³⁾	*Cl*⁴⁾			
D	0,97	1,74	2,56	2,49	2,3	2,04	1,38			
V	23,7	13,8	10,7	11,2	13,5	15,7	25,6			
	K	*Ca*	—	*Ti*	*V*	*Cr*	*Mn*	*Fe*	*Co*	*Ni*
D	0,86	1,57		?	5,5	6,8	8,0	7,8	8,5	8,8
V	45,4	25,4		?	9,3	7,7	6,9	7,2	6,9	6,7
	Cu	*Zn*	—	—	*As*	*Se*	*Br*⁵⁾			
D	8,8	7,15			5,67	4,6	2,97			
V	7,2	9,1			13,2	16,9	26,9			
	Rb	*Sr*	—	*Zr*	*Nb*⁶⁾	*Mo*	—	*Ru*	*Rh*	*Pd*
D	1,52	2,50		4,15	6,27	8,6		11,3	12,1	11,5
V	56,1	34,9		21,7	15,0	11,1		9,2	8,6	9,2
	Ag	*Cd*	*In*	*Sn*	*Sb*	*Te*	*J*			
D	10,5	8,65	7,42	7,29	6,7	6,25	4,95			
V	10,2	12,9	15,3	16,1	18,2	20,5	25,6			
	Cs	*Ba*	—	—	*Ta*⁹⁾	*W*	—	*Os*	*Ir*	*Pt*
D	?	?			10,8	19,13		21,4	21,15	21,15
V	?	?			16,9	9,6		9,3	9,3	9,3
	Au	*Hg*	*Tl*	*Pb*	*Bi*					
D	19,3	13,59	11,86	11,38	9,82					
V	10,2	14,7	17,1	18,1	21,1					

Unter dem Atomzeichen jedes Elementes ist seine Dichtigkeit im starren Zustande, D, bezogen auf die des Wassers als Einheit, und unter dieser der Quotient aus Atomgewicht und Dichtigkeit, {306} das Atomvolumen, V, angegeben. Wie man leicht sieht, nehmen beide periodisch ab und zu; und zwar umfassen die beiden ersten Horizontalreihen je eine ganze Periode, in welcher die Dichte durch ein Maximum von einem Minimum zum andern geht, das Atomvolumen, dem entsprechend, von Maximum zu Maximum sich ändert;[24] von der dritten Horizontalreihe ab umfasst aber eine solche Periode je zwei

---

[24 Betrachtet man die erste Reihe von Meyers Tabelle, stellt man fest, dass für die ersten vier Elemente in dieser Reihe die Dichte von einem kleineren zu einem größeren Wert ansteigt und entsprechend der Wert des Atomvolumens sinkt. Da die Dichten und die Atomvolumina der letzten drei Elemente der Reihe, nämlich N, O und F, damals unbekannt waren, ist es seltsam, dass Meyer die gesamte erste Reihe in seine Verallgemeinerung einbezieht. Aber für die von Meyer konstruierte, auf der letzten Seite des Bandes abgedruckten Abbildung der Atomvolumenkurve mit „vermuthungsweise ergänzten Curvenstücke" nutzte er teilweise angenommene Werte verwendet, so auch für die drei o.g. Elemente, wie Meyer weiter unten auf S. {306} schreibt. Der daraus resultierende Kurvenverlauf zeigt einen Anstieg mit einem lokalen Maximum bei Natrium. Diese Atomvolumenkurve ist bis auf geringfügige Änderungen identisch mit der, die zweieinhalb Jahre vorher veröffentlicht wurde. Vgl. dazu auch Abb. 3.1 und Abb. 4.1.]

Reihen, in deren erster die Dichte wächst, das Atomvolumen abnimmt, während in der folgenden das umgekehrte stattfindet.

§161.

Noch ersichtlicher wird die Abhängigkeit des Atomvolumens vom Atomgewichte durch eine graphische, meiner oben angeführten Abhandlung entnommene Darstellung. In die beigeheftete Tafel (Abb. 4.1) sind den Atomgewichten der Elemente proportionale Längen auf die horizontale Axe der Abscissen vom Nullpunkte aus eingetragen und die Endpunkte dieser Längen durch die entsprechenden Atomzeichen markirt worden. In jedem dieser Punkte ist eine dem Atomvolumen des betreffenden Elementes proportionale Länge als verticale Ordinate errichtet und mit demselben Atomzeichen versehen worden. Eine die oberen Endpunkte dieser Ordinaten verbindende Curve giebt ein Bild von den Aenderungen, welche das Atomvolumen mit wachsendem Atomgewichte erfährt. Da für eine Anzahl von Elementen die Dichte und somit auch das Atomvolumen unbekannt ist, so lässt sich diese Curve nicht vollständig ziehen. Es sind aber in der Tafel die Lücken z. Th. durch punktirte Linien ausgefüllt worden unter der nach dem ganzen Verlaufe der Curve gerechtfertigt erscheinenden Voraussetzung, dass dieselbe bei analogen Elementen auch analog verlaufe, also z. B. vom C über N, O, F zum Na ähnlich wie vom Si über P, S, Cl zum K, ferner vom J über Cs zum Ba ähnlich wie vom Br über Rb zum Sr u. s. w. An diese vermuthungsweise ergänzten Curvenstücke sind die Zeichen der Elemente in Currentschrift ($\mathscr{H}$, $\mathscr{N}$, $\mathscr{O}$, $\mathscr{F}$ u. s. w.), sonst in fetter Cursivschrift (*B*, *P*, *S*, *Cl* u. s. w.) gesetzt. Nur die grosse Lücke zwischen dem Baryum und Tantal ist nicht ausgefüllt worden aus Mangel an genügenden Anhaltspunkten. Die für die übrigen Abschnitte gemachten, zunächst hypothetischen Annahmen gewinnen durch anderweite Betrachtungen eine Bestätigung. Aus dem durch die Transpiration bestimmten Molekularvolumen von Wasserstoff, Sauerstoff und Stickstoff im gasförmigen Zustande,[25] so wie {307} aus der Vergleichung der Raumerfüllung der Fluor- und Titanverbindungen im starren Zustande mit der verwandter Verbindungen lässt sich mit ziemlicher Sicherheit folgern, dass den Elementen H, N, O, F und Ti wenigstens ungefähr die Atomvolumina im starren Zustande zukommen werden, welche ihnen in der Tafel beigelegt sind.

Man sieht aus dem Verlaufe der Curve sofort, dass die *Raumerfüllung der isolirten Elemente im starren Zustande eine periodische Function der Grösse ihres Atomgewichtes*

---

[25] Meyer, „Ueber die Molecularvolumina chemischer Verbindungen", *Annalen der Chemie,* Suppl.-Bd. 5 (1867), 129–147.

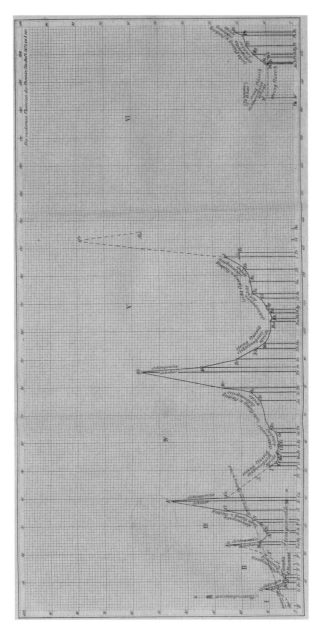

Abb. 4.1 Lothar Meyers Darstellung der Atomvolumenkurve aus dem Jahr 1872

ist.[26] *Wie das Atomgewicht wächst, nimmt das Atomvolumen regelmässig ab und zu.* Die Curve, welche seine Aenderungen darstellt, wird durch fünf Maxima in sechs Abschnitte zerlegt, welche etwa die Form an einander gereihter Kettenlinien zeigen, unter denen die zweite und dritte und ebenso die vierte und fünfte einander sehr ähnlich sind und nahezu gleichen Stücken der Abscissenaxe entsprechen.

Die Stellung der Elemente auf der Curve hängt sehr nahe zusammen mit ihren physikalischen und chemischen Eigenschaften, so dass an entsprechenden Stellen der einander ähnlichen Curvenstücke ähnliche Elemente stehen. Dass die *Maxima der Curve durch leichte, die drei letzten Minima durch schwere Metalle* gebildet werden, ist nicht gerade auffallend, da, wie längst bekannt, jene sehr grosse, diese sehr kleine Atomvolumina besitzen. Dagegen ist es sehr bemerkenswerth, dass *auch bei gleichem oder nahezu gleichem Atomvolumen die Eigenschaften sehr verschieden sind, je nachdem das Element auf steigendem oder fallendem Curvenaste liegt, je nachdem also ihm ein kleineres oder ein grösseres Atomvolumen zukommt als dem Elemente mit nächst* {308} *grösserem Atomgewichte.* Beispiele für diesen Satz liefern P und Mg, Cl und Ca, Nb und In, Mo und Cd u. a. m. Die Verschiedenheiten in den Eigenschaften und dem Verhalten der Elemente sind in der Tafel zum Theile durch beigeschriebene Worte angedeutet.

§162.

Die Eigenschaft der *metallischen Dehnbarkeit zeigen nur solche Elemente, welche in einem Maximum oder Minimum der Curve liegen oder unmittelbar auf ein solches folgen; und zwar liegen die leichten dehnbaren Metalle in den Maximalpunkten und den an diese unmittelbar sich anschliessenden absteigenden Curvenstücken (Li, Be; Na, Mg, Al; K, Ca; Rb, Sr; Cs, Ba); die schweren dehnbaren Metalle dagegen in den Minimalstellen des IV., V. und VI. Abschnittes und in den aus diesen unmittelbar emporsteigenden Stücken der Curve (Fe, Co, Ni, Cu, Zn; Rh, Pd, Ag, Cd, In, Sn; Pt*[27]*, Au, Hg, Tl, Pb). Die Abschnitte I, II, III enthalten keine Schwermetalle.*

---

[26] Die Raumerfüllung der Elemente in Verbindungen ist ebenfalls unzweifelhaft eine periodische Function des Atomgewichtes; doch lässt sich die Form dieser Function zur Zeit noch nicht allgemein angeben. So unsicher aber auch unsere Kenntniss der den verschiedenen Atomen in einer Verbindung zukommenden Raumerfüllung noch sein mag, so können wir doch mit ziemlicher Sicherheit annehmen, dass die Unterschiede zwischen den Raumerfüllungen verschiedener Elemente in der Regel in Verbindungen kleiner sind als im isolirten Zustande. Um nur ein Beispiel anzuführen, so nehmen die Oxyde der leichten Metalle einen *kleineren,* die der schweren einen *grösseren* Raum ein als die in ihnen enthaltene Quantität Metall. Die Volumina der Oxyde der leichten Metalle weichen von einander viel weniger ab, als die Volumina der isolirten Metalle unter sich. Bei den schweren Metallen ist oft der Unterschied im Volumen der einander entsprechenden Oxyde gleich dem im Volumen der Metalle.

[27] Vorausgesetzt, wie oben § 158, S. {300} und § 159, S. {302} geschehen, dass das Atomgewicht des Platins etwas grösser sei, als das des Osmiums und des Iridiums, wie das des Palladiums grösser ist, als das von Ruthenium und Rhodium.

Die spröden Schwermetalle und Halbmetalle stehen in IV, V und wohl auch in VI (falls die nur sehr unzuverlässig bestimmten Atomgewichte von Os und Ir[28] wirklich, was schon oben [§ 158] als möglich dargestellt wurde, etwas kleiner sind als das des Goldes) *kurz vor dem Minimum auf absteigender Curve (Ti, V, Cr, Mn; Zr, Nb, Mo, Ru; Ta, W, Os, Ir). Halbmetallisch (d. i.* spröde, aber metallglänzend*) oder nicht metallisch sind in allen Abschnitten auch die Elemente auf den dem Maximum vorhergehenden aufsteigenden Zweigen der Curve; und zwar in II und III auf dessen ganzer Erstreckung vom Minimum bis zum Maximum (B, C, N, O, F; Si, P, S, Cl), in IV, V und VI nur auf dem letzten, dem Maximum zugewandten Theile des aufsteigenden Astes (As, Se, Br; Sb, Te, J; Bi).* {309}

§163.

Die *Schmelzbarkeit* und *Flüchtigkeit* der Elemente steht ebenfalls in nahem Zusammenhange mit ihrem Atomgewichte und Atomvolumen.

Alle *leicht schmelzbaren, unter Rothgluth flüssigen* Elemente finden sich auf den *aufsteigenden* Curvenästen und in den *Maximalpunkten.* Eines der hier stehenden Elemente, das Chlor, ist nicht im starren, sondern nur im tropfbaren und gasförmigen, einige andere (H, N, O) sind nur in letzterem bekannt, dem auch das Fluor angehören dürfte. Die bis jetzt bestimmten Schmelzpunkte sind in Celsius'schen Graden aus nachstehender Tafel ersichtlich, in welcher die Horizontalreihen die auf den sechs aufsteigenden Curvenästen stehenden Elemente in derselben Reihenfolge wie auf der Curve enthalten.

I						Li = 180°
II		N = ?	O = ?	F = ?		Na = 95,6°
III		P = 44°	S = 113,6°	Cl = ?		K = 62,5°
IV	Zn = 412°	As > 500°?[29]	Se = 217°	Br = −24,5°		Rb = 38,5°
V	Cd = 315° In = 176° Sn = 228°	Sb = 430°	Te > 400°	J = 114°[30]		Cs = ?
VI	Hg = −40° Tl = 290° Pb = 334°	Bi = 264°				

---

[28] Das allgemein angenommene Atomgewicht des Iridiums ist aus *einem einzigen,* vor langer Zeit angestellten Versuche von Berzelius berechnet, in welchem nur der Gewichtsverlust bestimmt wurde, den die Verbindung IrK$_2$Cl$_6$ bei der Reduction durch Wasserstoffgas erleidet.

[29] Nach Landolt schmilzt Arsen unter hinreichend hohem Drucke bei einer Temperatur, bei welcher Glas erweicht, siehe Kopp und Will, *Jahresbericht über die Fortschritte der Chemie für 1859* (Giessen, 1860), S. 182.

[30] Stas, *Nouvelles recherches sur les lois des proportions chimiques* (Bruxelles, 1865), S. 140.

In den meisten Gruppen der an entsprechenden Stellen der Curvenäste stehenden Elemente nimmt die Schmelzbarkeit mit steigendem Atomgewichte ab, nur in der Gruppe der leichten Metalle, Li, Na, K, Rb, Cs, welche am oberen Ende der Curve stehen, und bei den am unteren Ende stehenden schweren Metallen Zn, Cd, Hg nimmt sie mit wachsendem Atomgewichte zu. Die höheren Glieder sind hier leichter schmelzbar als die {310} *niederen. In der in der Mitte stehenden Gruppe nimmt die Schmelzbarkeit vom Phosphor zum Arsen ab und von diesem zum Wismuth wieder zu.*

Wie die Maxima und die zu diesen aufsteigenden Aeste der Curve mit leicht schmelzbaren Elementen besetzt sind, so finden sich in jedem Minimum so wie in IV, V und VI auch auf den zum Minimum *absteigenden Aesten bis in die Minimalpunkte hinein lauter strengflüssige*, z. Th. für unsere Mittel *ganz unschmelzbare* Elemente (B, C; Si; Ti, V, Cr, Mn, Fe, Co, Ni; Zr, Nb, Mo, Ru, Rh, Pd; Ta, W, Os, Ir, Pt). Den Uebergang von diesen strengflüssigen zu den leichtflüssigen Elementen und von diesen zu jenen vermitteln einige in heller Rothgluth schmelzende Metalle, in II zwischen Li und B das Be, in III zwischen Na und Si das Mg und Al; in IV, V und VI auf dem ersten Stücke der absteigenden Aeste Ca, Sr und Ba, an dem Anfange der aufsteigenden Aeste dagegen nahe dem Minimum Cu, Ag, Au.[31]

Die Schmelzbarkeit der Elemente zeigt also, als Function des Atomgewichtes betrachtet, eine Periodicität, welche der des Atomvolumens und der Dehnbarkeit vollständig entspricht. Leicht schmelzbar sind nur solche Elemente, deren Atomvolumen grösser ist als das des Elementes mit nächst kleinerem Atomgewichte; strengflüssig sind die Elemente, für welche das umgekehrte der Fall ist. Zwischen je zwei Gruppen leicht- und strengflüssiger Elemente bildet je ein weder sehr leicht, noch sehr schwer schmelzbares Element den Uebergang.

§164.

In nahem Zusammenhange mit der Schmelzbarkeit steht die *Flüchtigkeit. Nur die auf den aufsteigenden Curvenästen stehenden leicht schmelzbaren Elemente sind flüchtig.* Ob in I der Wasserstoff auf steigender Curve steht, ist nicht zu entscheiden. Die in II zwischen C und Na, jedenfalls auf steigendem Curvenast stehenden Elemente N und O haben bisher allen Versuchen, sie durch Kälte und Druck zu verdichten, widerstanden und sind daher nur im gasförmigen Zustande bekannt. {311} Das ebenfalls hier stehende F kennen wir im isolirten Zustande noch gar nicht, dürfen aber annehmen, dass es ebenfalls gasförmig sei; die in III entsprechend gestellten sieden bei dem Drucke einer Atmosphäre:

$$P \text{ bei } 290°, S \text{ bei } 447°, Cl \text{ bei } -40°;$$

sie sind also weniger leicht flüchtig als jene ihnen entsprechenden Elemente mit kleinerem Atomgewichte. Diese hier sich deutlich zeigende Abhängigkeit der Flüchtigkeit von

---

[31] Dabei ist, wie oben, wieder vorausgesetzt, dass das Atomgewicht des Goldes etwas grösser sei als das von Os, Ir und Pt.

der Grösse des Atomgewichtes kehrt auch in den folgenden Abschnitten wieder. Von Elementen, die an entsprechenden Stellen der verschiedenen Curvenstücke stehen, ist in der Regel das mit grösserem Atomgewichte das schwieriger flüchtige, bei höherer Temperatur siedende. So siedet z. B. bei dem Drucke einer Atmosphäre:

Cl bei –40°,	Br bei 63°,[32]	J über 200°C.[33]
S bei 447°,[34]	Se bei etwa 700°,	Te bei Rothgluth.

Während die in III und IV auf steigendem Curvenaste stehenden Elemente alle noch leicht zu verflüchtigen sind, bedürfen manche der in V und VI ebenso gestellten einer hohen Rothgluth oder gar Weissgluth zur Verflüchtigung. Nur in der ersten und letzten der auf S. 309 aufgeführten Gruppen leicht schmelzbarer Elemente, welche im Systeme an die erst in heller Rothgluth schmelzenden Metalle sich anschliessen, in der Gruppe Zn, Cd, Hg und, so weit die Erfahrung reicht, auch in der Gruppe der Alkalimetalle, Li, Na, K, Rb, Cs, nimmt, wie die Schmelzbarkeit, so auch die Flüchtigkeit mit steigendem Atomgewichte nicht ab, sondern zu; denn Lithium ist schwieriger, Rubidium leichter flüchtig als Kalium und Natrium; ferner siedet bei Atmosphärendruck:

Zn über 1000°,	Cd bei 860°,	Hg bei 360°C.

Wie die leicht schmelzbaren auf steigender Curve stehenden Elemente z. Th. sehr leicht, z.Th. weniger leicht, alle jedoch innerhalb der künstlich zu erzeugenden Temperaturen flüchtig sind, lassen {312} sich alle strengflüssigen auf fallender Curve und im Minimum stehenden Elemente auch bei den stärksten Hitzegraden, welche wir hervorbringen können, nicht merklich verdampfen. Von einem der Metalle, welche den Uebergang von den strengflüssigen zu den leichtflüssigen und flüchtigen Elementen bilden, von dem *Silber*, das am Anfange der steigenden Curve steht, ist es bekannt, dass es sich in Weissgluth destilliren lässt.[35] Es ist möglich, dass auch die anderen oben

---

[32] Stas, *Nouvelles recherches*, a. a. O., S. 165.

[33] Ibid, S. 140. Diese von Stas an dem reinsten bisher dargestellten Brom und Jod gemachten Beobachtungen sind nicht in die *Jahresbericht über die Fortschritte der Chemie* übergegangen und wohl in Folge dessen auch nicht in die neueren Lehrbücher, mit alleiniger Ausnahme des so sorgfältig gearbeiteten Roscoe'schen Buches.

[34] Regnault, *Relation des expériences ... pour déterminer les lois et données physiques ...*, Bd. 2 (Paris, 1862), S. 527. Auf S. 658 ist irrthümlich der Siedpunkt des Schwefels zu 490°C angegeben, welche Zahl auch in den *Jahresbericht über die Fortschritte der Chemie für 1863*, S. 70 übergegangen ist.

[35] Ueber die Destillation des Silbers siehe Stas, *Nouvelles recherches*, S. 36–38.

genannten zwischen den schwer und leicht schmelzbaren die Mitte haltenden Metalle nicht allzu schwierig flüchtig sind; es fehlt aber noch an geeigneten Beobachtungen zur Entscheidung dieser Frage.

Die in vorstehendem geschilderten Beziehungen zwischen Atomgewicht, Atomvolumen, Schmelzbarkeit und Flüchtigkeit lassen sich zusammenfassen zu dem Satze:

Jedes Element, das ein grösseres Atomvolumen besitzt, als das ihm unmittelbar mit nächst kleinerem Atomgewichte vorhergehende, ist leichtflüssig und flüchtig, seine Molekeln lassen sich leicht von einander trennen. Umgekehrt ist strengflüssig und schwer flüchtig jedes Element, dessen Atomvolumen kleiner, oder doch nicht grösser ist als das des vorhergehenden Elementes mit nächst kleinerem Atomgewichte. Leicht zu schmelzen und zu verdampfen sind also alle die Elemente, welche ihr Atomvolumen *verkleinern* würden, wenn es möglich wäre, sie durch Verkleinerung ihrer Atomgewichte jedes in das Element mit nächst kleinerem Atomgewichte zu verwandeln. *Schwer zu schmelzen und zu verflüchtigen* sind dagegen alle die Elemente, welche ihr Atomvolumen *vergrössern* würden, wenn sie durch Verkleinerung ihrer Atomgewichte jedes in das nächst vorhergehende übergehen könnten.

Offenbar liegt dieser einfachen Beziehung eine bestimmte, wahrscheinlich ebenfalls einfache Ursache zu Grunde, die aber bis jetzt nicht näher anzugeben ist. Ebenso wird das oben angegebene Verhältniss nicht zufällig sein, dass *dehnbar nur solche Elemente sind, deren Atomvolumen ein Maximum oder Minimum ist, und solche, welche sich an diese mit nächst grösseren Atomgewichten unmittelbar anschliessen.* Aber auch für diese Beziehung bleibt uns die Ursache vor der Hand unbekannt.

{338}

§179.

Unsere ganze Kenntniss der Abhängigkeit der Eigenschaften und des Verhaltens der Elemente von der Grösse ihres Atomgewichtes liegt selbst noch viel zu sehr in der ersten Kindheit, als dass wir dieselbe als eine sichere Grundlage für weitere Schluss-folgerungen betrachten dürften. Sie hat sich allerdings schon in manchen Fällen als ein nützliches Hülfsmittel zur Beseitigung von Irrthümern und zur Erweiterung unserer Kenntnisse erwiesen; aber die aus derselben gezogenen Schlüsse bedürfen zur Zeit noch anderweitiger Bestätigung, ohne welche sie nur den Werth von mehr oder minder wahr-scheinlichen Vermuthungen haben.

So haben die Regelmässigkeiten in den Zahlenwerthen der Atomgewichte zu *Berichtigungen der stöchiometrischen Constanten* geführt. Das Atomgewicht des Caesium's z. B. war von Bunsen an der sehr geringen zuerst dargestellten Quantität dieses seltenen Elementes vorläufig zu 123,4 bestimmt worden. Diese Zahl störte die Regelmässigkeit der Differenzen zwischen den Atomgewichten der Alkalimetalle:

	Li = 7,01		Na = 22,99		K = 39,04		Rb = 85,2		(Cs = 123,4).
Differenz:		15,98		16, 05		46,16		38,2	

Es war daher zu vermuthen, dass das Atomgewicht des Caesiums etwas grösser sein werde, und diese Vermuthung wurde von Johnson und Allen[36] geprüft und bestätigt gefunden. Sie fanden Cs = 132,7[37], welche Zahl gleich darauf auch von Bunsen[38] ***) bestätigt wurde. Dadurch wurde die Regelmässigkeit der Differenzen der Atomgewichte wieder hergestellt:

	Li = 7,01		Na = 22,99		K = 39,04		Rb = 85,2		Cs = 132,7.
Differenz:		15,98		16, 05		46,16		47,5	

{339} Es würde aber nicht zulässig gewesen sein, eine solche Berichtigung des Atom-gewichtes lediglich auf Grund dieser herzustellenden Regelmässigkeit ohne stöchio-metrische Bestimmung vorzunehmen.

Nach den oben (§ 158 und 159) angeführten Beziehungen zwischen den Atom-gewichten der Elemente ist es sehr wahrscheinlich, dass

$$Te < J \text{ und } Os < Ir < Pt < Au$$

---

[36] S. W. Johnson und O. D. Allen, „On the Equivalent and Spectrum of Caesium", *American Journal of Science*, [2] 35 (1863), 94–98.

[37] Für Ag = 107,66 und Cl = 35,37 berechnet; für die von Johnson und Allen benutzten Zahlen Ag = 107,94 und Cl = 35,46 ergab sich Cs = 133,0.

[38] Bunsen, „Zur Kenntniss des Cäsiums", *Annalen der Physik* 119 (1863), 1–11.

sei, während die bisherigen Bestimmungen umgekehrt

$$Te > J \text{ und } Os > Ir = Pt > Au$$

ergeben haben. Es kann diese Bemerkung zu neuen Atomgewichtsbestimmungen auffordern; aber sie darf uns nicht bestimmen, die Zahlenwerthe der Atomgewichte der
Theorie zu Liebe zu corrigiren und z. B. etwa $Te = 125$ statt $= 128$ zu setzen u. s. w.

Das gleiche gilt von den Differenzen zwischen den Atomgewichten verwandter Elemente.
Es ist nicht zu bezweifeln, dass diesen Differenzen eine bestimmte Gesetzmässigkeit zu
Grunde liegt, die sehr einfach erscheint, sobald man von den verhältnissmässig kleinen
Abweichungen in den Werthen der auftretenden Differenzen absieht. Nimmt man z. B. für
die Elemente mit kleinen Atomgewichten geeignet abgerundete Zahlen an, so hat man:

						$Li = 7$	$Be = 8$
Diff.						16	16
	$B = 11$	$C = 12$	$N = 14$	$O = 16$	$F = 19$	$Na = 23$	$Mg = 24$
Diff.	16	16	16	16	16	16	16
	$Al = 27$	$Si = 28$	$P = 30$	$S = 32$	$Cl = 35$	$K = 39$	$Ca = 40.$

Hier würde das Gesetz der Differenzen ein sehr einfaches sein; aber die Atomgewichte,
welche man annehmen muss, um zu solcher Regelmässigkeit zu gelangen, weichen von
den gefundenen zum Theil wenig, zum Theil sehr erheblich ab. Zum Theil allerdings
dürfen diese Abweichungen wohl angesehen werden als hervorgebracht durch unrichtige
Bestimmungen der Atomgewichte. Dass dies aber nicht bei allen zulässig sei, war schon
lange wahrscheinlich und ist neuerdings durch die oben erwähnten Atomgewichtsbestimmungen von Stas ganz ausser Zweifel gestellt worden. Es gilt hier ganz dasselbe,
was schon vor fast zwanzig Jahren Liebig über die Prout'sche Hypothese urtheilte. Die
Zahlenwerthe und ihre Verhältnisse sind „thatsächlich gegeben. Das Gesetz, welches
diesen Zahlen zu Grunde liegt, ist uns unbekannt."[39] *Man war daher nie und ist* {**340**}
*auch heute ganz sicherlich nicht berechtigt, wie das nur zu oft geschehen ist, um einer
vermeintlichen Gesetzmässigkeit willen die empirisch gefundenen Atomgewichte willkürlich zu corrigiren und zu verändern, ehe das Experiment genauer bestimmte Werthe an
ihre Stelle gesetzt hat.*

§180.

Mehr Berechtigung, als eine solche willkürliche Veränderung des durch stöchiometrischen Bestimmungen ermittelten Zahlenwerthes des Atomgewichtes, hat die Auswahl aus mehren für dasselbe gefundenen Werthen.

---

[39] Liebig, zitiert nach einem Brief an Th. Andrews, in Andrews, „Ueber die Aequivalentgewichte
von Platin und Baryum", *Annalen der Chemie* 85 (1853), 255–256, hier 256.

Die von verschiedenen Forschern oder nach verschiedenen Methoden ausgeführten stöchiometrischen Bestimmungen der Verbindungsgewichte der Elemente haben oft sehr weit aus einander liegende Zahlenwerthe ergeben. So wurde z. B. für das Antimon in älteren Bestimmungen von Berzelius Sb = 129, später von Schneider Sb = 120 und von Dexter Sb = 122 gefunden.[40] Unter diesen Bestimmungen scheint letztere den Vorzug zu verdienen, weil das Atomgewicht Sb = 122 gegen das des Arsens die auch in anderen Gruppen an der entsprechenden Stelle wiederkehrende Differenz von 47 Einheiten zeigt (vgl. die Tafel in § 157). Gegen das von Schneider[41] bestimmte Atomgewicht des Wismuthes Bi = 207,5 (oder Bi = 208, so lange O = 16,0 gesetzt wurde) giebt allerdings die Dexter'sche Bestimmung die zu kleine Differenz von 85,5 statt 88 Einheiten; aber es ist sehr wohl möglich, dass, wie für das Antimon, so auch für das Wismuth Schneider's Bestimmung einen etwas zu kleinen Werth ergab, und der aus Dumas' Analyse des Chlorides[42] berechnete Werth Bi = 209,5 richtiger ist, welcher um 87,5 Einheiten grösser ist als das von Dexter bestimmte Atomgewicht des Antimons.

Das Atomgewicht des Molybdän's ist von einigen Forschern Mo = 96, von anderen Mo = 92 (in runden Zahlen) gefunden worden. Letztere Zahl hat eine sehr geringe Wahrscheinlichkeit, weil ihr zufolge das Molybdän ein kleineres Atomgewicht als das Niob besitzen und darnach eine ganz unrichtige Stellung im Systeme erhalten würde.

{341} Für Elemente, von denen weder die specifische Wärme, noch die Dichte einer gasförmigen Verbindung bekannt ist, auf welche also die zur Ermittelung des Atomgewichtes aus der stöchiometrischen Zahl dienenden Regeln von Avogadro und von Dulong und Petit nicht anwendbar sind, liefern die Regelmässigkeiten in den Zahlenwerthen und die Abhängigkeit der Eigenschaften von der Grösse des Atomgewichtes ein zwar nicht ganz sicheres, jedoch in manchen Fällen werthvolles Hülfsmittel zur Bestimmung des Atomgewichtes.

Für das Beryllium z. B. ist weder die specifische Wärme, noch auch irgend eine gasförmige Verbindung bekannt. Sein Aequivalent wurde von Awdejew[43] bestimmt, aus dessen Untersuchungen hervorgeht, dass 4,63 Gewichtstheile Beryllium einem Gewichtstheile Wasserstoff aequivalent sind. Das Atomgewicht ist also Be = n · 4,63, wo n eine kleine ganze Zahl bedeutet, also n = 1, 2, 3 etc. sein kann. Berzelius setzte wegen mancher Aehnlichkeiten des Berylliums mit dem Aluminium n = 3, wonach Be = 13,9 wird, während Awdejew die Annahme n = 2, also Be = 9,3 für richtiger hielt. Die Frage blieb lange unentschieden und wird erst durch die Bestimmung der Wärmecapacität end-

---

[40] Siehe A. Strecker, *Theorien und Experimente zur Bestimmung der Atomgewichte der Elemente* (Braunschweig, 1859), S. 41; auch *Handwörterbuch der Chemie*, 2. Aufl., Artikel "Atomgewichte".

[41] Strecker, ibid., S. 124.

[42] Dumas, „Mémoire sur les équivalents des corps simples", *Annales de chimie* [3] 55 (1859), 129–210, hier 177.

[43] I. Awdejew [Avdeev], „Ueber das Beryllium und dessen Verbindungen", *Annalen der Physik*, 56 (1842), 101–124.

gültig erledigt werden. Es spricht aber sehr zu Gunsten der Ansicht Awdejew's, dass das Beryllium mit dem Atomgewichte 13,9 zwischen Kohlenstoff und Stickstoff stehen würde, wohin ein dehnbares, elektropositives Metall nicht passt, dass aber dasselbe mit dem Atomgewichte 9,3 seinen Platz gleich nach dem Lithium findet und dadurch in der Reihe der Atomgewichte eine Stellung erhält, welche der des Magnesiums und der übrigen Metalle der alkalischen Erden vollkommen analog ist.

Das Aequivalent des Indiums ist nach Winkler[44] 37,8, also In = n · 37,8. Bis vor kurzem wurde n = 2 gesetzt, so dass In = 75,6 zweiwerthig und dem Zink und Kadmium analog erschien. Mit diesem Werthe wurde auch das Indium von Mendelejeff in seine erste Zusammenstellung der Elemente eingereiht.[45] Es passt aber weder diese noch die Annahme n = 1 in die Reihe der Atomgewichte, da das Indium nach der einen zwischen Chlor und Kalium, nach der anderen zwischen Arsen und Selen stehen würde, wohin es weder nach seinem chemischen Verhalten noch mit seinem Atomvolumen passen würde. In der oben citirten Abhand{342}lung[46] über die Natur der chemischen Elemente als Function ihrer Atomgewichte setzte ich daher n = 3, wodurch In = 113,4 wird, so dass es sich zwischen Kadmium und Zinn passend einreiht, analog dem zwischen Quecksilber und Blei stehenden Thallium. Diese damals noch mit einem Fragezeichen versehene Annahme wurde gleich darauf durch Bunsen's Bestimmung der specifischen Wärme bestätigt.[47]

Aehnliche Conjecturen sind auch für andere Elemente gemacht, die indess bis jetzt zu einer nur einigermaassen sicheren Bestimmung der Atomgewichte nicht geführt, wohl aber einige bisher nicht bestrittene Annahmen über dieselben sehr unwahrscheinlich gemacht haben. So habe ich z. B. für das Uran gezeigt, dass keine der beiden bisherigen Annahmen, weder U = 60 noch U = 120, mit der Dichtigkeit 18,4 dieses Metalles vereinbar ist, dass aber vielleicht U = 180 sein könne. Dass jedoch dieses der einzig mögliche und zulässige Werth sei, lässt sich nicht behaupten; *die sichere Entscheidung wird nur durch Bestimmung der specifischen Wärme oder der Dichtigkeit einer gasförmigen Verbindung gewonnen werden.* Aehnliches gilt von Cer, Lanthan und Didym, für deren Atomgewichte keine der bisherigen Annahmen haltbar erscheint, so wie für alle übrigen Elemente, deren Atomgewichte noch nicht aus ihren Aequivalentgewichten haben hergeleitet werden können. Dass die Zahlenwerthe der Atomgewichte und die zwischen ihnen bestehenden Regelmässigkeiten für sich allein nicht genügen, um das Atomgewicht aus dem Aequivalentgewichte herzuleiten, ergiebt sich schon daraus, dass man nach diesen Regelmässigkeiten oft sehr verschiedene Werthe für ein und dasselbe Atomgewicht erschlossen hat. So setzte z. B. Mendelejeff vermuthungsweise:

---

[44] Winkler, „Beiträge zur Kenntniss des Indiums", *Journal für praktische Chemie* 102 (1867), 273–297.

[45] Mendeleev, „Ueber die Beziehungen der Eigenschaften zu den Atomgewichten der Elemente", *Zeitschrift für Chemie,* 12 (1869), 405–406.

[46] Meyer, „Natur der chemischen Elemente", a. a. O., S. 362.

[47] Bunsen, „Calorimetrische Untersuchungen", *Annalen der Physik* 141 (1870), 1–31, hier 28–29.

1869	1871
Eb = 56	Eb = 178
Y = 60	Y = 88
In = 75, 6	In = 113
Ce = 92	Ce = 140
La = 94	La = 180
Di = 95	Di = 138
Th = 118	Th = 231
U = 116	U = 240

Von diesen Zahlen beruht nur die eine In = 113 auf der Kenntniss der Wärmecapacität; alle übrigen sind mindestens höchst zweifelhaft.
{343}

§181.

In ähnlicher Weise unsicher, wenngleich höchst anziehend, sind *Speculationen über Existenz und Eigenschaften von Elementen, welche bis jetzt noch nicht entdeckt sind, deren Dasein wir aber vermuthen, weil sie die Lücken ausfüllen würden, welche sich in dem Systeme der nach der Grösse der Atomgewichte geordneten Elemente zeigen.* Solche Lücken finden sich in der in § 159 gegebenen systematischen Uebersicht der Elemente besonders in den beiden ersten, mit Bor und mit Kohlenstoff beginnenden Verticalreihen der Tafel. Die der ersten Reihe würden ausgefüllt werden durch Elemente mit etwa den Atomgewichten 47, 70, 88 und 173, die der zweiten durch solche, welchen die Atomgewichte 72 und 178 oder diesen naheliegende Werthe zukämen. Ebenso finden sich in der mit dem Fluor beginnenden Reihe, oder falls, wie schon oben erwähnt, Ruthenium und Osmium hierher gehören, in der Reihe des Eisens oder des Kobaltes zwei Lücken, in welche Elemente hineinpassen würden, deren Atomgewichte ungefähr 100 und 190 oder wenig kleiner sein würden.[48]

Nach den Aehnlichkeiten und Analogien im Verhalten, durch welche die in je einer Verticalreihe der Tafel stehenden Elemente zu einer natürlichen Familie verbunden sind, dürfen wir annehmen, dass auch die die Lücken ausfüllenden Elemente, falls sie einmal entdeckt werden sollten, Eigenschaften zeigen werden, welche den Eigenschaften der in derselben Reihe stehenden bereits bekannten Elemente nahekommen. Die Elemente z. B., deren Atomgewichte ungefähr 47, 70 und 88 sein werden, kommen höchst wahrscheinlich mit dem Bor und Aluminium in manchen Eigenschaften überein, ähnlich

---

[48] Die erste Gruppe umfasst die zukünftigen Elemente Scandium (Sc = 45), Gallium (Ga = 70), Yttrium (Y = 89) und Lanthan (La = 139). Die zweite Gruppe bilden die Elemente Germanium (Ge = 72) und Hafnium (Hf = 178), die dritte Gruppe Technetium (Tc = 98) und Rhenium (Rh = 186). Mit Ausnahme des Lanthans sind die acht Voraussagen von Meyer über die Atomgewichte der noch zu entdeckenden Elemente bemerkenswert exakt (in den Klammern sind heutigen gerundeten Werte dargestellt).]

wie Vanadin, Arsen und Niob mit Stickstoff und Phosphor Aehnlichkeiten zeigen. Die Lücken zwischen Indium und Thallium und ebenso die zwischen Zinn und Blei dürften ausgefüllt werden durch Elemente mit etwa den Atomgewichten 173 und 178, die in ihren Eigenschaften zu den genannten Elementen sich ungefähr verhalten würden, wie sich das Tantal zum Antimon und Wismuth verhält. Allgemein ausgedrückt, werden die die Lücken ausfüllenden Elemente mit ihren Nachbarn ähnliche Beziehungen zeigen, wie sie unter benachbarten Elementen überhaupt vorkommen. Welcher Art aber diese Beziehungen sein werden, ist darum besonders schwierig anzugeben, weil die Aehnlichkeiten und Verschiedenheiten zwischen den Gliedern einer Reihe von Reihe zu {344} Reihe sehr wechseln. Es ist möglich, dass einige der schon bekannten Elemente, die mit ihren jetzt gebräuchlichen, nur vermuthungsweise angenommenen Atomgewichten in das System nicht passen, später mit ihren richtiger bestimmten Atomgewichten in die Lücken sich einreihen, wie sich Indium, Vanadin, Niob und Tantal erst nachträglich eingereiht haben (vgl. oben § 157, S. 298); möglich aber auch, dass die jetzt bekannten Elemente mit zur Zeit unsicher bestimmten Atomgewichten später in anderer Weise an das System sich anreihen werden, und dass die Lücken nur durch neu zu entdeckende Elemente auszufüllen sind.

§182.

Wie dem auch sei, die *Vorausbestimmung der Eigenschaften der noch fehlenden Elemente* ist jedenfalls eine der reizvollsten, aber auch schwierigsten Aufgaben der chemischen Wissenschaft. Sie entbehrt nicht ganz der Aehnlichkeit mit der das allgemeine Staunen auch der Laienwelt hervorrufenden Vorausberechnung eines noch unentdeckten Planeten. Ist aber auch die Aufgabe der des Astronomen nicht unähnlich, so dürfen wir darum nicht übersehen, dass die Hülfsmittel zu ihrer Lösung, über welche die Chemie gebietet, zur Zeit noch sehr viel schwächer und unzuverlässiger sind, als die von dem einheitlichen Princip des Newtonschen Gravitationsgesetzes ausgehenden, von Maass und Zahl getragenen Theorien der Astronomie. Sind wir uns aber der Schwäche unserer Waffen bewusst, so wird es immerhin erlaubt sein, unsere Kräfte dadurch zu erproben, dass wir die Eigenschaften der noch unentdeckten Elemente nach möglichster Wahrscheinlichkeit vorausbestimmen, um sie später vielleicht mit den wirklich beobachteten vergleichen und darnach den Werth oder Unwerth unserer theoretischen Speculationen beurtheilen zu können.

Solche Speculationen hat kürzlich Mendelejeff veröffentlicht.[49] Er stützt dieselben namentlich auf die Periodicität in der Abhängigkeit der Eigenschaften der Elemente von der Grösse ihres Atomgewichtes und besonders auf die Beobachtung, dass diese Periodicität eine theilweise doppelte ist, so dass in jeder Gruppe verwandter Elemente jedes Glied, nur die ersten ausgenommen, seinen unmittelbaren Nachbaren weniger ähnlich ist als den diesen {345} zunächst stehenden. Dieses Verhältniss zeigt sich z. B. sehr deutlich in der Gruppe.

---

[49] Mendeleev, „Die periodische Gesetzmässigkeit der chemischen Elemente", *Annalen der Chemie*, Suppl.-Bd. 8 (1871), 133–229.

O, S, Cr, Se, Mo, Te, W,

in welcher Schwefel, Selen und Tellur in ihrem Verhalten einander sehr viel ähnlicher sind als den mit ihnen abwechselnden Elementen Chrom, Molybdän und Wolfram, welche wieder unter sich sehr grosse Aehnlichkeit zeigen. Diese thatsächlich vorhandene Beziehung bringt indessen Mendelejeff in eine Form, welche nicht frei von Willkür ist und daher leicht zu Irrthum führen könnte. Durch einige kleine Aenderungen der in § 159 gegebenen systematischen Zusammenstellung der Elemente giebt er derselben nachstehende Form.[50]

	I	II	III	IV	V	VI	VII	VIII			
1	H 1										
2	Li 7	Be 9,4	B 11	C 12	N 14	O 16	F 19				
3	Na 23	Mg 24	Al 27,3	Si 28	P 31	S 32	Cl 35,5				
4	K 39	Ca 40	-- 44	Ti 48	V 51	Cr 52	Mn 55	Fe 56	Co 59	Ni 59	Cu 63
5	(Cu) 63	Zn 65	-- 68	-- 72.?	As 75	Se 78	Br 80				
6	Rb 85	Sr 87	?Y 88	Zr 90	Nb 94	Mo 96	— 100	Ru 104	Rh 104	Pd 106	Ag 108
7	(Ag) 108	Cd 112	In 113	Sn 118	Sb 122	Te 125	J 127				
8	Cs 133	Ba 137	?Di 138	?Ce 140	—	—	—	—	—	—	—
9	(—)	—	—	—	—	—	—				
10	—	—	?Er 178	?La 180	Ta 182	W 184	—	Os 195	Ir 197	Pt 198	Au 199
11	(Au) 199	Hg 200	Tl 204	Pb 207	Bi 208	—	—				
12	—	—	—	Th 231	—	U 240	—	—	—	—	—

---

[50]Was Meyer mit diesem Satz wirklich sagen wollte, bleibt unklar. Siehe dazu unsere Diskussion im Kommentar.]

{**346**} Die Elemente einer und derselben Verticalspalte nennt Mendelejeff eine „Gruppe", die er mit *römischen Ordnungszahlen* bezeichnet; die er in einer Horizontalreihe stehenden fasst er zu einer „Reihe" zusammen und versieht die Reihen mit *arabischen Ziffern*. Er stellt nun die gewagte Behauptung auf, dass die in Reihen mit gerader Ordnungszahl stehenden Elemente sich durch ihnen gemeinsame Merkmale von den in den ungeraden Reihen stehenden unterscheiden liessen. Die Merkmale aber, welche Mendelejeff anführt, treffen nicht allgemein zu. Er sagt z. B.: „In den Gliedern paarer Reihen tritt mehr der basische Charakter hervor, während die entsprechenden Glieder unpaarer Reihen eher saure Eigenschaften besitzen." Er findet aber sogleich selbst, dass dieses nur bei einigen Elementen zutrifft. Um die Ausnahmen möglichst zu beseitigen, stellt er Cu, Ag, Au in der I. Gruppe in Klammern und reiht sie in der VIII. den geraden Reihen ein. Aber damit sind die elektropositiven Elemente noch nicht beseitigt, denn es bleiben Na, Mg, Zn, Cd, Hg, Al, In, Tl und Pb als positive und z. Th. stark positive Elemente. Betrachtet man die Sache ohne vorgefasste Meinung, so findet man in den geraden Reihen eben so viel vorwiegend positive wie vorwiegend negative Elemente, nämlich von jeder Art etwa zwölf. Es ist überhaupt und allgemein leicht einzusehen, dass die Aufstellung der zwölf Reihen und die Eintheilung der Elemente in dieselben durchaus willkürlich ist, auch wenn man von der Einschaltung der neunten Reihe, in welcher überhaupt kein, und der zwölften, in welcher kein sicher bestimmtes Atomgewicht steht, ganz absieht. Der Vergleich mit der Tafel in § 159 zeigt, dass man vor oder hinter jeder beliebigen Gruppe die Trennungslinie ziehen kann und doch immer einander analog zusammengesetzte Reihen erhält, z. B.

	Li, Be, B, C, N, O, F	I Na, Mg, Al, Si, P, S, Cl	I etc.
oder	Be, B, C, N, O, F, Na	I Mg, Al, Si, P, S, Cl, K	I etc.
oder	B, C, N, O, F, Na, Mg	I Al, Si, P, S, Cl, K, Ca	I etc.
oder	C, N, O, F, Na, Mg, Al	I Si, P, S, Cl, K, Ca, __	I etc.
oder	N, O, F, Na, Mg, Al, Si	I P, S, Cl, K, Ca, __, Ti	I etc.
		u. s. w	

Jede Reihe enthält immer, wie man auch theilen mag, sowohl positive als negative, sowohl dehnbare als spröde, sowohl streng flüssige als leicht schmelzbare und flüchtige Elemente, wie das nach den früheren Erörterungen nicht anders sein kann.
{**347**}

§183.

Die zwischen den unmittelbar auf einander folgenden Gliedern der Gruppen thatsächlich vorhandenen Unterschiede beruhen im wesentlichen darauf, dass einige Eigenschaften der Elemente eine doppelt so grosse Periode haben als andere, wie das schon oben besprochen wurde. Zwischen dem Kalium und dem Rubidium z. B. wechselt der chemische Charakter mit der Dehnbarkeit zweimal, während die Raumerfüllung (das

Atomvolumen) und die Schmelzbarkeit und Flüchtigkeit nur eine einzige Periode durch-läuft. Wir finden daher in diesem Intervalle z. B. zwei Glieder der Stickstoff-Phosphor-Gruppe, ein strengflüssiges, das Vanadin, und ein flüchtiges, das Arsen, ebenso zwei aus der Sauerstoff-Schwefel-Gruppe mit demselben Unterschiede, Chrom und Selen, und zwei aus der Fluor-Chlor-Gruppe, Mangan und Brom, u. s. f. Da aber diese ungleiche Periodicität der Eigenschaften sich bei den Elementen mit kleinen Atomgewichten nicht findet, bei diesen vielmehr alle Eigenschaften gleiche Perioden durchlaufen, so sucht man hier den Wechsel der Eigenschaften vergeblich, durch welchen Mendelejeff die geraden und ungeraden Reihen charakterisiren will.

Vergleicht man aber die periodischen Aenderungen aller Eigenschaften (was durch Betrachtung der graphischen Darstellung zu § 161 sehr erleichtert wird), so sieht man ohne Mühe, welche Glieder einer Gruppe einander nahe, welche entfernter verwandt sind. Man findet dann, dass in den meisten Gruppen je vier oder fünf Elemente unter einander näher verwandt sind als mit den drei übrigen, die unter sich wieder grosse Aehnlichkeit zeigen. Die Gruppe zerfällt also in eine grössere Haupt- und eine kleinere Nebengruppe. Man hat so:

Hauptgruppe:			N,	P,		As,		Sb,		Bi;
Nebengruppe:					V,		Nb,		Ta.	
Hauptgruppe:			O,	S,		Se,		Te;		
Nebengruppe:					Cr,		Mo,		W.	
Hauptgruppe:			F,	Cl,		Br,		J;		
Nebengruppe:					Mn,		(?Ru),		(?Os).	
Hauptgruppe:	Li,	Na,	K,		Rb,			Cs;		
Nebengruppe:				Cu,		Ag,			Au.	
Hauptgruppe:	Be,	Mg,	Ca,		Sr,			Ba;		
Nebengruppe:				Zn,		Cd,			Hg.	

{348}

§184.

Für die zwei Gruppen aber, welche mit B und C beginnen, lässt sich für jetzt nicht feststellen, zu welcher der beiden Unterabtheilungen die ersten Glieder der Gruppe gehören. Zunächst ist dies darum schwierig, weil in der Gruppe des Bores vier, in der des Kohlenstoffes zwei Lücken sich finden, die vielleicht später durch neu zu ent-deckende Elemente ausgefüllt werden; zweitens aber dadurch, dass Bor und Aluminium und ebenso Kohlenstoff und Silicium eine eigenthümliche Zwischenstellung ein-nehmen an der Grenze zwischen den elektro-positiven und negativen Gliedern der II. und III. Periode (vgl. die graphische Darstellung) im oder nahe am Minimum des Atom-volumens. Sie folgen in der Reihe der Atomgewichte auf Beryllium und Magnesium, wie das Titan auf das Calcium und das Zirconium auf das Strontium folgt. Man könnte daher annehmen, dass in den Elementen, welche in den Perioden IV, V und vielleicht

VI den Metallen der alkalischen Erden unmittelbar folgen, ihre nächsten Verwandten zu suchen wären. Die der Bores und Aluminium's würden dann alle unbekannt sein, Indium und Thallium aber der ihnen weniger nahe verwandten Nebengruppe angehören. Ebenso würden Kohlenstoff und Silicium mit Titan, Zircon und einem noch zu entdeckenden Elemente, dessen Atomgewicht gegen 180 betragen würde, die Hauptgruppe bilden, Zinn und Blei aber der Nebengruppe angehören. Wir hätten:

Hauptgruppe:	B,	Al,	—		—		—	
Nebengruppe:				—		In,		Tl.
Hauptgruppe:	C,	Si,	Ti,		Zr,		—	
Nebengruppe:				—		Sn,		Pb.

In ganz ähnlicher Weise kann man aber auch die entgegengesetzte Eintheilung begründen. Auf den Kohlenstoff folgt in der Reihe der Atomgewichte der Stickstoff, auf das Silicium der Phosphor, welche mit Arsen, Antimon und Wismuth eine Hauptgruppe bilden. Die diesen vorhergehenden Elemente würden also im Systeme eine der des Kohlenstoffes und des Siliciums analoge Stellung haben, und die ihnen vorhergehenden ebenso dem Bor und Aluminium analog gestellt sein. Dem Arsen gehen nun zwei Lücken, dem Antimon das Zinn und Indium, dem Wismuth das Blei und Thallium vorher. Darnach hätten wir folgende Eintheilung:
{349}

Hauptgruppe:	B,	Al,		—		In,		Tl;
Nebengruppe:			—		—		—.	
Hauptgruppe:	C,	Si,		—		Sn,		Pb;
Nebengruppe:			Ti,		Zr,		—.	

Für beide Arten der Gruppirung lassen sich Gründe geltend machen. Die erste empfiehlt sich mehr durch die Eigenschaften der Elemente im isolirten Zustande (das Aluminium ausgenommen), die andere mehr durch das Verhalten mancher ihrer Verbindungen. Eine endgültige Entscheidung zu Gunsten der einen oder anderen scheint aber zur Zeit noch nicht möglich zu sein.[51]

---

[51] Obwohl sich Meyer an dieser Stelle nicht eindeutig entscheidet, favorisiert er die zweite Gruppierung, denn er nutzte sie ohne Einschränkung in beiden im Wesentlichen identischen Versionen seiner vollständigen Elementübersicht auf den Seiten {301} und {305} sowie in der zweigeteilten auf den Seiten {297} und {299}. Außerdem ist es interessant, dass die Anordnung von Ruthenium und Osmium auf Seite {347} nicht konsistent mit der endgültigen vollständigen Tabelle ist. Meyer scheint seine Präferenzen während der Abfassung des Buches angepasst haben, wodurch einige interne Inkonsistenzen entstanden sind. Zu weiteren Fällen von Unstimmigkeiten siehe oben unter Fußnote 19 sowie die dafür von Meyer bereits vorweggenommene Entschuldigung auf Seite {IX} des Vorworts.]

Zu besonderer Vorsicht mahnt hier noch der auffallende Umstand, dass in ähnlicher Stellung, wie sie Bor und Kohlenstoff, Aluminium und Silicium in der II. und III. Periode einnehmen, d. h. in oder nahe am Minimum des Atomvolumens, in den Perioden IV, V, VI Elemente sich finden, für welche die ersten Perioden keine Analoga enthalten, welche aber mit jenen vier Elementen, besonders mit Aluminium und Silicium in mancher Hinsicht Aehnlichkeiten zeigen. Es sind dies die Elemente der dreifachen Triade Fe, Co, Ni; Ru, Rh, Pd; Os, Ir, Pt, welche, wie Aluminium und Silicium, scheinbar oder wirklich drei- oder vierwerthig in Verbindungen eintreten. Die vielfache Aehnlichkeit im Verhalten, welche das Aluminium sowohl im isolirten Zustande wie in seinen Verbindungen mit dem Eisen und ebenso mit den diesem nahestehenden Metallen Chrom und Mangan zeigt, ist zu bekannt, als dass es nöthig wäre, sie hier näher darzulegen. Auch mit dem Rhodium und einigen der übrigen sogenannten Platinmetalle hat es manche Aehnlichkeit. Andererseits ist das Platin durch den Isomorphismus einer ganzen Reihe seiner Doppelsalze mit dem Zinn, Zircon, Titan und Silicium verbunden. Ob in diesen Beziehungen noch eine neue Periodicität zu suchen ist, lässt sich zur Zeit nicht entscheiden.

Wie dem aber auch sei, in jedem Falle scheint es noch sehr gewagt, wie es Mendelejeff versucht hat, aus den unter sich sehr verschiedenen Eigenschaften von Bor, Aluminium, Indium und Thallium auf die Eigenschaften der vier bis jetzt fehlenden, muthmaasslich noch zu entdeckenden Glieder dieser Gruppe Schlüsse zu ziehen. Dieselben können zwar möglicherweise das richtige treffen, ebensowohl aber auch einmal fehlgehen. Ob z. B. das zwischen Calcium und Titan fehlende Element, wie Mendelejeff[52]{350} mit aller Bestimmtheit behauptet, ein kohlensaures Salz bilden, und sein Oxyd, im Gegensatze zu denen von Bor und Aluminium, in Alkalien unlöslich sein wird, das wird wohl nur durch das Experiment seiner Zeit entschieden werden.

§185.

Wir dürfen überhaupt bei diesen Betrachtungen nie vergessen, dass uns das allgemeine Gesetz, welches die Abhängigkeit der Eigenschaften von der Grösse des Atomgewichtes beherrscht, zur Zeit noch wenig bekannt ist. Manche der Gruppen, welche durch die systematische Zusammenstellung der Atomgewichte aus den Elementen gebildet werden, hätte man schwerlich jemals nach den Eigenschaften derselben als natürliche Familien zusammengestellt, wenn nicht die Regelmässigkeiten in den Zahlenwerthen der Atomgewichte zu dieser Gruppirung geführt hätten. Wem würde es eingefallen sein, Bor und Thallium, Sauerstoff und Chrom, oder Fluor und Mangan zu denselben Familien zu rechnen? Zu den Alkalimetallen hat man zwar manchmal das Silber gestellt, weil es stets einwerthig auftritt; aber Kupfer und Gold wurden nicht dahin gezählt; ja die Zusammengehörigkeit dieser Metalle selbst zum Silber war so zweifelhaft, dass noch in der ersten

---

[52] Mendeleev, a. a. O., S. 198.

Ausgabe dieses Buches (S. {138}) die Gruppe Cu, Ag, Au nicht in die Reihe der nach der Grösse der Atomgewichte geordneten Gruppen eingereiht, sondern als etwas zweifelhaft an das Ende der Reihe gestellt wurde. Die Unsicherheit unserer Kenntnisse zeigt sich besonders auch darin, dass überall, wo man nach den Eigenschaften der Elemente und nicht nach den fest und sicher bestimmten Zahlenwerthen der Atomgewichte gruppirte, schwankende Ergebnisse erzielt wurden.[53]

Es ist wohl heute unzweifelhaft, dass die auf die Atomgewichtszahlen basirte Systematik der Elemente die Grundlage einer künftigen vergleichenden Affinitätslehre sein und bleiben wird; aber wir sind noch nicht so weit, dass wir diese Lehre deductiv aus einem oder wenigen allgemeinen Grundsätzen herleiten könnten. Wir müssen vielmehr inductiv und mit besonderer Vorsicht vorwärts schreiten und stets der Mahnung Baco's eingedenk bleiben: „Gestit enim mens exsilire ad magis generalia, ut acquiescat, et post parvam moram {351} fastidit experientiam".[54] Wir haben hier zunächst die natürliche Neigung des Geistes zu generalisiren möglichst im Zaume zu halten und dürfen nur an der Hand der experimentellen Erfahrung auf diesem noch vielfach dunkelen Gebiete fortschreiten. Der Hypothesen werden wir dabei freilich sehr bedürfen; aber nur, wenn wir dieselben stets sorgfältig von den durch die Beobachtung gewonnenen Erfahrungen gesondert halten und uns durchaus hüten, Theorie und Beobachtung zu verwechseln, werden wir die auf diesem reichen Felde zu erwartenden Früchte möglichst rein und unvermischt mit dem Unkraute des Irrthumes und der willkürlichen Deutung zu ernten hoffen dürfen. Es bedarf einer vielfach ganz neuen Forschung; alte Beobachtungen müssen geprüft und, wo nöthig, verbessert, zahlreiche neue angestellt werden. Viel Arbeit der Geister wie der Hände ist erforderlich; aber sie wird reichlich belohnt werden. Ihr Preis wird eine Systematik der anorganischen Chemie sein, welche den Vergleich mit dem schon so vorzüglich durchgearbeiteten Systeme der organischen Chemie nicht mehr wird zu scheuen brauchen.

---

[53] Dies zeigen besonders die wiederholten Umstellungen der Elemente in Mendelejeff's verschiedenen, oben citirten Abhandlungen, sowie auch die verschlungenen Linien auf Baumhauer's Spiraltafel.

[54] F. Bacon, *Novum organum*, vol. 1, Aphorismus XX [Denn der Geist strebt zu dem Allgemeinsten empor, um da auszuruhen; und nach kurzer Weile wird er der Erfahrung überdrüssig. Siehe Bacon, *Neues Organon*, Teilband 1 Lateinisch-Deutsch, W. Krohn, Hg. (Hamburg, 1990), S. 88–91].

{359}

Schlusswort zur zweiten Auflage

Seit die vorstehenden Schlussbetrachtungen zur ersten Auflage geschrieben wurden,[55] hat die Entwickelung der theoretischen Chemie einen wesentlichen Schritt vorwärts gethan. Die damals noch bestrittenen oder doch nicht ausdrücklich anerkannten Hypothesen von Avogadro und von Dulong und Petit sind als die Grundlagen der Atomgewichtsbestimmung allgemein anerkannt worden; die Gmelin'schen s. g. Aequivalentgewichte sind aus der Literatur verschwunden, die Berzelius'schen, jenen Hypothesen entsprechend berichtigt, zur alleinigen Geltung gelangt. Das Gesetz der Atomverkettung, das 1864 nur in der ersten Anlage entwickelt war, und dessen Zulässigkeit damals noch von angesehenen Chemikern bestritten wurde, dessen eigentliche Bedeutung selbst manchem seiner Anhänger noch unter den Schablonen des typischen Systemes verborgen lag, hat sich glänzend entwickelt und reiche Früchte getragen. Wenn der Werth einer Theorie nach der Anzahl der Thatsachen zu bemessen ist, die sie voraussehen lässt, und zu deren Entdeckung sie demnach anleitet, so ist der Werth der Atomverkettungstheorie ein sehr grosser; denn sie hat nicht nur sehr viele schon früher bekannt gewordene Isomerien aus einheitlichem Gesichtspunkte erklärt, sondern auch zur Auffindung einer noch viel grösseren Zahl und zur Entdeckung ganz neuer und eigenthümlicher Classen von Verbindungen geführt.

Es ist nur natürlich, dass durch solche Erfolge Ansehen und Geltung der Hypothesen und Theorien in der Chemie bedeutend stiegen. Die noch vor wenig Jahren allgemein geübte Vorsicht in der Anwendung derselben ist der Gewohnheit gewichen, die theoretischen Gesichtspunkte möglichst in den Vordergrund zu stellen und die Beobachtungen nur als Bestätigung der Speculation {360} anzusehen. Diese Richtung ist nicht nur durchaus berechtigt, sondern sie bekundet auch einen Fortschritt. Je mehr die Kenntniss der Thatsachen fortschreitet, je umfassender die Gesichtspunkte werden, zu denen die inductive Forschung, vom speciellen zum allgemeinen fortschreitend, uns führt, desto näher kommen wir der in der Physik schon weit entwickelten Möglichkeit, die einzelnen Erscheinungen auch deductiv aus wenigen allgemeinen Grundsätzen im voraus abzuleiten. Aber sind wir auch dieser Möglichkeit durch die Entwickelung der Atomverkettungstheorie wieder um einen Schritt näher gerückt, so dürfen wir doch nie vergessen, dass noch viele Schritte auf demselben Wege zu thuen sind, bevor die deductive Behandlung der Chemie einige Aussicht auf Sicherheit und Zuverlässigkeit gewinnen wird. Noch sind die Fälle, in welchen das Experiment die Schlussfolgerungen der Theorie widerlegt, nicht minder zahlreich als die, in welchen es sie bestätigt. Die

---

[55] In der ersten Auflage umfassen die zusammenfassenden Überlegungen die Kapitel § 92, 93 und 94 (S. {139–147}); sie wurden nicht als „Schlusswort" bezeichnet, sondern in den Haupttext integriert. In der zweiten Auflage gibt Meyer diese drei Abschnitte lediglich unter Weglassung der Kapitelnummern unverändert unter der Überschrift „Schlusswort zur ersten Auflage" auf den S. {352–358} wieder.]

chemischen Zeitschriften unserer Tage sind reich an Abhandlungen, die mit der ausführlichen Schilderung von der Theorie eingegebener, aber durch die Beobachtung nicht bestätigter Speculationen beginnen, um mit einer scheinbar glatten, den unerwarteten Ergebnissen der Beobachtung angepassten theoretischen Darstellung zu schliessen. A posteriori erscheinen dann die Beobachtungen sehr häufig als eine Bestätigung der Theorie, während diese doch a priori zu ganz anderen Voraussagen gekommen war. Allerdings zeigt sich dieser Mangel an Uebereinstimmung zwischen Speculation und Experiment vorzugsweise in den Versuchen zur Darstellung theoretisch als möglich erkannter Verbindungen, nicht in der Existenz oder Nichtexistenz dieser Verbindungen selbst. Wo die Theorie die Möglichkeit einer bestimmten Verbindung anzeigt, gelingt es meistens, dieselbe darzustellen; aber selten führt der erste Versuch zum Ziele. Die Methoden, welche nach der Theorie die meiste Aussicht auf Erfolg zu bieten scheinen, führen oft zu keinem oder doch zu einem unerwarteten Ergebnisse; manchmal geben vielfach wiederholte und veränderte Versuche das gewünschte Resultat; sehr oft aber wird die vergeblich gesuchte Verbindung wie zufällig auf einem Wege gefunden, auf dem man sie durchaus nicht zu finden erwartete, und nicht selten sind auch selbst in neuerer Zeit noch ganze Classen von Verbindungen entdeckt worden, deren Dasein von der Atomverkettungstheorie nicht vorausgesehen war.

Bei dieser noch unverkennbar vorhandenen Schwäche der Theorie liegt eine nicht zu unterschätzende Gefahr in der gegenwärtig nicht selten, besonders in manchen neueren Lehrbüchern, {361} hervortretenden Neigung zu einer deductiven Behandlung der Chemie. Unzweifelhaft lassen sich die chemischen Verbindungen und ihr Verhalten übersichtlicher darstellen und leichter auffassen, wenn man sie von einem einheitlichen Gesichtspunkte aus als nothwendige Ergebnisse einiger weniger allgemeiner Gesetze betrachtet. Es dürfte gegenwärtig auch unbestritten zugegeben werden, dass als solche allgemein gültige Gesetze die Lehre vom chemischen Werthe der Elemente und das Gesetz der Atomverkettung sich geeignet erwiesen haben, die durch den Sturz des elektro-chemischen Systemes der anorganischen Chemie drohende Verwirrung abzuwenden und der organischen Chemie eine systematische Ordnung zu geben, welche die elektro-chemische Theorie zu schaffen ganz ausser Stande war. Aber ähnliches haben zu ihrer Zeit auch die phlogistische und die elektro-chemische Theorie geleistet, indem sie eine neue systematische Ordnung der Chemie schufen und eine Fülle von Erscheinungen richtig voraussehen und entdecken liessen. Gleichwohl sind sie gefallen und haben sogar, wenn auch, was sie richtiges enthielten, im wesentlichen erhalten blieb, mit den unhaltbar gewordenen auch manche richtige Auffassung mit ins Grab genommen, die erst viel später wieder aufgefunden und der ihr gebührenden Anerkennung theilhaftig wurde. Das Schicksal der gegenwärtig tonangebenden Theorien wird schwerlich ein wesentlich anderes sein. Wie von den früheren wird auch von ihnen ein wesentlicher Theil ihres Inhaltes dauernd erhalten bleiben, während ein anderer schon jetzt schwankend erscheint und voraussichtlich später unhaltbar werden wird. Wollen wir es möglichst vermeiden, dass ihre zukünftige Umgestaltung unter Kämpfen und Wirren sich vollziehe, wie sich der Uebergang vom phlogistischen zum antiphlogistischen und vom dualistischen zum unitaren Systeme vollzogen hat, so müssen wir, durch die Erfahrung belehrt, von vorn herein darauf bedacht sein, in unseren jetzigen Theorien alles, was ein unmittelbarer Ausdruck der Beobachtung ist, streng gesondert zu erhalten von dem, was Hypothese und Theorie den beobachteten Thatsachen hinzugefügt haben, und damit uns stets bewusst zu bleiben, was in unseren Lehren empirisch und was nur hypothetisch begründet ist. Denn nicht die Aufstellung und Vertheidigung der Hypothesen und Theorien an und für sich erzeugt den heftigen und erbitterten Streit, sondern nur ihre Verwechselung mit unumstösslicher Wahrheit. Hätten nicht die Hypothesen des Phlogiston's und des Dualismus die Gestalt und Geltung unantastbarer Dogmen angenommen, wären sie vielmehr stets als das angesehen worden, was sie waren, als zu ihrer {362} Zeit sehr einleuchtende, aber darum doch unerwiesene Hypothesen, so würde ihre Umgestaltung, als ihre Zeit vorüber war, schwerlich die ganze Wissenschaft so von Grund aus erschüttert und dadurch den ruhigen Fortschritt so sehr aufgehalten haben, wie es geschehen ist.

Es ist kaum zu befürchten, dass diejenigen unter den jetzt lebenden Chemikern, welche den Streit zwischen Dualismus und Unitarismus, zwischen elektro-chemischer Theorie, Typen und Atomverkettung vollständig mit erlebt haben, sich abermals in einen ähnlichen Streit sollten verwickeln lassen. Aber schon jetzt ist neben den älteren eine neue Generation auf dem gemeinsamen Arbeitsfelde thätig, für welche der Dualismus kaum mehr als geschichtliche Bedeutung hat, welcher daher auch die in dem letzten grossen Kampfe gemachten Erfahrungen keinen so lebhaften und bleibenden Eindruck gemacht haben können, dass wir eine stete Beherzigung dieser Erfahrungen erwarten dürften. In der That neigt die jüngere Generation, wie die chemische Literatur unserer Tage zeigt, weit mehr als die ältere zu einer dogmatischen Behandlung der Chemie und besonders der Lehre vom chemischen Werthe der Elemente und der Verkettung der Atome. Die Bestimmtheit und Entschiedenheit, mit der auf diesem Gebiete oft auf sehr luftige Hypothesen gegründete Behauptungen ausgesprochen und vertheidigt werden, giebt der Hartnäckigkeit der Phlogistiker und der so oft und so bitter getadelten dogmatischen Unfehlbarkeit des elektro-chemischen Dualismus kaum etwas nach, obschon jene neuen Theorien der umfassenden Allgemeinheit und scheinbar vollkommenen Durchführbarkeit, deren sich die genannten beiden älteren Lehren zur Zeit ihrer höchsten Blüthe erfreuten, noch ziemlich fern stehen.

Sollen der Chemie neue erschütternde Katastrophen erspart werden, so ist vor allem eine richtige Würdigung der Hypothesen und Theorien zu erstreben, die, wie wir hoffen, bald ein Gemeingut aller Forscher werden wird. Wie wir die falsche Geringschätzung der Hypothesen und Theorien und die übertriebene Furcht vor ihrer Schädlichkeit glücklich überwunden haben, so wird es uns auch gelingen, die entgegengesetzten Extreme aus der Chemie zu verbannen, die leichtfertige Aufstellung, Ueberschätzung und Dogmatisirung der hypothetischen Annahmen.

Nur zu häufig noch werden auf unzuverlässige oder unvollständige Beobachtungen Hypothesen begründet, welche für einen meist recht engen Kreis von Erscheinungen eine leidlich plausible Erklärung zu geben scheinen, ohne damit andere Erklärungen derselben Erscheinungen auszuschliessen, oder einer weiteren Ver{**363**}allgemeinerung sich fähig zu erweisen. Solche theoretische Versuche, welche oft eben so vieler willkürlicher Voraussetzungen bedürfen, wie sie Thatsachen zu erklären bestimmt sind, erinnern schmerzlich an das Urtheil, mit dem vor drittehalb Jahrhunderten Franz Baco von Verulam unsere Vorgänger traf: „Chymicorum autem genus ex paucis experimentis fornacis philosophiam constituerunt phantasticam et ad pauca spectantem".[56] Hüten wir uns, dass nicht auch auf uns und unsere Zeit dieser strenge Urtheilsspruch anwendbar bleibe; vermeiden wir also überflüssige und schlecht begründete Hypothesen! Hüten wir uns aber ganz besonders auch, den Hypothesen, deren wir bedürfen, auch den bestbegründeten, einen grösseren Werth beizulegen, als sie verdienen, und ihre noch so grosse Wahrscheinlichkeit mit Sicherheit und Gewissheit zu verwechseln!

Es ist bei unbefangener Ueberlegung unschwer zu erkennen, dass von allen chemischen Theorien ausser der Atomtheorie keine einzige in das Wesen der chemischen Erscheinungen in ähnlicher Weise tief einzudringen vermochte, wie etwa die Undulationshypothese in das Wesen des Lichtes und der Wärme eingedrungen ist. Jede der chemischen Theorien fasst die Atome und ihre Wechselbeziehungen nur oberflächlich und jedenfalls sehr einseitig auf. Einseitig war die Sauerstoffchemie Lavoisier's, einseitig der elektro-chemische Dualismus; nicht weniger einseitig aber waren auch Dumas' und Laurent's Substitutionstheorien, Gerhardt's Typensystem, und einseitig sind auch die Theorie der Atomverkettung und die Lehre vom chemischen Werthe der Elemente. Wenn von diesen Lehren eine die andere verdrängte, so war das in der Regel weniger Folge der eigenen Stärke der siegenden, als vielmehr der Schwäche und Unhaltbarkeit der unterliegenden Ansicht. Jedes einmal zur Herrschaft gelangte System erhielt sich so lange, als es die wichtigsten und besonders beachteten Erscheinungen genügend zu erklären schien; es fiel, sobald auffallende Beobachtungen in grösserer Zahl gemacht wurden, für welche es eine einleuchtende Erklärung zu bieten nicht vermochte. Dieser Wechsel einseitiger Systeme wird sich voraussichtlich noch öfter wiederholen, ehe es gelingen dürfte, eine das Wesen der chemischen Atome tiefer erfassende Hypothese zu finden, aus welcher eine allseitige umfassende Theorie sämmtlicher chemischen Erscheinungen sich entwickeln lässt.

{**364**} In dieser Voraussicht müssen wir stets bereit und gewärtig bleiben, die hypothetischen Grundlagen unserer Theorien den neu entdeckten Thatsachen entsprechend zu verändern und zu verbessern oder ganz aufzugeben. Dies wird uns um so leichter, sicherer und vollständiger gelingen, je sorgfältiger wir uns hüten, unsere noch so wahrscheinlichen Hypothesen für unumstössliche Wahrheiten zu halten. Anderseits aber müssen wir es mit gleicher Sorgfalt vermeiden, unsere Hypothesen und Theorien geringschätzig und leichtfertig zu behandeln. Wie Vorsicht und Zurückhaltung in der Aufstellung von Hypothesen und ihrer Einführung in die Wissenschaft dringend zu empfehlen ist, so sollte

---

[56]Bacon, *Novum organum* I, Aphorismus LIV [Die Zunft der Chemiker erbaut aus wenigen Versuchen am Ofen eine phantastische und nur auf weniges sich erstreckende Philosophie. Vgl. Fußnote 54, S. 116–117.]

andererseits auch keine Hypothese, die sich in weiterem Umfange bewährt und nützlich erwiesen hat, sogleich verlassen und bei Seite geschoben werden, sobald sich die eine oder andere Thatsache findet, zu deren Erklärung sie nicht auszureichen scheint. Eine Zeit lang kann auch eine angefochtene und der Verbesserung bedürftige Hypothese der Wissenschaft noch nützlich bleiben. Ist aber der Nachweis geführt, dass die nothwendigen Consequenzen einer Theorie mit den Beobachtungen in unlösbarem Widerspruche stehen, so ist die Hypothese unbedingt zu verlassen und durch eine den Thatsachen besser angepasste zu ersetzen. Zu entbehren sind die Hypothesen durchaus nicht; sie sind das nothwendige Werkzeug jeder, auch der chemischen Theorie. Genaue Kenntniss des Werkzeuges und seiner Leistungsfähigkeit, seiner Stärken und Schwächen, ist die erste Bedingung für die glückliche und sichere Ausführung des unternommenen Baues.

Verzeichnis der Personen aus den Originaltexten und aus dem Kommentar

Afanas'ev, Pëtr Alekseevič (1845–1897), russischer Ingenieur und Pädagoge

Afonasin, P. (? – ?), möglicherweise mit dem Vorhergehenden identisch

Allen, Oscar Dana (1836–1913), amerikanischer analytischer Chemiker, Amateurbotaniker

Ampère, André-Marie (1775–1836), französischer Physiker und Mathematiker

Andrews, Thomas (1813–1885), irischer Physiker und Chemiker

Arago, François (1786–1853), französischer Physiker, Astronom und Politiker

Aronstein, Ludwig (1841–1913), deutscher Physiker und Chemiker

Avdeev (Awdejew), Ivan Vasil'evich (1818–1865), russischer Chemiker und Bergbauingenieur

Avogadro, Amedeo (1776–1856), italienischer Physiker und Chemiker

Bacon, Sir Francis (1561–1626), englischer Philosoph, Jurist und Politiker

Baeyer, Adolf (1835–1917), deutscher Chemiker

Baumhauer, Heinrich Adolf (1848–1926), deutscher Mineraloge

Beilstein, Friedrich Konrad (1838–1906), deutsch-russischer Chemiker

Berendt, Wilhelm (? –1880), deutscher Verleger

Berg, Otto (1873–1939), deutscher Chemiker

Berlin, Nils Johan (1812–1891), schwedischer Chemiker und Arzt

Berthelot, Marcellin (1827–1907), französischer Chemiker und Politiker

Berthollet, Claude-Louis (1748–1822), französischer Chemiker

Berzelius, Jöns Jacob (1779–1848), schwedischer Mediziner und Chemiker

Bineau, Amand (1812–1861), französischer Chemiker

Biot, Jean-Baptiste (1774–1862), französischer Mathematiker und Physiker

Bödeker, Carl (1815–1895), deutscher Chemiker

Brown, Alexander Crum (1838–1922), schottischer Chemiker

Bunsen, Robert (1811–1899), deutscher Chemiker

Butlerov, Aleksandr Mikhailovich (1828–1886), russischer Chemiker

Cannizzaro, Stanislao (1826–1910), italienischer Chemiker und Politiker

Chancourtois, Alexandre-Émile Béguyer de (1820–1886), französischer Geologe und Mineraloge

Clausius, Rudolf (1822–1888), deutscher Physiker

Cooke, Josiah Parsons (1827–1894), amerikanischer Chemiker

Coster, Dirk (1889–1950), niederländischer Physiker

Couper, Archibald Scott (1831–1892), schottischer Chemiker

Dalton, John (1766–1844), englischer Chemiker und Physiker

Davy, Sir Humphry (1778–1829), englischer Chemiker und Physiker

Deville, Henri Étienne Sainte-Claire (1818–1881), französischer Chemiker

G. Boeck und A. J. Rocke, *Lothar Meyer,* Klassische Texte der Wissenschaft, https://doi.org/10.1007/978-3-662-63933-7

Dexter, William Prescott (1820–1890), amerikanischer Chemiker
Diehl, Karl, Dr., hat 1861 bei Bunsen gearbeitet, weitere Daten sind unbekannt
Döbereiner, Johann Wolfgang (1780–1849), deutscher Chemiker
du Bois-Reymond, Paul (1831–1889), deutscher Mathematiker
Dulong, Pierre Louis (1785–1838), französischer Chemiker, Physiker und Mediziner
Dumas, Jean-Baptiste (1800–1884), französischer Chemiker
Erdmann, Axel (1814–1869), schwedischer Mineraloge
Erdmann, Otto Linné (1804–1869), deutscher Chemiker
Erlenmeyer, Emil (1825–1909), deutscher Chemiker
Euler, Leonhard (1707–1783), schweizerischer Mathematiker, Physiker und Astronom
Fechner, Gustav Theodor (1801–1887), deutscher Physiker, Psychophysiker und Naturphilosoph
Fourcroy, Antoine (1755–1809), französischer Chemiker und Arzt
Frankland, Edward (1825–1899), englischer Chemiker
Fresnel, Augustin Jean (1788–1827), französischer Ingenieur und Physiker
Gay-Lussac, Joseph Louis (1778–1850), französischer Chemiker und Physiker
Gerhardt, Charles Frédéric (1816–1856), französischer Chemiker
Gilbert, Ludwig Wilhelm (1769–1824), deutscher Physiker und Chemiker
Gladstone, John Hall (1827–1902), englischer Chemiker
Gmelin, Leopold (1788–1853), deutscher Chemiker und Physiologe
Graham, Thomas (1805–1869), schottischer Chemiker und Physiker
Hauer, Karl von (1819–1880), österreichischer Chemiker
Haüy, René Just (1743–1822), französischer Mineraloge und Kristallograf
Hevesy, George de (1885–1966), ungarischer Chemiker
Hinrichs, Gustavus Detlef (1836–1923), dänisch-amerikanischer Chemiker
Hoffmann, Gustav Reinhold (1831–1919), deutscher Chemiker
Hofmann, August Wilhelm (1818–1892), deutscher Chemiker
Hooke, Robert (1635–1703), englischer Physiker und Naturforscher
Huygens, Christiaan (1629–1695), niederländischer Mathematiker und Physiker
Johnson, Samuel William (1830–1909), amerikanischer Agrikulturchemiker
Kekulé, August (1829–1896), deutscher Chemiker
Kolbe, Hermann (1818–1884), deutscher Chemiker
Kopp, Hermann (1817–1892), deutscher Chemiker und Chemiehistoriker
Kremers, Peter (1827–1902), deutscher Chemiker
Kussmaul, Adolf (1822–1902), deutscher Mediziner
Lamy, Claude-Auguste (1820–1878), französischer Chemiker und Physiker
Landolt, Hans (1831–1910), deutsch-schweizerischer Physikochemiker
Laplace, Pierre Simon, Marquis de (1749–1827), französischer Mathematiker und Physiker
Laurent, Auguste (1807–1853), französischer Chemiker
Lavoisier, Antoine Laurent (1743–1794), französischer Chemiker
Lea, Mathew Carey (18231897), amerikanischer Chemiker
Lecoq de Boisbaudran, Paul-Émile (1838–1912), französischer Chemiker
Lenssen, Ernst (1837– nach 1897), deutscher Industriechemiker
Le Sage, Georges-Louis (1724–1803), schweizerischer Physiker und Mathematiker
Liebig, Justus (1803–1873), deutscher Chemiker
Liechti, Ludwig Paul (1843–1903), schweizerischer Chemiker
Limpricht, Heinrich (1827–1909), deutscher Chemiker
Louyet, Paulin (1818–1850), belgischer Chemiker
Low, David (1786–1859), schottischer Agrikulturchemiker
Löwig, Carl Jacob (1803–1890), deutscher Chemiker

Ludwig, Carl Friedrich Wilhelm (1816–1895), deutscher Physiologe
Marchand, Richard Felix (1813–1850), deutscher Chemiker
Marignac, Charles (1817–1894), schweizerischer Chemiker
Mariotte, Edme (1620–1684), französischer Physiker
Maruschke, Paul (? –1885), deutscher Verleger
Maxwell, James Clerk (1831–1879), britischer Physiker
Mendeleev (Mendelejeff), Dmitrij Ivanovič (1834–1907), russischer Chemiker
Mercer, John (1791–1866), englischer Chemiker
Meyer, Johanna geb. Volkmann (1842–1922), Ehefrau von Lothar Meyer
Meyer, Oskar Emil (1834–1909), deutscher Physiker, Bruder von Lothar Meyer
Mitscherlich, Eilhard (1794–1863), deutscher Chemiker
Mosander, Carl Gustav (1797–1858), schwedischer Chemiker und Mineraloge
Neumann, Franz (1798–1895), deutscher Mathematiker und Physiker
Newlands, John (1837–1898), englischer Chemiker
Newton, Sir Isaac (1642[jul.] –1727), englischer Mathematiker und Physiker
Nilson, Lars Fredrik (1840–1899), schwedischer Chemiker
Noddack, Ida (1896–1978), deutsche Chemikerin
Noddack, Walter (1893–1960), deutscher Chemiker
Norlin, E. C., Schwede, hat 1843 mit Svanberg und Berzelius gearbeitet, Weiteres unbekannt
Odling, William (1829–1921), englischer Chemiker
Pape, Carl (1836–1906), deutscher Physiker
Pebal, Leopold von (1826–1887), österreichischer Chemiker
Péligot, Eugène (1811–1890), französischer Chemiker
Pelouze, Théophile-Jules (1807–1867), französischer Chemiker
Perrier, Carlo (1886–1948), italienischer Mineraloge
Petit, Alexis-Thérèse (1791–1820), französischer Physiker
Pettenkofer, Max (1818–1901), deutscher Chemiker, Hygieniker und Physiologe
Pfaff, Christoph Heinrich (1773–1852), deutscher Chemiker, Physiker und Mediziner
Piccard, Jules (1840–1933), schweizerischer Chemiker
Poggendorff, Johann Christian (1796–1877), deutscher Physiker
Poisson, Siméon Denis (1781–1840), französischer Mathematiker und Physiker
Prévost, Pierre (1751–1839), schweizerischer Philosoph und Physiker
Proust, Joseph Louis (1754–1826), französischer Chemiker
Prout, William (1785–1850), englischer Mediziner und Chemiker
Ramsay, William (1852–1916), britischer Chemiker
Rayleigh, William John Strutt, Lord (1842–1919), englischer Physiker
Regnault, Henri Victor (1810–1878), französischer Chemiker und Physiker
Reich, Ferdinand (1799–1882), deutscher Chemiker und Physiker
Remelé, Adolf Karl (1839–1915), deutscher Geologe und Mineraloge
Richter, Theodor (1824–1898), deutscher Chemiker und Mineraloge
Roscoe, Henry Enfield (1833–1915), englischer Chemiker
Rose, Heinrich (1795–1864), deutscher Chemiker und Pharmazeut
Rüdorff, Friedrich (1832–1902), deutscher Chemiker
Rumford, Benjamin Thompson, Count (1753–1814), amerikanisch-britischer Physiker
Russell, William James (1830–1909), englischer Chemiker
Scheerer, Theodor (1813–1873), deutscher Chemiker, Geologe und Mineraloge
Schneider, Ernst Robert (1825–1900), deutscher Chemiker

Schönbein, Christian Friedrich (1799–1868), deutsche-schweizerischer Chemiker und Physiker

Schorlemmer, Carl (1834–1892), deutscher Chemiker

Schrötter von Kristelli, Anton (1802–1875), österreichischer Chemiker und Mineraloge

Segrè, Emilio (1905–1989), italienisch-amerikanischer Physiker

Seignette, Elie (1632–1698), französischer Chemiker

Seubert, Karl Friedrich Otto (1851–1942), deutscher Chemiker

Sorby, Henry Clifton (1826–1908), englischer Petrograph

Spottiswoode, William (1825–1883), englischer Mathematiker und Physiker

Stas, Jean Servais (1813–1891), belgischer Chemiker

Strecker, Adolf (1822–1871), deutscher Chemiker

Svanberg, Lars Fredrik (1805–1878), schwedischer Chemiker und Mineraloge

Thénard, Louis Jacques (1777–1857), französischer Chemiker

Thomson, Thomas (1773–1852), schottischer Chemiker und Mineraloge

Thomson, William, Baron Kelvin (1824–1907), britischer Physiker

Troost, Louis Joseph (1825–1911), französischer Chemiker

Turner, Edward (1798–1837), englischer Chemiker

Volhard, Jacob (1834–1910), deutscher Chemiker

Weinhold, Adolf Ferdinand (1841–1917), deutscher Physiker und Physicochemiker

Will, Heinrich (1812–1890), deutscher Chemiker

Williamson, Alexander William (1824–1904), englischer Chemiker

Winkler, Clemens (1838–1904), deutscher Chemiker

Wislicenus, Johannes (1835–1902), deutscher Chemiker

Wöhler, Friedrich (1800–1882), deutscher Chemiker

Wollaston, William Hyde (1766–1828), englischer Chemiker und Physiker

Wurtz, Adolphe (1817–1884), französischer Chemiker

Young, Thomas (1773–1829), englischer Mediziner und Naturforscher

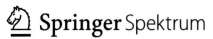

Klassische Texte der Wissenschaft

Georg Schwedt

Carl Remigius Fresenius

Anleitung zur Qualitativen Chemischen Analyse

Springer Spektrum

Printed in the United States
by Baker & Taylor Publisher Services